房屋市政工程管理实务系列丛书

U0176612

城镇燃气工程项目
管理实务

王传惠　编著

中国建筑工业出版社

图书在版编目(CIP)数据

城镇燃气工程项目管理实务 / 王传惠编著. — 北京：
中国建筑工业出版社，2023.1
(房屋市政工程管理实务系列丛书)
ISBN 978-7-112-28233-3

Ⅰ. ①城… Ⅱ. ①王… Ⅲ. ①城市燃气－工程项目管
理 Ⅳ. ①TU996

中国版本图书馆 CIP 数据核字（2022）第 240326 号

本书共 8 章，分别是：绪论、项目开工前准备工作、城镇燃气工程安全管理、城镇燃
气工程质量管理、进度管理、城镇燃气工程成本管理、合同管理、信息化在城镇燃气工程
管理中的应用。文后还有附录。本书主要针对城镇燃气厂站及高压管道工程建设项目，阐
述了城镇燃气工程质量、进度、成本、合同管理措施及实践，并提供了城镇燃气工程事故
及分析、城镇燃气信息化在城镇燃气工程管理中的应用以及城镇燃气工程管理的趋势，并
根据工程质量管理要求，梳理了检查表格。

本书可供从事城镇燃气行业管理人员、技术人员、操作人员使用，也可作为燃气行业
职工培训教材使用。

责任编辑：胡明安
责任校对：刘梦然

房屋市政工程管理实务系列丛书
城镇燃气工程项目管理实务
王传惠　编著

＊

中国建筑工业出版社出版、发行(北京海淀三里河路 9 号)
各地新华书店、建筑书店经销
北京红光制版公司制版
天津安泰印刷有限公司印刷

＊

开本：787 毫米×1092 毫米　1/16　印张：20¼　字数：404 千字
2022 年 12 月第一版　2022 年 12 月第一次印刷
定价：**75.00** 元
ISBN 978-7-112-28233-3
(40205)

《房屋市政工程管理实务系列丛书》
编　委　会

刘　涛（枣庄职业学院）

秦周杨（湖北宜安泰建设有限公司）

孙　浩（广州燃气集团有限公司）

王凯旋（中国安全生产科学研究院）

王天宝（深圳市市政工程质量安全监督总站）

王　睿（广州燃气集团有限公司）

伍　璇（武汉市昌厦基础工程有限责任公司）

邢琳琳（北京市燃气集团有限责任公司）

杨泽伟（湖北建科国际工程有限公司）

周廷鹤（中国燃气控股有限公司）

朱远星（郑州华润燃气股份有限公司）

秘 书 长　刘晓东（惠州市惠阳区建筑工程质量监督站）

法律顾问　王伟艺（北京市隆安（深圳）律师事务所）

4

本书编写者

主　　　编：王传惠（深圳市燃气集团股份有限公司）

副　主　编：肖伟华（深圳市燃气集团股份有限公司）

　　　　　　同国普（深圳市燃气集团股份有限公司）

　　　　　　黎　珍（深圳市燃气集团股份有限公司）

　　　　　　段保伟（中裕城市能源投资控股（深圳）有限公司）

　　　　　　刘兴君（新地能源工程技术有限公司）

　　　　　　何莎莎（南通市通州区市政公用事业服务中心）

编写组成员：刘燕科（深圳市燃气集团股份有限公司）

　　　　　　陈乐怡（深圳市睿荔科技有限公司）

　　　　　　梁　伟（珠海建研科技有限公司）

　　　　　　王喜禄（衢州市能源有限公司）

前　言

天然气在国民经济中具有十分重要的作用,已经成为当今世界能源供应增长速度最快的领域。随着国民经济的发展和人民生活水平的提高,对天然气的需求量越来越大,城镇燃气工程建设量也随之激增,燃气工程在安全、质量、技术等方面一旦管理不到位,存在不同程度的风险隐患,不仅会对公共财产安全造成威胁,还会对居民生命安全造成危害。因此,建设阶段的燃气工程管理要予以充分重视,关注工程建设涉及的管理要点,建设合格的燃气工程,才能更好地促进城镇燃气在未来实现更加安全、健康、长远、可持续地发展。

本书邀请了在行业内有影响力燃气企业中具有丰富实践经验的专家一起编写。本书根据项目管理的"三控三管一协调"内容,主要阐述了城市燃气工程管理基本概念、施工前准备阶段、建设阶段的安全管理、成本管理、进度管理、质量管理、合同管理、承包商管理,以及信息化在城镇燃气工程管理中的应用,并汇编了常用的相关方案及检查表格,可为城镇燃气行业广大管理人员、技术人员、操作人员提供全面且实用的专业参考书,也可作为行业职工培训教材使用。希望能够为城镇燃气企业进一步提升城镇燃气厂站及高压管道工程建设管理提供保障。

在资料收集过程中,我们借鉴参考了深圳燃气集团、港华燃气集团、华润燃气集团等相关资料;在本书编写和发行过程中,我们得到了彭知军、伍荣璋、李学川、陈玉、陈洞杉等人的大力支持。另外,也参考和引用了有关资料,在此一并向有关各方表示感谢。

由于编者水平有限,书中不妥之处在所难免,敬请广大读者批评指正。

编者

目　录

7

第1章 绪 论

1.1 城镇燃气工程项目管理概述

建设工程管理涉及工程项目全过程（工程项目全寿命）管理包括：决策阶段的管理、实施阶段的管理（即项目管理），使用阶段（或称运营阶段、运行阶段）的管理，建设工程管理涉及建设方、监理方、设计方、施工方、供货方等工程项目各个参与方的管理。建设工程管理是一种增值服务工作，其核心任务是为工程的建设和使用增值。工程项目管理是建设工程管理中的一个组成部分，涉及项目实施阶段的全过程，即在设计前的准备阶段、设计阶段、施工阶段、动用前准备阶段和保修期分别进行的安全管理、投资控制、进度控制、质量控制、合同管理、信息管理和组织协调工作。

城镇燃气工程主要包含燃气厂站工程；高压/次高压、中低压燃气管线工程及穿（跨）越铁路、河流、高速公路等工程；管道燃气用户供气工程（包括工业、公共建筑、民用用户供气工程）。工程建设完工后，形成燃气企业的固定资产，这些固定资产便形成了企业的生产能力，因此，燃气工程建设是构建企业生产能力的基础环节。城镇燃气工程项目管理具有一般工程建设管理特点和规律，采用一般的工程项目管理模式和管理方法，但是由于燃气的特殊性质，又增加了比一般工程建设更为严格、更为专业的技术及管理元素，并贯穿于整个燃气工程建设过程的始终。主要体现在如下几方面。

1. 技术复杂、工程质量要求高

在项目实施过程中，涉及专业多，各专业深度相对较深，同时各专业之间横向、纵向衔接紧密，各专业间相互配合、相互制约进一步增加了技术复杂程度。尤其是气源工程性质重要，而且设计压力、运行压力较高，若因工程质量问题造成停气，则会导致整个输配系统受到影响，因此对于工程质量的要求很高。

2. 建设过程周期长、工期紧

燃气工程项目尤其是厂站工程、高压/次高压管线工程从项目立项、手续办理、勘察设计到工程施工、置换投产，整体过程周期较长，但是为了尽快实现目标区域供气或气源升级改造，满足当地用气需求以及发展要求，建设项目的工期一般比较紧张。

3. 配套单位、协调方面多

燃气工程项目涉及的参建单位包括设计、测绘、勘察、监理等服务单位；土建、工艺安装、电气、消防等专业施工单位，涉及的相关政府部门包括发展改革部门、住房城乡建设部门、自然资源与规划部门、质量检查部门、环境保护部门、安全生产部门等，而且管道工程一般管道长度较长，施工现场比较分散，作业点较多，需要开挖回填农田，穿越的道路、河流等障碍物多，与产权单位和个人沟通协调工程量较大。

总之，燃气工程管理是一个系统且复杂的工程，燃气工程项目管理主要以项目为单位展开，这就是项目管理。围绕燃气工程建设项目，燃气工程建设单位要力图科学、合理和高效地组织推动项目各方协同合作，共同做好工程项目管理工作，最后形成具有预期功能作用的燃气工程产品。

1.2　城镇燃气工程项目手续申报流程

城镇燃气厂站工程、高压/次高压管道工程一般需由当地发展改革委审批/备案立项，并由当地自然资源与规划部门、住房城乡建设部门、市政管理部门进行审批，涉及用地的还需要办理用地等行政许可手续。一般申报手续，可参考如下内容。

1. 可行性研究立项阶段

（1）委托具备资质的单位编制项目可行性研究报告；

（2）办理《项目选址意见书》；

（3）委托具备资质的单位进行环境影响评价，编制《环境影响报告》，报环境保护部门审批；

（4）委托具备资质的单位进行地质灾害评价、压覆矿产资源评价，出具评价报告，提交自然资源局审查；

（5）委托具备资质的单位进行安全预评价；

（6）建设项目安全审查；

（7）用地预审；

（8）项目审批/备案制立项。

2. 施工前阶段

（1）总平面图审查及用地规划审批，办理《建设用地规划许可证》；

（2）办理建设项目用地审批；

（3）办理《建设用地批准书》；

（4）初步设计审查；

（5）委托具备资质的单位进行地质勘查；

（6）施工图设计审查；

（7）建设项目安全设施设计审查；

（8）管线综合总平面审批；

（9）建筑工程消防设计审核；

（10）防雷装置设计审核；

（11）办理《建设工程规划许可证》；

（12）工程招标投标备案；

（13）办理《施工许可证》。

3. 施工阶段

（1）地下管线信息查询；

（2）占用城市绿地和砍伐、迁移城市树木；

（3）工程建设占用、挖掘道路；

（4）建设工程质量监督申请；

（5）特种设备安装告知；

（6）计量器具检测。

4. 竣工验收阶段

（1）建设项目环境保护设施竣工验收；

（2）建设工程消防验收；

（3）防雷装置竣工验收；

（4）民用建筑节能专项验收；

（5）压力管道、压力容器监督检验；

（6）压力容器、压力管道使用登记；

（7）管线竣工测绘；

（8）房屋建筑面积现状测绘；

（9）建设工程规划验收；

（10）水土保持设施验收；

（11）建设工程竣工验收备案；

（12）城建档案接收；

（13）内部移交。

城镇燃气中压管道工程项目的行政许可一般由当地的自然资源与规划部门、住房城乡建设部门、市政管理部门进行审批。相对于天然气厂站工程、高压管线工程，中低压管道工程的行政许可手续相对简便。在工程准备施工前，先到规划部门进行报批，申报的主要内容有施工报告、管线走向图，管线走向图包括管线位置、管道埋深和间距等内容。在取得规划部门的建设工程规划许可之后，根据管线所经区域,是否穿越公路、铁路、河流、绿化带、电线杆等区域,向城建、执法、园林、市政、消防等相关属地管理部门申报审批手续,取得上述部门批复许可后,方可组织施工。施工完成后,根据当地政府要求进行,组织相关部门进行验收。

第2章 项目开工前准备工作

项目在开工前，参建各方要切实做好各项准备工作，其主要内容如下。

2.1 建设单位准备工作

（1）完成施工合同及安全生产管理协议、监理合同、设备材料供应合同等签署；

（2）完成工程建筑监测单位、无损检测单位等相关单位的委托；

（3）完成合同履约保函、预付款保函、支付保函办理；

（4）完成施工许可证等政府相关手续办理；

（5）完成地下管线信息成果查询；

（6）准备必要的图纸，并完成图纸会审及设计交底；

（7）办理完成工程质量监督手续；

（8）完成施工用水、电、通信、道路等接通工作。

2.2 施工单位进场前要求

1. 人力资源准备要求

（1）建立项目组织机构；

（2）配置满足工程需要的施工人员（主要人员配置及要求见表2-1）；

主要人员配置及要求 表2-1

序号	考核、培训人员	考核、培训内容	要求
1	电焊工	主管焊接、连头、返修	操作过程满足焊接工艺评定，符合焊接工艺要求；须通过焊工考试
2	防腐工	防腐补口	满足高压燃气输配工程施工关键环节与刚性要求
3	安全员	现场安全措施	持证上岗
4	项目管理人员	项目主要工艺及质量安全要求考核	持证上岗
5	全体人员	三级安全教育	—
6	全体人员	应急演练	—

（3）组织焊工考试，考试合格后上岗；

（4）主要人员要求：

1）项目经理应具备注册建造师（市政公用工程或机电安装专业），与合同要求一致；

2）电焊工具备焊工证、上岗证；

3）安全员、质检员、电工及特种作业人员应具备资格证书；

4）施工员、测量员具备上岗证；

5）从业人员劳动力满足要求，且人员有意外伤害保险。

2. 机具设备准备要求

（1）完成施工机具设备配置（主要机具设备要求见表 2-2）；

（2）完成施工机具设备的检修维护；

（3）完成具体工程的专用机具制作；

（4）焊材选用须满足焊接工艺规程要求。

主要机具设备要求　　　　　　　　　　　表 2-2

序号	机具设备	要求	序号	机具设备	要求
1	电焊机	满足施工要求	5	起重机	满足施工要求
2	发电机	满足施工要求	6	压路机	满足施工要求
3	对口器	外对口器	7	配电箱	满足施工要求
4	挖掘机	满足施工要求			

3. 技术准备要求

（1）完成图纸会审、设计交底工作；

（2）完成施工组织设计、施工方案及质量、健康、安全、环境措施的编审工作；

（3）相关文件编制完成后须及时提交总监理工程师审核。

4. 项目资料要求

（1）施工组织设计需通过总监理工程师批准，技术交底已经完成；

（2）安全生产、文明施工专项方案需针对工程有健全的安全生产保证体系，安全生产、文明施工保证措施；

（3）专项方案如高空作业、临时用电、深基坑作业等专项方案（根据项目实际情况）需经评审通过；

（4）项目环保标准符合当地政府要求；

（5）三防工作方案报审表需经总监理工程师核准；

（6）工程设备登记报审表需经总监理工程师核准；

（7）特种作业人员登记报审表需经总监理工程师核准；

（8）项目部管理人员资质报审表需经总监理工程师核准。

5. 双重预防机制专项要求

（1）编制风险清单。施工单位应基于项目风险，详细列出针对本项目的风险清单，并对各风险项进行分级，提出各风险的管控措施，措施应切实可行。

（2）针对双重预防机制进行宣贯、培训教育。施工单位应针对双重预防机制对项目管理人员及项目施工作业人员进行专题教育培训。项目管理人员应熟知风险辨识办法、评估方法、风险清单及管控措施，掌握风险分级管控流程，并根据风险清单的管控措施逐项落实；施工作业人员应熟知作业中的风险项，并落实风险管控措施。

（3）排查隐患，建立隐患台账。施工单位应设立专人负责双重预防机制运行管理，落实各项管控措施，在项目施工阶段按要求定期实施隐患排查（项目安全员需每日到现场检查），并将隐患问题记录进隐患台账，隐患问题一周内闭环，将闭环的照片或文件归档保存。该项工作贯穿项目始终。

（4）《施工组织设计》独立章节要求。施工单位应将双重预防机制作为独立的章节，编入《施工组织设计》，内容包括风险清单及各项双重预防机制工作的落实，风险分级管控程序，隐患排查频次及隐患分级治理程序等。

（5）张挂"重大、较大风险告知栏"。施工单位根据风险清单识别出来的重大、较大项，《重大、较大风险清单》，并于开工前在现场明显位置张挂"重大、较大风险告知栏"。

（6）项目实施过程中，施工单位若对双重预防机制相关工作落实不到位，或重大隐患未及时整改的，经发包人提醒，在要求时限内仍未整改，则发包人有权根据情节的严重性对承包人进行处罚，并向当地主管部门上报有关情况。

6. 其他要求

除以上工作外，施工单位在进场前还需完成以下工作。

（1）进行内部图纸会审、技术交底工作；

（2）施工主要材料的储运能力应能满足连续作业要求；

（3）做好物资采购、检验、运输、保管工作；

（4）施工用地应满足作业要求；

（5）完成施工现场水、电、通信、场地平整及施工临时设施工作。

2.3　监理单位进场前要求

1. 监理机构人员要求

（1）项目总监理工程师具备注册监理工程师资格，并与合同要求一致；

（2）专业监理工程师应具有相应资格；

（3）旁站监理应具有相应资格。

2. 资料要求（报建设单位备案）

（1）监理规划、监理大纲；

（2）安全文明施工监理方案；

（3）监理旁站记录方案；

（4）总监理工程师任命通知书。

3. 监理机构工作要求

（1）项目监理机构应根据建设工程监理合同约定，遵循动态控制原理，坚持"预防为主"的原则，制定和实施相应的监理措施，采用旁站、巡视和平行检验等方式对建设工程实施监理。

（2）项目监理机构应根据工程特点和施工单位报送的施工组织设计，确定旁站的关键部位、关键工序，安排监理人员进行旁站，并及时记录旁站情况。

（3）监理人员须熟悉工程设计文件，并应参加建设单位主持的图纸会审和设计交底会议，会议纪要应由总监理工程师签认。

（4）监理机构应审查施工单位报审的施工组织设计，符合要求时，应由总监理工程师签认后报建设单位。项目监理机构应要求施工单位按已批准的施工组织设计组织施工。施工组织设计需要调整时，项目监理机构应按程序重新审查。

（5）总监理工程师应组织专业监理工程师审查施工单位报送的工程开工报审表及相关资料，在具备开工条件时，应由总监理工程师签署审核意见，并应报建设单位批准后，总监理工程师签发工程开工令。

（6）分包工程开工前，项目监理机构应审核施工单位报送的分包单位资格报审表，专业监理工程师提出意见后，应由总监理工程师审核签认。

（7）工程开工前，项目监理机构应审查施工单位现场的质量管理组织机构、管理制度及专职管理人员和特种作业人员的资格。

（8）总监理工程师应组织专业监理工程师审查施工单位报审的施工方案，符合要求后应予以签认。

2.4　现场安全文明施工要求

（1）现场平面布置图经监理审核后实施。

（2）六牌一图（工程概况牌、安全生产牌、管理人员及监督电话牌、消防保卫牌、文明施工牌、建筑节能公示牌、施工总平面图）齐备。

（3）施工人员应穿戴工作服并佩戴标志牌。

（4）施工现场设明显警示标志牌。

（5）材料设备、半成品按场地平面布置图堆放。

（6）按照施工方案要求安装用电设施，严禁任意拉线接电，现场必须保持夜间照明。

（7）三宝（安全帽、安全带、安全网）、四口（楼梯口、电梯井口、预留洞口、通道口）、五临边（尚未安装栏杆的阳台周边，无外架防护的层面周边，框架工程楼层周边，上下跑道及斜道的两侧边，卸料平台的侧边）安全防护到位。

（8）施工结束或局部施工结束后，及时组织清理现场，临时设施拆除，做到工完料净、场地清，恢复现场原貌或达到设计要求。

（9）户外临时存放管材应妥善保管。

1）应水平堆放在平整的支撑物或地面上；

2）堆放高度不宜过高；

3）用彩条布或帆布进行遮盖；

4）管道两端应有保护管盖。

（10）油漆、乙炔瓶等易燃易爆物品应妥善保管，不得混存于其他区域。

（11）生活区与生产区应严格分开，施工现场必须封闭（设大门进出）施工，围挡应符合当地政府相关要求，门口应明示"进入施工现场必须戴安全帽"等警示标语。

第3章　城镇燃气工程安全管理

城镇燃气工程一般属于市政公用工程，主要分为场站工程及管线工程两大类。施工过程中具有三大特点：一是产品相对固定，人员流动大；二是现场交叉作业多，作业工种多，人员素质参差不齐；三是施工变化大，规则性差，不安全因素随工程进度变化而变化。城镇燃气工程项目常见安全生产事故包括高处坠落、物体打击、触电、机械伤害、坍塌五大类。为防范安全事故的发生，城镇燃气工程的安全管理需要各参建单位紧密结合燃气工程施工特点及主要安全风险，以防范化解项目安全风险为导向，以双重预防机制建设为抓手，履行各自安全生产主体责任，保障工程建设安全生产。

作为项目建设单位，如何落实燃气工程项目安全监管责任，有效督促各参建单位对项目安全风险进行管控，是摆在城镇燃气企业面前的一项重要课题，也是城镇燃气企业在燃气工程项目监管方面面临的难点、痛点。如何解决这些问题，需要城镇燃气企业在构建安全生产责任制、项目双重预防机制推动落实、施工单位考核、事故应急管理等方面进一步细化完善，构建一套适用于城镇燃气企业项目安全监管机制，具体参照做法如下。

3.1　安全生产责任制

建设项目现场安全生产离不开各参建单位的努力，按照"一岗双责、党政同责、齐抓共管、失职追责"的原则，同时落实"管行业必须管安全、管业务必须管安全、管生产经营必须管安全"全员安全理念，建立安全生产责任制，明确安全生产目标，各自安全职责及奖惩办法，有效督促履职。对于建设单位首先需明确自身在建设项目中安全生产主体责任，并以安全责任书形式压实至每个岗位，才能真正落实。

3.1.1　建设单位安全生产主体责任

建设单位作为项目投资方，对项目安全生产建设负首要责任。由于安全生产法律法规及行业领域安全要求众多，建设单位应当依据《中华人民共和国安全生产法》《建筑工程安全生产管理条例》等国家及地方法律法规要求，厘清建设单位安全生产过程中的主体责任，形成建设单位项目建设安全生产主体责任清单，详见表3-1。

建设单位项目建设安全生产主体责任清单　　　　　　　表 3-1

项目阶段		建设单位安全生产主体责任
规划设计阶段	规划	取得规划许可证
	勘察设计	发包给有相应资质等级的勘察、设计单位进行设计
		建设单位不得明示或者暗示设计单位或者施工单位违反工程建设强制性标准，降低建设工程质量。《建设工程质量管理条例》第十条
		建设工程的消防设计、施工必须符合国家工程建设消防技术标准。建设、设计、施工、工程监理等单位依法对建设工程的消防设计、施工质量负责。《中华人民共和国消防法》第九条
		对按照国家工程建设消防技术标准需要进行消防设计的建设工程，实行建设工程消防设计审查验收制度。《中华人民共和国消防法》第十条
		国务院住房和城乡建设主管部门规定的特殊建设工程，建设单位应当将消防设计文件报送住房和城乡建设主管部门审查，住房和城乡建设主管部门依法对审查的结果负责。前款规定以外的其他建设工程，建设单位申请领取施工许可证或者申请批准开工报告时应当提供满足施工需要的消防设计图纸及技术资料。《中华人民共和国消防法》第十一条
		涉及建筑主体和承重结构变动的装修工程，应当在施工前委托原设计单位或者具有相应资质条件的设计单位提出设计方案；没有设计方案的，不得施工。《建设工程质量管理条例》第十五条
		建设工程勘察方案评标，应当以投标人的业绩、信誉和勘察人员的能力以及勘察方案的优劣为依据，进行综合评定
		生产经营单位新建、改建、扩建工程项目（以下统称建设项目）的安全设施，必须与主体工程同时设计、同时施工、同时投入生产和使用。安全设施投资应当纳入建设项目概算。《中华人民共和国安全生产法》第三十一条
		建设单位应当将施工图设计文件报县级以上人民政府建设行政主管部门或者其他有关部门审查《建设工程质量管理条例》第十一条
前期准备	招标投标阶段	要求公开招标投标
		将建设工程发包给具有相应资质等级的施工单位
		组织勘察、设计等单位在施工招标文件中列出危险性较大的分部分项工程清单，要求施工单位在投标时补充完善危险性较大的分部分项工程清单并明确相应的安全管理措施。（目前在招标阶段列出项目全部风险清单，含危险性较大的分部分项工程清单）
		不得将建设工程肢解发包
		不得迫使承包方以低于成本的价格竞标；不得任意压缩合理工期
		与参建各方签订的合同中应当明确安全责任，并加强履约管理
		法定代表人应当签署授权委托书，明确工程项目负责人
		在组织编制工程概算时，按规定单独列支安全生产措施费用
		（建）构筑物拆除的，应当将拆除工程发包给具有相应资质等级的施工单位
		明确参与建设的相关单位的安全生产职责，在与相关单位签订合同时明确责任，按有关规范要求在招标文件和施工合同文件中，明确安全技术、防护设施、劳动保护等费用

续表

项目阶段		建设单位安全生产主体责任
前期准备	招标投标阶段	实行监理的建设工程，建设单位应当委托具有相应资质等级的工程监理单位进行监理，也可以委托具有工程监理相应资质等级并与被监理工程的施工承包单位没有隶属关系或者其他利害关系的该工程的设计单位进行监理。下列建设工程必须实行监理：（一）国家重点建设工程；（二）大中型公用事业工程；（三）成片开发建设的住宅小区工程；（四）利用外国政府或者国际组织贷款、援助资金的工程；（五）国家规定必须实行监理的其他工程。《建设工程质量管理条例》第十二条
		按规定将委托的监理单位、内容及权限书面通知被监理的建筑施工企业
		委托监理合同中应明确安全监理的范围、内容、职责及安全监理专项费用
		自监理合同签订之日起十五日内，将监理合同及总监理工程师姓名报市或者区主管部门备案
实施阶段	开工前准备阶段	建设单位在申请领取施工许可证时，应当提供建设工程有关安全施工措施的资料。依法批准开工报告的建设工程，建设单位应当自开工报告批准之日起十五日内，将保证安全施工的措施报送建设工程所在地的县级以上地方人民政府建设行政主管部门或者其他有关部门备案。《建设工程安全生产管理条例》第十条
		建筑工程开工前，应取得施工许可证或者开工报告经过批准
		特殊建设工程未经消防设计审查或者审查不合格的，建设单位、施工单位不得施工；其他建设工程，建设单位未提供满足施工需要的消防设计图纸及技术资料的，有关部门不得发放施工许可证或者批准开工报告。《中华人民共和国消防法》第十二条
		矿山、金属冶炼建设项目和用于生产、储存、装卸危险物品的建设项目，应当按照国家有关规定进行安全评价。《中华人民共和国安全生产法》第三十二条
		建设单位在领取施工许可证或者开工报告前，应当按照国家有关规定办理工程质量监督手续
		给有关政府部门完成报批、报备工作，如消防、环保、市政、交管、警察、水务等
		建构筑物拆除的，按《建设工程安全生产管理条例》第十一条要求向建设工程所在地的区级以上地方人民政府建设行政主管部门或者其他有关部门备案
		办理安全监督手续时，应当提供危险性较大的分部分项工程清单和安全管理措施
		在开工前按规定向施工单位提供现场及毗邻区域内相关资料，并保证真实、准确、完整
		向与工程建设有关的设计、施工、监理等单位提供与建设工程相关的原始资料，尤其是地下管线资料，并提醒相关方对地下管线采取确认措施。组织有资质的鉴定单位对施工活动中可能影响的周边建筑物、构筑物进行安全鉴定，并督促制定相应的安全措施
		施工图设计文件经审查合格方可施工
		对于按照规定需要进行第三方监测的危险性较大的分部分项工程，委托具有相应勘察资质的单位进行监测

项目阶段		建设单位安全生产主体责任
实施阶段	开工前准备阶段	不得明示或暗示施工单位购买、租赁、使用不符合安全施工要求的安全防护用具、机械设备、施工机具及配件、消防设施和器材
		实施监理前,向承建商及有关单位发出书面通知,告知其监理单位名称、监理内容、总监理工程师或者其代表姓名及权限等事项
		开工前给施工单位进行安全告知
	建设阶段	督促施工单位按照《危险性较大的分部分项工程安全管理办法》要求及时组织专家论证会;建设单位项目负责人应当参加专家论证会并履行签字手续
		提供建设工程安全生产作业环境及安全施工措施所需费用;按照招标文件和施工合同文件中列支的安全技术、防护设施、劳动保护等用于安全生产的各项费用,按规定及时向施工单位支付安全生产措施费,不得逾期支付或克扣,对于支付施工单位的款项应保留支付凭证和相关资料备查
		不得任意压缩合理工期
		不得随意修改建设工程勘察、设计文件,确需修改的,按照《建设工程勘察设计管理条例》第二十八条进行修改
		施工过程中,有需要临时占用规划批准范围以外场地的;可能损坏道路、管线、电力、邮电通信等公共设施的;需要临时停水、停电、中断道路交通的;需要进行爆破作业的;法律、法规规定需要办理报批手续的其他情形的,应办理申请批准手续
		对承包单位的安全生产工作统一协调、管理,定期进行安全检查,发现安全问题的,应当及时督促整改
		组织在同一作业区域内进行施工的承包单位签订安全生产管理协议,明确各自的安全生产管理责任和应当采取的安全措施,并指定专职安全生产管理人员进行安全检查与协调
		对不按专项方案实施的,应责令施工单位停工整改,拒不整改的向住房城乡建设主管部门报告
		监理合同及总监理工程师发生变更的,应当办理变更备案,按规定办理备案手续
		接到监理单位发现存在安全隐患、停工整改的报告,应立即要求施工单位整改,施工单位拒不整改,应及时书面向有关主管部门报告
		危险性较大的分部分项工程发生险情或者事故时,应当配合施工单位开展应急抢险工作;急抢险结束后,应当组织勘察、设计、施工、监理等单位制定工程恢复方案,并对应急抢险工作进行后评估
		按照合同约定,由建设单位采购建筑材料、建筑构配件和设备的,建设单位应当保证建筑材料、建筑构配件和设备符合设计文件和合同要求。建设单位不得明示或者暗示施工单位使用不合格的建筑材料、建筑构配件和设备。《建设工程质量管理条例》第十四条
		建设工程的消防设计、施工必须符合国家工程建设消防技术标准。建设、设计、施工、工程监理等单位依法对建设工程的消防施工质量负责。《中华人民共和国消防法》第九条

续表

项目阶段		建设单位安全生产主体责任
实施阶段	建设阶段	涉及建筑主体和承重结构变动的装修工程,没有设计方案的,不得施工。房屋建筑使用者在装修过程中,不得擅自变动房屋建筑主体和承重结构。《建设工程质量管理条例》第十五条
		法定代表人和项目负责人应当加强工程项目安全生产管理,依法对安全生产事故和隐患承担相应责任
竣工验收	验收	建设单位收到建设工程竣工报告后,应当组织设计、施工、工程监理等有关单位进行竣工验收。建设工程竣工验收应当具备下列条件:(一)完成建设工程设计和合同约定的各项内容;(二)有完整的技术档案和施工管理资料;(三)有工程使用的主要建筑材料、建筑构配件和设备的进场试验报告;(四)有勘察、设计、施工、工程监理等单位分别签署的质量合格文件;(五)有施工单位签署工程保修书。建设工程经验收合格,方可交付
		国务院住房和城乡建设主管部门规定应当申请消防验收的建设工程竣工,建设单位应当向住房和城乡建设主管部门申请消防验收。前款规定以外的其他建设工程,建设单位在验收后应当报住房和城乡建设主管部门备案,住房和城乡建设主管部门应当进行抽查。依法应当进行消防验收的建设工程,未经消防验收或者消防验收不合格的,禁止投入使用;其他建设工程经依法抽查不合格的,应当停止使用。(《中华人民共和国消防法》第十三条)
		竣工验收合格后向有关政府部门完成报检报验报备及资料移交工作。建设单位应当严格按照国家有关档案管理的规定,及时收集、整理建设项目各环节的文件资料,建立、健全建设项目档案,并在建设工程竣工验收后,及时向建设行政主管部门或者其他有关部门移交建设项目档案
	交付	工程竣工验收合格,方可交付使用
		向使用运行单位实物及资料交付

注:本表依照《中华人民共和国安全生产法》《中华人民共和国建筑法》《中华人民共和国消防法》《建设工程安全生产管理条例》《建设工程质量管理条例》等法律法规编制。

为了落实各方主体责任,工程建设项目在开工前应当成立项目管理组织架构,项目团队成员按照架构体系、职责分工紧密开展各项工作。项目部现场应当成立以建设、监理、施工单位为主项目管理团队,紧密对接,履行各参建单位安全生产主体责任。各参建单位团队组成及职责如下:

(1)建设单位项目管理小组

建设单位成立以项目负责人、安全员、各专业(土建、工艺、焊接、自控等)工程师为主的项目管理组。其中项目负责人是建设单位在项目现场安全生产第一责任人,从建设单位角度对项目整体把控,并负责各参建方的沟通协调,推进项目有序开展;安全员主要负责项目安全监督管理,督促各参建方履行安全职责;专业工程师主要负责现场专业指导、检查。

(2)施工单位项目管理小组

施工单位现场应当成立以项目经理为责任制的施工项目部,配置技术负责人、安全员、质量员、施工员、资料员、预算员、各专业工程师。施工单位是项目现场施工主体，应严格按照各自职责履行安全生产主体责任。

（3）监理单位项目管理小组

监理单位应当成立以项目总监理工程为代表，配置监理员、专业监理工程师的监理项目部，代表建设单位监督现场各参建方履行安全职责。

3.1.2 岗位安全生产责任书

在明确项目建设过程中安全生产主体责任以及安全管理目标基础上，建设单位应建立一、二级安全生产责任制，将安全主体责任及目标层层分解落实。两层级的安全生产责任制中，第一层级为公司与项目管理部门签订安全生产责任书，明确安全责任、目标及考核办法；第二层级为项目管理部门与项目管理小组签订安全生产责任书，明确安全责任、目标及考核办法，通过层层签订安全责任书，压实安全责任，督促各项目组成员积极主动履行安全职责。

应制定安全考核指标和具体实施办法。安全考核按周期可分为季度考核、年度考核；按照考核层级包括公司对部门安全考核、部门对员工安全考核两部分，安全考核可以单独设立也可以纳入公司季度、年度经营绩效考核中。安全考核结果可与季度安全奖、年终安全兑现奖等奖金挂钩，也是部门、员工安全工作评优评先等荣誉方面的重要依据。

3.1.3 安全生产管理协议

按照安全生产法律法规要求，建设单位与施工单位（施工总承包单位）在进场前要明确各自的安全生产管理责任。在实践中，签订安全生产管理协议是主要手段，也是对施工承包合同中关于安全生产管理职责、权利及义务内容的有效补充。基于此，项目进场前，建设单位应当与施工单位签订安全生产管理协议并对项目建设可能存在的主要安全风险进行书面告知，同时也要督促检查施工单位与分包单位等参建方签订安全生产管理协议。

3.1.4 工程项目 QHSE 保证金制度

科学合理的工程项目考核激励制度对提升工程质量安全健康环境（QHSE）等各方面起到非常重要作用。目前市场主流的做法是建立工程项目质量安全健康环境管理（QHSE）保证金制度，即在项目进场前建设单位向施工单位收取一定数额保证金，结合对施工单位 QHSE 奖惩细则，建设、监理单位的项目管理人员、质量安全检查人员有权对施工单位承接的项目进行监督管理并进行奖励或惩罚，以保障项目按照既定的质量、安全、卫生、环境管理制度及施工建设过程中突发事件处理要求实施。该保证金属于质量、安全、健康、环境等方面的专项履约保证金，不与合同约定的其他条款违约金冲突、不与其他违约保证金合并计算。

QHSE 保证金制度核心操作步骤：建设单位在监督检查中发现施工单位有违反安全生产相关法律法规、QHSE 管理等规定时，可按规定对施工单位进行处罚。处罚以处罚单形式通知施工单位，由建设、监理单位共同签署后生效，由建设单位财务部门从施工单位保证金中扣除，当剩余保证金不足时，在保证金续交后的当月扣取。施工单位人员拒收罚单时，建设、监理单位可以以通报、邮件、函件、会议纪要等方式通知，视为施工单位已获知处罚事件并已签收处罚单。建设单位财务部门定期将扣款情况进行汇总公布，以通知形式发给各相关参建单位。当质保金不足时施工单位应续交质保金，以保证该制度有效延续。QHSE 管理奖罚单及处罚扣款通知模板详见表 3-2、图 3-1。

QHSE 管理奖罚单　　　　　　　　　　　　　　　　　　表 3-2

单号：

施工单位				
工程名称				合同编号
处罚（奖励）条款		处罚（奖励）依据		金额（元）
建设单位： 签字盖章： 年 月 日		监理单位： 签字盖章： 年 月 日		施工单位： 签字盖章： 年 月 日

处罚扣款通知书

___公司：

在（___年___月___日至___年___月___日）期间，贵司违反_____项目 QHSE 及____管理规定，____次，共计处罚金额为___元（见附表）。已从贵司 QHSE 保证金中扣除，目前贵司剩余_____元。

（目前贵司质保金已扣完，请在接到本通知之日后 10 个工作日内前往我司财务室续交 QHSE 保证金，续交金额为人民币_____万元整。）

附表：___年___月___日至___年___月___日 QHSE 处罚罚金统计表

___年___月___日

图 3-1　处罚扣款通知书模板

3.2　双重预防机制

按照《中华人民共和国安全生产法》的要求，生产经营单位应当构建安全风险分级管控和隐患排查治理双重预防机制。为落实安全生产法的要求，确保双重预防机制在工程项目中落地实施，建设单位应当牵头编制项目双重预防机制落地配套制度，包括《危险源辨识和风险评价指引》《项目安全风险分级管控制度》《工程项目基准风险清单》《安全隐患排查治理制度》等制度，同时督促施工单位在项目施工进场前对项目风险进行辨识、评价及管控，联合监理单位对辨识结果、评价分级结果和控制措施的合理性进行审核，重点监督检查项目较大、重大风险控制措施落实情况。

在实际推行工程项目落实双重预防机制时，往往存在难以真正落地，走形式主义的问题。建设单位作为施工项目落实双重预防机制的监督方，应当在项目各个阶段提出要求。在项目设计阶段，应当要求设计单位将项目危险性较大的分部分项工程列明并提出安全措施；在项目施工招标阶段，应当在招标文件中明确要求施工单位需要在投标文件中有双重预防机制专篇的内容，并且附上建设单位编制的工程项目基准风险清单供参考；在项目合同签署阶段要求施工单位将工程项目风险清单及管控措施纳入合同附件进行约束；在项目进场前施工组织设计中要有双重预防机制专篇内容，并督促施工单位将风险清单中较大以上的安全风险进行张贴，明确安全管控措施及责任人；施工过程阶段，督促施工单位根据即将实施作业工序再次风险辨识并督导检查。通过各个阶段有效衔接，督促双重预防机制有效落地。

风险分级管控和隐患排查治理是双重预防机制的两道防火墙，更是安全生产标准化建设的主要内容。因此，企业抓好风险分级管控和隐患排查治理，这在整个安全生产管理中起着至关重要的作用。

3.2.1 安全风险分级管控

安全风险分级管控就是指通过识别生产经营活动中存在的危险、有害因素，并运用定性或定量的统计分析方法确定其风险严重程度，进而确定风险控制的优先顺序和风险控制措施，以达到改善安全生产环境、减少和杜绝安全生产事故的目标而采取的措施和规定。从总体上讲，风险分级管控程序可以分为四个阶段，这四个阶段分别是：危险源识别、风险评价、风险控制、效果验证与更新，这四个阶段缺一不可，都是风险分级管控程序的重要组成部分，四个阶段循序渐进，确保风险得以有效管控。在项目进场前建设单位应当组织施工单位等各参建单位对项目施工安全风险进行识别，确定风险清单并制定分级管控措施。安全风险分级管控流程图及具体实施步骤如图3-2。

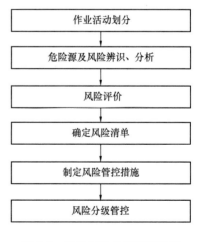

图 3-2 安全风险分级管控流程

1. 作业活动划分

首先根据不同类型燃气工程建设项目（如场站工程、管线工程）特点，对项目作业工序进行划分。

2. 危险源辨识、分析

（1）危险源辨识基本原则

危险源辨识应充分考虑分析"三种时态"和"三种状态"下的危险有害因素，确定并准确描述危险有害因素存在的部位、存在的方式、出现的条件、事故发生的途径及其变化的规律。在辨识过程中应坚持"横向到边，纵向到底"的原则。

（2）危险源辨识的范围

风险识别的范围应覆盖所有活动及区域。主要考虑人员、设备机具、物料和环境等几个方面：

1）作业活动中人员活动存在的风险源。常规活动、异常情况下的活动和紧急状况下的活动（如火灾、触电等）。

2）作业活动中的设施设备中存在风险源，如储罐、发电机、建筑物、车辆等。

3）作业活动中使用的物料中存在的风险源，如有毒有害物质、风尘等。

4）作业环境带来的风险，如高温、低温、照明、人员密集及施工区域环境等。

（3）危险源辨识方法

对于作业活动危险源辨识可采用作业危害分析法（JHA）等方法；对于设备设施类危险源辨识可采用安全检查表分析（SCL）等方法；对于复杂的工艺可采用为危险与可操作性分析法（HAZOP）或类比法、事故树分析法（ETA）等方法进行危险源辨识。

（4）危险和有害因素分类

1）按照导致事故的原因分类

采用现行国家标准《生产过程危险和有害因素分类与代码》GB/T 13861，分人、物、环、管四个方面，191个小类。其中：人的因素29类（心理、生理性、行为性类）；物的因素102类（物理性、化学性、生物性危险和有害因素）；环境因素49类（室内、室外、地下、其他作业环境不良）；管理因素11类（组织机构不健全、责任制未落实、管理制度不健全、投入不足、管理不完善、其他管理缺陷）。

2）按照事故类型分类

按照现行国家标准《企业职工伤亡事故分类》GB 6441，根据导致事故的原因、致伤物和伤害方式等，可将事故分为物体打击、车辆伤害、机械伤害、起重伤害、触电、淹溺、灼烫、火灾、高处坠落、坍塌、冒顶片帮、透水、放炮、火药爆炸、瓦斯爆炸、锅炉爆炸、容器爆炸、其他爆炸、中毒和窒息以及其他伤害 20 个类别。

（5）风险辨识中的典型危害

1）机械危害：造成人体砸伤、压伤、倒塌压埋伤、割伤、擦伤、扭伤等。

2）电器危害：设备设施安全装置缺乏损坏造成火灾、人员触电、设备损害等。

3）人体工程危害：不适宜作业方式、作息时间、环境引起人体过度疲劳危害。

4）物理危害：造成人体辐射损伤、冻伤、烧伤、中毒等。

5）各种有毒有害化学品的挥发、泄漏所造成的人员伤害、火灾等。

3. 风险评价

风险评价可以分为定性风险评价、定量风险评价和半定量风险评价。常用的评价方法有作业条件危险性分析法即 LEC 评价法（定量）、故障树分析法（ETA）和故障类型及影响分析法（定性）、kent 法（半定量）和风险矩阵法（LS）等，针对燃气工程建设项目可选择 LEC 评价法进行风险评价，见表 3-3。LEC 法是一种常用的系统危险性的半定量评价方法。其危险性（D）值的表示方法由三种主要因素 L、E、C 的指标值的乘积表示，即 $D=L \times E \times C$，由 D 值确定风险等级，见表 3-4～表 3-7。D 值越大，说明该作业活动危险性大、风险大。

燃气工程建设项目危险及有害因素识别表　　　　表 3-3

序号	场所/环节/作业	风险描述	危害因素	主要后果	现有防范措施			建议或意见	风险				责任部门	责任人	备注
					工程技术措施	管理措施	个体防护		L（可能性）	E（暴露程度）	C（后果）	$D(L \times E \times C)$			

事故事件发生的可能性（L）判断准则　　　　表 3-4

分值	事故、事件或偏差发生的可能性
10	完全可以预料
6	相当可能；或危害的发生不能被发现（没有监测系统）；或在现场没有采取防范、监测、保护、控制措施；或在正常情况下经常发生此类事故、事件或偏差
3	可能，但不经常；或危害的发生不容易被发现；现场没有检测系统或保护措施（如没有保护装置、没有个人防护用品等），也未做任何监测；或未严格按操作规程执行；或在现场有控制措施，但未有效执行或控制措施不当；或危害在预期情况下发生
1	可能性小，完全意外；或危害的发生容易被发现；现场有监测系统或曾经作过监测；或过去曾经发生类似事故、事件或偏差；或在异常情况下发生过类似事故、事件或偏差

续表

分值	事故、事件或偏差发生的可能性
0.5	很不可能，可以设想；危害一旦发生能及时发现，并能定期进行监测
0.2	极不可能；有充分、有效的防范、控制、监测、保护措施；或员工安全卫生意识相当高，严格执行操作规程
0.1	实际不可能

暴露于危险环境的频繁程度（E）判断准则　　　　表 3-5

分值	频繁程度	分值	频繁程度
10	连续暴露	2	每月一次暴露
6	每天工作时间内暴露	1	每年几次暴露
3	每周一次或偶然暴露	0.5	罕见的暴露

发生事故事件偏差产生的后果严重性（C）判别准则　　　　表 3-6

分值	法律法规及其他要求	人员伤亡	直接经济损失	停工	公司形象
100	严重违反法律法规和标准	10 人以上死亡，或 50 人以上重伤	5000 万元以上	公司停产	重大国际、国内影响
40	违反法律法规和标准	3 人以上 10 人以下死亡，或 10 人以上 50 人以下重伤	1000 万元以上	装置停工	行业内、省内影响
15	潜在违反法规和标准	3 人以下死亡，或 10 人以下重伤	100 万元以上	部分装置停工	地区影响
7	不符合上级或行业的安全方针、制度、规定等	丧失劳动力、截肢、骨折、听力丧失、慢性病	10 万元以上	部分设备停工	公司及周边范围
2	不符合公司的安全操作程序、规定	轻微受伤、间歇不舒服	1 万元以上	1 套设备停工	引人关注，不利于基本的安全卫生要求
1	完全符合	无伤亡	1 万元以下	没有停工	形象没有受损

风险等级判定准则及控制措施（D）　　　　表 3-7

分数值	风险级别	标志色
≥720	重大	红色
720＞D≥240	较大	橙色
240＞D≥150	一般	黄色
150＞D	低	蓝色

4. 制定风险清单

在风险辨识、分级之后，应建立风险清单。风险清单应至少包括作业活动、危险源、风险类别、风险级别、主要后果、控制措施等内容。燃气工程高压管线类、场站类建设项目危险源识别及风险清单见表 3-8、表 3-9。

表3-8

高压管线类施工危险源识别、风险清单

作业活动	设备、设施、工器具	危险源	风险评价方法（LEC法）					主要后果	控制措施	责任单位	责任人
			L	E	C	D	风险级别				
扫线（作业带清理）	挖掘机、推土机、伐树工具	地形恶劣，坡度大；土质构成不稳固	1	3	15	45	低	(1) 设备倾覆; (2) 人员伤害	(1) 进行作业带清理前，项目部须组织技术人员、安全管理人员、测量放线人员对挖线机操作手进行交底; (2) 需要进行降坡处理的陡坡，按照设计规定进行降坡处理；必要时，修筑设备施工平台后方可进行作业; (3) 设置专人进行指挥、监护		
		设备操作人员操作失误、违章作业	1	2	7	14	低	(1) 设备倾覆; (2) 机械伤害	(1) 操作人员须持证上岗; (2) 在使用新设备、设施时，应对操作手进行重新培训，并考核合格后方可作业; (3) 设备启动时，操作人员须对周围环境进行观察并鸣笛示警		
		机械故障	3	2	15	90	低	(1) 设备倾覆; (2) 机械伤害	(1) 加强设备的日常维护保养; (2) 项目部须定期对设备的使用情况、保养情况进行检查		
		设备操作手不了解地下构筑物或其他地下设施	1	2	15	30	低	(1) 破坏地下构筑物; (2) 挖断地下光缆、管路	(1) 进行作业带清理前，项目部须组织技术人员、安全管理人员、测量放线人员对挖机操作手进行交底; (2) 指挥、监护人员发现遇有标志桩及其他明显标志时，及时告知操作人员		
		架空线路作业	1	1	40	40	低	(1) 挂断架空线路; (2) 人员触电	(1) 架空线路下作业，必须设置监护，并配备专人指挥; (2) 操作人员须保持高度注意力，听从指挥人员指挥；任何停止指令都必须听从; (3) 严格按照现行行业标准《施工现场临时用电安全技术规范》JGJ 46要求，与架空线路保持安全距离		

续表

作业活动	设备、设施、工器具	危险源	风险评价方法（LEC法）				风险级别	主要后果	控制措施	责任单位	责任人
			L	E	C	D					
扫线（作业带清理）	挖掘机、推土机、伐树工具	视线不好或特殊地形作业时，无人指挥	1	1	7	7	低	(1) 设备倾覆碰架空线路；(2) 破坏地下设施；(3) 碾压作业带外土地	(1) 特殊地段作业，现场必须设置监护、指挥人员；(2) 监护、指挥人员不得脱岗、睡岗		
		雨期施工设备停置在低洼处	3	2	40	240	高	(1) 洪水冲走设备；(2) 损坏设备	雨期夜间停止作业时必须将设备停放至河堤或高地上		
		物体打击	1	2	7	14	低	人身伤害	人与人作业间距大于3m		
人工开挖管沟	锨、镐	塌方	1	1	15	15	低	人身伤害	(1) 按设计要求放坡；(2) 沟深超过5m要进行台阶式放坡；(3) 堆土距离离沟边至少1m		
		钢管距离沟壁过近	0.5	1	15	70.5	低	(1) 滚管；(2) 人身伤害	(1) 作业前，技术人员应按照规范对作业人员进行技术交底；(2) 钢管距离沟至少1m		
		土石方未按要求堆放	1	3	40	120	低	塌方、滚石	(1) 作业前，项目部组织相关人员对将挖出的土石方堆放在与施工便道相反的一侧，土堆距离沟边缘的距离和堆积高度符合规范要求		
		石方段开挖滚石	3	3	40	360	高	(1) 破坏环境；(2) 超占用地；(3) 滚石伤人	(1) 设置作业区域警示标志；(2) 在坡地堆土时，采取拦截土方散落的措施		

续表

作业活动	设备、设施、工器具	危险源	风险评价方法（LEC法）				风险级别	主要后果	控制措施	责任单位	责任人
			L	E	C	D					
机械开挖管沟	挖掘机	坡度、宽度不能满足施工工作业要求	1	3	15	45	低	（1）设备倾覆；（2）人员伤害	管沟开挖前，作业人员应复检作业带是否满足设计要求和作业需求，如存在问题，须及时告知项目管理人员，问题未解决前严禁施工		
		设备操作人员操作失误、违章作业	1	2	15	30	低	（1）设备倾覆；（2）机械伤害	（1）操作人员须持证上岗；（2）选择具有一定施工经验的操作手		
		机械设备故障	1	2	15	30	低	（1）机械设备损坏；（2）机械伤人；（3）污染环境	（1）加强设备的日常维护保养，并做好设备运转记录；（2）项目部须定期对设备的使用情况、保养情况进行检查；（3）操作手发现机械故障后，必须及时告知维修人员进行维修，在存在故障的时候，坚决拒绝操作；（4）挖掘机加油落地过程中，应有防止油落地措施		
		架空线路下作业	1	2	40	80	低	（1）挂断架空线路；（2）人员触电	（1）架空线路下作业，必须设置监护、指挥人员，并配置指挥哨；（2）操作人员须保持高度注意力，听从指令必须听从指挥，任何停止指令都必须听从；（3）严格按照规范《施工现场临时用电安全技术规范》JGJ 46要求，与架空线路保持安全距离		

续表

作业活动	设备、设施、工器具	危险源	风险评价方法（LEC法）					主要后果	控制措施	责任单位	责任人
			L	E	C	D	风险级别				
基坑开挖		机械作业人员未经过培训，无证上岗	1	0.5	40	20	低	—	项目部组织，由建设行政主管部门进行培训，严禁无证上岗		
		土方作业前未对作业人员进行安全技术交底	1	3	15	45	低	—	施工员在岗前进行安全技术交底		
		作业人员无PPE或未正确使用PPE	1	1	15	15	低	—	加强安全教育及正确佩戴防护用品		
		超负荷劳动、身体健康状况或心理等个人因素导致安全问题	0.5	1	15	7.5	低	—	项目部根据实际情况，合理安排休息时间		
	挖掘机	挖掘机无有效法定证件或进场前未进行有效检查	1	1	40	40	低	—			
		挖掘机带病作业	1	1	15	15	低	—	机电人员定期检查，并做好检查记录，损坏的及时更换，符合安全要求后能投入使用		
		空气压缩机压力表、安全阀损坏，未定期检查	1	3	15	45	低	—			
		挖掘机工作中对周围作业人员的伤害	0.5	2	15	15	低	—	项目部配备专职人员进行现场监护		
		拉土方车辆在施工场地的行驶对作业人员的危害	0.5	1	15	7.5	低	—	项目部配备专人监护，设立警戒区		
		铲车在施工现场的使用对作业人员对危害	1	2	15	30	低	—	项目部根据实际情况，设置安全标志、专人监护		

续表

作业活动	设备、设施、工器具	危险源	风险评价方法（LEC法）					主要后果	控制措施	责任单位	责任人
			L	E	C	D	风险级别				
基坑开挖	挖掘机	挖掘机在作业过程中，其他人员离离挖掘机的距离过近	1	3	15	45	低	—	项目部根据实际情况，设置安全标志，专人监护		
		损坏地下的各种管道及构筑物，造成其他管道里的物体泄漏	1	3	15	45	低	—	(1)甲方应向与工程建设有关的设计、施工、监理等单位提供与建设工程相关的原始资料，尤其是地下管线线等方对地下管线采取确认措施，并提醒相关方对地下管线采取确认措施。(2)施工单位在开挖前应做好物探		
		临边防护不稳定，缺少扫地杆、缺少防护	6	3	15	270	高	—	按照临边防护规定设置1～1.2m，扫地离地面10cm的保护栏杆并加固，符合安全要求后方能投入使用		
		作业人员上下基坑未有效设置逃生通道	1	3	15	45	低	—	由架工设置1:3的斜道，两边的防护栏杆高度为1～1.2m		
		基坑上下人员的斜道扶手不符合安全要求（未设置防滑条或防护栏杆高度不够）	1	3	15	45	低	—	由架工设置1:3的斜道，两边的防护栏杆高度为1～1.2m		
		无有效排水措施	3	3	15	135	低	—			
		坑边坍塌	3	3	40	360	高	—	堆土要保证离坑边1m以上，且堆土高度不宜超过1.5m		

续表

作业活动	设备、设施、工器具	危险源	风险评价方法（LEC法）					主要后果	控制措施	责任单位	责任人
			L	E	C	D	风险级别				
起重吊装		未编制专项施工方案或专项施工方案未经审核、审批	1	2	15	30	低	—	起重吊装作业要编制专项施工方案，并按照现行国家标准《起重机械安全规程 第1部分：总则》GB/T 6067.1 的规定进行审核、审批		
		超规模的起重吊装专项施工方案未按规定组织专家进行论证	3	2	15	90	低	—	超规模的起重吊装作业要按规定组织专家对专项施工方案进行论证		
		起重机械未安装荷载限制装置或不灵敏	1	1	15	15	低	(1) 机械伤人；(2) 设备损坏	作业前，作业人员须按照规定检查起重机械安装荷载限制装置，确保限制装置灵敏可靠		
		起重机械未安装行程限位装置或不灵敏	1	1	15	15	低	(1) 机械伤人；(2) 设备损坏	检查起重机械按照规定安装行程限位装置且灵敏可靠		
		起重拔杆组装不符合设计要求	1	1	15	15	低	(1) 机械伤人；(2) 设备损坏	检查起重拔杆组装要符合设计要求		
		起重拔杆组装后未履行验收程序或验收表无责任人签字	1	1	15	15	低	—	检查起重拔杆组装后要进行验收并由责任人签字确认		
	吊车	钢丝绳磨损、断丝、变形、锈蚀达到报废标准	1	2	15	30	低	(1) 人员伤害；(2) 设备损坏；(3) 吊物坠落	检查钢丝绳磨损、断丝、变形、锈蚀要在规范允许范围内		
		吊钩、卷筒、滑轮磨损达到报废标准	1	2	15	30	低	(1) 人员伤害；(2) 设备损坏；(3) 吊物坠落	检查吊钩、卷筒、滑轮磨损要在规范允许范围内		

续表

作业活动	设备、设施、工器具	危险源	风险评价方法（LEC法）					主要后果	控制措施	责任单位	责任人
			L	E	C	D	风险级别				
起重吊装		吊钩、卷筒、滑轮未安装钢丝绳防脱装置	1	2	15	30	低	(1) 人员伤害；(2) 设备损坏；(3) 吊物坠落	检查吊钩、卷筒、滑轮要安装钢丝绳防脱装置		
		起重吊杆的缆风绳、地锚设置不符合设计要求	3	3	15	135	低	(1) 设备倾覆；(2) 人员伤害	检查起重吊杆的缆风绳、地锚设置要符合设计要求		
	吊车	索具采用编结连接时，编结部分的长度不符合规范要求	3	3	15	135	低	(1) 吊物坠落；(2) 人员伤害	当索具采用编结连接时，检查编结长度不小于15倍的绳径，且不小于300mm		
		索具采用绳夹连接时，绳夹的规格、数量及绳夹间距不符合规范要求	3	2	15	90	低	(1) 吊物坠落；(2) 人员伤害	当索具采用绳夹连接时，检查绳夹规格要与钢丝绳相匹配、绳夹数量、间距符合规范要求		
		索具安全系数不符合规范要求	6	3	15	270	高	(1) 吊物坠落；(2) 人员伤害	检查索具安全系数要符合规范要求		
		吊索规格不匹配或机械性能不符合设计要求	3	3	15	135	低	(1) 吊物坠落；(2) 人员伤害	检查吊索规格要互相匹配、机械性能要符合设计要求		
		起重机行走作业处承载能力不符合说明书要求或未采取有效加固措施	3	3	15	135	低	(1) 吊物坠落；(2) 人员伤害	检查起重机行走作业处地面承载能力要符合产品说明书要求，并采用有效加固措施		

续表

作业活动	设备、设施、工器具	危险源	风险评价方法（LEC法）					主要后果	控制措施	责任单位	责任人
			L	E	C	D	风险级别				
起重吊装	吊车	起重机与架空线路安全距离不符合规范要求	1	3	15	45	低	(1) 挂断架空线路；(2) 人员触电	(1) 架空线路下作业，必须设置监护、指挥人员，并配备指挥哨；(2) 操作人员须保持高度注意力，听从指挥人员指挥，任何停止指令都必须听从；(3) 严格按照现行行业标准《施工现场临时用电安全技术规范》JGJ 46要求，与架空线路保持安全距离		
		起重机司机无证操作与操作证与操作机型不符	1	2	15	30	低	—	检查起重机司机操作证，严禁无证上岗		
		未设置专职信号指挥和司索人员	1	2	15	30	低	—	检查起重机作业要设置专职信号指挥和司索人员，一人不得同时兼顾信号指挥和司索作业		
		作业前未按规定进行安全技术交底或交底未形成文字记录	1	2	15	30	低	—	作业前要按规定进行安全技术交底并形成交底记录		
		多台起重机同时起吊一个构件时，单台起重机所承受的荷载不符合专项施工方案要求	1	2	15	30	低	—	当多台起重机同时起吊一个构件时，检查单台起重机所受的荷载要符合专项施工方案要求		
		吊索系挂点不符合专项施工方案要求	1	2	15	30	低	—	检查吊索系挂点要符合专项施工方案要求		

续表

作业活动	设备、设施、工器具	危险源	风险评价方法（LEC法）				风险级别	主要后果	控制措施	责任单位	责任人
			L	E	C	D					
起重吊装	吊车	起重机作业时有人停留或吊运物件从人的正上方通过	1	2	15	30	低	—	起重机作业时，检查不允许任何人停留在起重臂下方、被吊物不允许从人的正上方通过		
		起重机吊具载运人员	1	2	15	30	低	人员坠落	检查起重机不允许采用吊具载运人员		
		吊运易散落物件不使用吊笼	1	2	15	30	低	(1) 吊物坠落；(2) 人员伤害	检查吊运易散落物件时要使用专用吊笼		
		构件码放荷载超过作业面承载能力	3	2	15	90	低	(1) 设备倾覆；(2) 压坏地表	检查构件码放荷载要在作业面承载能力允许范围内		
		构件码放高度超过规定要求	3	2	15	90	低	(1) 构件倾覆；(2) 人员伤害	检查构件码放高度要在规定允许范围内		
		大型构件码放无稳定措施	3	2	15	90	低	(1) 构件倾覆；(2) 人员伤害	检查大型构件码放要有稳定措施		
		未按规定设置作业警戒区措施	1	2	15	30	低	—	检查要按规定设置警戒区		
		警戒区未设专人监护	1	2	15	30	低	—	检查警戒区要设专人监护		
施工用电	发电机、配电箱	用配电设施无保护接地	10	6	15	900	极高	(1) 触电；(2) 人员伤害	做接地体、定期检查测试接地电阻		
		线缆随地乱拉、电缆泡水、随意挂在钢筋、钢管、脚手架、设备金属外壳等导体上	10	6	40	2400	极高	—	埋地、或用支架架设、用绝缘挂钩或绝缘材料与金属物隔离		

续表

作业活动	设备、设施、工器具	危险源	风险评价方法（LEC法）					主要后果	控制措施	责任单位	责任人
			L	E	C	D	风险级别				
施工用电	发电机、配电箱	不符合三级配电二级保护"一机一闸、一漏一开"	3	6	15	270	高	—	电工须按规范要求进行配电，定期检查各柜箱		
		私自延长用电设备（含手持电动工具）电源线，开关箱与设备间距离超过3m	6	3	40	720	极高	—	禁止私接，班前检查		
		配电箱、配电柜的操作通道堵塞	6	2	15	180	中等	—	张贴标识，划分通道，定期巡查		
		线缆外皮老化破损	10	6	15	900	极高	—	定期测试绝缘性能，班前外观检查		
		无用临电方案	1	2	40	80	低	—	开工前编制临时用电方案，交监理审批。之后有改动时，再报方案交监理审批		
		配电箱、配电柜内放置杂物，箱体破损	3	2	40	240	高	—	班前检查，有杂物清理，箱体损坏修复或更换		
		配电箱、配电柜无巡检记录或记录填写不规范、不及时	1	2	15	30	低	—	制定用配电设施的巡查制度，要求电工每日巡检，每日填写。不定期抽查巡检记录填写情况		
		发电机无防雨棚，未配备灭火器	1	3	15	45	低	—	给发电机做雨棚，配备灭火器		
		发电机用油桶代替油箱，将油管直接插在油桶中用油	10	10	15	1500	极高	—	禁止乱用，班前检查		

续表

作业活动	设备、设施、工器具	危险源	风险评价方法（LEC法）					主要后果	控制措施	责任单位	责任人
			L	E	C	D	风险级别				
施工用电	发电机、配电箱	超负荷用电或用电流负荷比较大的空开、大拉小车现象	1	2	7	14	低	—	电工接电时要对用、配电情况进行复核，防止大拉小车现象发生		
		使用铝芯电缆	6	3	15	270	高	—	禁止使用。接线前检查		
		电工工具绝缘层破损	3	2	15	90	低	—	使用前检查		
		无认证人接、拆电	6	2	40	480	高	—	安全教育、配电箱挂锁，仅电工及电气工程师可以开箱操作		
组对焊接	对口器、焊接机、砂轮机、加热器	管口清理、除锈造成飞溅、粉尘	10	10	2	200	中等	人员伤害	（1）使用前检查砂轮片、钢丝刷、口罩； （2）配备防护面具、口罩； （3）砂轮机作业时，切线方向禁止站人		
		钢管移动、弹管碰撞人员	3	2	15	90	低	挤伤、碰伤、砸伤	（1）人体任何部位禁止于两管口之间； （2）吊装用钢丝绳、卡具应安全、可靠； （3）管子支撑牢固； （4）不得强力组对		
		对口器滑落	3	2	7	42	低	（1）挤伤、碰伤； （2）设备损坏	（1）对口时应有专人指挥； （2）任何人不应站在两管口之间； （3）内对口器行走时，应认真观察行走所到达的位置，做到内对口器准确控制停在管口处，防止内对口器落伤人； （4）装卸外对口器时，应注意配合，防止砸伤人员		

续表

作业活动	设备、设施、工器具	危险源	风险评价方法（LEC法）					主要后果	控制措施	责任单位	责任人
			L	E	C	D	风险级别				
组对焊接		管口预热中的明火、高温、气瓶泄漏	3	6	15	270	高	烧伤、烫伤、火灾、爆炸	(1) 不要触摸加热后的管口、器具；(2) 严禁用明火加热液化气罐；(3) 加热时烤把不要对人，不用时放在烤把架上；(4) 液化气胶管，减压阀无泄漏，连接牢固；(5) 气瓶的搬运，保管和使用严格执行有关安全规程；(6) 不准戴有油脂的手套操作气瓶、气瓶、阀门不准粘有油脂		
	对口器、焊接机、砂轮机、加热器	塌方（沟下组焊）	3	2	40	240	高	人员伤害	(1) 按设计对管沟进行放坡；(2) 设置防塌箱；(3) 配备逃生梯；(4) 安排专人监护		
		落物打击（沟下组焊）	1	2	15	30	低	人员伤害	(1) 设专人进行监护；(2) 清理边坡土、石块；(3) 设备、工器具与沟边保持安全距离		
		吊带、钢丝绳破损、断裂吊管机滑绳	1	2	15	30	低	(1) 人员伤害；(2) 设备损坏；(3) 管材损坏	(1) 定期检查吊索的磨损情况，超过规定标准及时更换；(2) 吊臂和管子下方禁止站人		

续表

作业活动	设备、设施、工器具	危险源	风险评价方法（LEC法）				风险级别	主要后果	控制措施	责任单位	责任人
			L	E	C	D					
组对焊接	对口器、焊接机、砂轮机、加热器	电源线老化、破损设备漏电、座无防潮、防水措施	3	3	15	135	低	触电	(1) 施工前对电源线、电动设备、焊钳等工器具进行检查；(2) 配备漏电保护装置、接地、接零完好；(3) 插座放置在支架上，禁止放置在潮湿地面上；(4) 潮湿及易导电区域，手持电动工具操作人员应穿绝缘鞋；(5) 焊工身体不得接触二次回路导电体；(6) 焊工配备符合安全规定的个人防护用品，包括工作服、绝缘手套、鞋、垫板等；(7) 设备的安装、维检修等由专业人员进行		
		与架空线路安全距离不够	3	2	40	240	高	(1) 触电；(2) 通信、供电中断	(1) 操作手操作前进行观察，与架空线路保持安全距离；(2) 现场设专人指挥、专人监护		
		高温	3	10	15	450	高	(1) 人员中暑；(2) 设备损坏	(1) 及时了解天气情况；(2) 制定并落实夏季防暑、降温措施；(3) 配备必要的劳动防护用品和药品等		
		设备间安全间距不足	3	3	7	63	低	(1) 人员伤害；(2) 设备受损	(1) 设备停放时两台设备之间必须大于1.2m，距离小于1.2m时设置安全间距并设置专人监护；(2) 禁止人员在设备间停留；(3) 设备移动鸣笛警示，指派专人现场监护		

续表

作业活动	设备、设施、工器具	危险源	风险评价方法（LEC法）					主要后果	控制措施	责任单位	责任人
			L	E	C	D	风险级别				
		坡地	10	10	7	700	高	(1) 人员伤害； (2) 设备损坏	(1) 作业前对设备进行检查，确保性能完好； (2) 设备在坡地停放时必须加设枕木掩车； (3) 设备上坡时设备后加挂枕木； (4) 设备下坡时，要加设牵引链		
		洪水、泥石流	3	2	15	90	低	(1) 漂管； (2) 设备损坏； (3) 人员淹溺	(1) 及时了解当地气象信息变化，做好相应应急准备，暴雨天气禁止作业； (2) 人员、设备撤离至安全地带		
		噪声	10	6	7	420	高	扰民、听力下降	(1) 人口稠密区避免夜间施工； (2) 操作人员配备耳塞		
	对口器、焊接机、砂轮机、加热器	施工现场固体废弃物	10	6	7	420	高	污染环境	统一回收后集中处理		
组对焊接		焊接弧光、烟尘	10	6	2	120	低	伤害眼睛及皮肤，危害呼吸道等职业	(1) 防风棚内作业设排风装置； (2) 佩戴护目镜； (3) 非焊接人员避免直视弧光		
		焊接作业区附近存在易燃物	3	3	15	135	低	火灾	(1) 妥善处置火源周围的易燃物； (2) 配备消防器材； (3) 人员离开前确认无火灾隐患		
		钢管上行走	6	3	7	126	低	摔伤	(1) 严禁在钢管上行走； (2) 在横跨管道时，管道两侧要设置梯子，通过管道时要注意防滑以确保安全		

续表

作业活动	设备、设施、工器具	危险源	风险评价方法（LEC法）					主要后果	控制措施	责任单位	责任人
			L	E	C	D	风险级别				
组对焊接	对口器、焊接机、砂轮机、加热器	坡地维修设备	6	3	7	126	低	设备下滑造成人员伤害、设备损坏	（1）坡地维修设备时要筑平台；（2）设备下要加设掩木；（3）现场专人进行监护		
		喷砂除锈造成的飞溅和粉尘	10	6	2	120	低	飞溅伤人呼吸道损伤	（1）配备防尘面具等专用劳保用品；（2）喷砂对面及射程内不得有人		
		收缩套加热释放有毒气体	10	6	2	120	低	皮肤及呼吸道损伤	（1）配备手套、口罩等防护用品；（2）现场配备清洗应急物品；（3）操作人员合理站位		
防腐作业	液化气瓶、烤把、喷枪	加热造成明火、高温、气瓶泄漏	3	3	15	135	低	烧伤、烫伤、火灾、爆炸	（1）不要触摸加热后的管口、器具；（2）严禁用明火加热液化气罐；（3）加热时烤把不要对人，不用时放在烤把架上；（4）液化气胶管、减压阀无泄漏、连接牢固；（5）气瓶的搬运、保管和使用严格执行有关安全规程，不准戴有油脂的手套操作气瓶、气瓶、阀门不准粘有油脂；（6）现场存放和使用易燃品时有明火		
		危险化学品、易燃品存放、使用不当	1	2	40	80	低	人员伤害、火灾、爆炸	（1）危险化学品、易燃物品单独分类存放，回收、并设置安全警示标志；（2）配备消防器材；（3）现场存放和使用易燃品时，周围10m内不得有明火		

续表

作业活动	设备、设施、工器具	危险源	L	C	E	D	风险级别	主要后果	控制措施	责任单位	责任人
		竖井开挖时塌方或滑坡	1	6	40	240	高	(1) 设备损坏； (2) 人员受伤	(1) 开挖时按施工方案进行支护； (2) 作业前对员工进行防塌方的安全教育		
		坑边作业坠落	1	6	15	90	低	人员受伤	(1) 加强管理禁止无关人员入内； (2) 操作坑、竖井周围设置合格的围栏		
		材料搬运、摆放动作不当	1	2	15	30	低	摔倒、绊倒，机械伤害，物体打击，人员受伤	(1) 多人搬运同一重物时，负重均匀； (2) 作业过程中注意对电线电缆的保护； (3) 作业严格按照钢筋工安全操作规程		
		起重设备失稳	1	2	15	30	低	设备损坏	严禁超重起吊作业，严禁违章指挥与操作较大施工序活动		
顶管作业	吊车、顶管机、千斤顶	塌方、滑坡	1	6	40	240	高	人员伤害	(1) 确认基坑放坡达标，必要时采取支护措施； (2) 作业时，坑内、井内应备逃生梯，操作人员在进入操作坑、竖井前检查操作坑有无塌方隐患，设专人监护； (3) 地下水位较高时，采取降水措施		
		设备下井及升井，吊索吊具、钢丝绳缺陷	1	2	15	30	低	(1) 设备损坏； (2) 人员伤害	(1) 严禁超重起吊作业，严禁违章指挥与操作； (2) 作业坑边或钢板垫基木保持作业稳固，与作业坑边缘保持安全距离； (3) 作业前检查设备，吊具保持完好； (4) 吊车大臂及吊装轨迹下严禁站人		
		狭小空间作业（设备下井及升井）	1	6	15	90	低	挤伤、碰伤	(1) 机枕等材料堆放要求稳固平稳，严禁堆放超高，防止出现晃动失稳； (2) 吊车司机在起吊前查看周围人员，并鸣铃警示人员离开危险区域		

续表

作业活动	设备、设施、工器具	危险源	风险评价方法（LEC法）					主要后果	控制措施	责任单位	责任人
			L	E	C	D	风险级别				
顶管作业	吊车、顶管机、千斤顶	坠落	1	2	15	30	低	人员伤害	(1) 上下爬梯应当稳妥、缓慢、三点接触； (2) 禁止2人以上同时上同一攀爬梯子		
		千斤顶、垫铁施力不均突然偏离造成物体打击	1	2	15	30	低	人员伤害	(1) 千斤顶均匀推进及时校正； (2) 人员远离千斤顶、垫铁等危险点		
		超挖塌方	1	2	15	30	低	人员伤害	严格执行施工方案和操作规程，严禁超挖		
		缺氧造成窒息	3	6	15	270	高	人员伤害	当距离较长时，监测含氧量； 当含氧量不足时设置鼓风设施		
		阻断交通	3	3	7	63	低	(1) 人员伤害； (2) 车辆损坏	(1) 修筑临时通道； (2) 设置警示牌、设置警示灯； (3) 设置专人监护、疏导交通； (4) 开挖点公路前后置土堆作为硬围护		
公路开挖	挖掘机	挖断路边地埋电缆、管道等地下构筑物	1	2	15	30	低	公共设施损坏	(1) 勘察测量人员应在现场做好标记，提醒后续施工； (2) 距电缆、管道等地下构筑物5m范围内采用人工开挖		
		道路路面恢复不佳	3	3	15	135	低	引发交通事故人员伤害	(1) 路边未回填管沟设置硬围护、设置示带和警示牌； (2) 回填完毕按原路面设计要求恢复公路路面		

续表

作业活动	设备、设施、工器具	危险源	风险评价方法（LEC法）					主要后果	控制措施	责任单位	责任人
			L	E	C	D	风险级别				
定向钻作业	挖掘机、吊车、钻机、钻具	设备移动伤人	1	2	15	30	低	人员伤害	（1）设备进场前设置警示带，严禁闲杂人等进入； （2）设备、设施就位派专人指挥、监护； （3）设备移动前鸣笛警示		
		起重伤害	1	2	15	30	低	人员伤害	（1）检查吊、卡、索具安全完好，吊车支腿满伸、支撑稳固； （2）起重吊装作业设专人指挥； （3）起重机进行回转、变幅、吊钩升降等动作之前应鸣笛警示； （4）起重机械作业时，起重臂旋转半径内严禁有人停留或通过，严禁用起重机载运人员； （5）吊臂与架空线路保持安全距离，使用牵引绳稳定吊物； （6）起吊重物应绑扎牢固，不得在重物上再堆放或悬挂散物件，标有起吊点基吊点按标明的位置悬挂起吊，吊索与重物棱角之间应加衬垫		
		钻杆滚落	1	1	7	7	低	人员伤害	（1）钻杆堆放区采取防滚落措施； （2）严禁非工作人员进入现场； （3）场地内钻杆倒运使用吊带		
		粉尘	10	6	7	420	高	危害人员健康	（1）佩戴口罩； （2）设置防风挡设施		
		泥浆渗漏、外溢、人员淹溺	3	2	40	240	高	（1）污染环境； （2）人员伤害	（1）泥浆池铺设防渗膜，设置硬围护及警示标识； （2）做好泥浆回收和处理		

续表

作业活动	设备、设施、工器具	危险源	风险评价方法（LEC法）					主要后果	控制措施	责任单位	责任人
			L	E	C	D	风险级别				
定向钻作业	挖掘机、吊车、钻机、钻具	泥浆管连接处脱落	1	3	7	21	低	(1) 污染环境； (2) 人员伤害	使用专用卡具连接		
		高压液压管爆裂	1	3	7	21	低	人员伤害	(1) 定期对高压液压管路进行检查； (2) 老化的液压管路及时更换； (3) 保证管路连接正确、连接牢固可靠； (4) 高压液压管路液压油及时补充		
		两端配合不协调造成误操作	1	3	7	21	低	人员伤害	保持通信联络畅通		
		冒浆	1	3	7	21	低	环境污染	控制好泥浆压力、优化工艺，充分利用泥浆处理装置，加大泥浆处理利用量		
		噪声	10	6	7	420	高	扰民、听力损伤	(1) 作业人员配备耳塞； (2) 人口密集区设置遮挡		
		油罐渗漏	1	3	7	21	低	(1) 火灾； (2) 人员伤害； (3) 环境污染	(1) 油料存放区设置隔离带、与作业区域保持安全距离； (2) 油罐采用标准储油罐、罐底下方铺设防渗材料； (3) 现场严禁烟火、配备规格和数量满足要求的消防器材		

续表

作业活动	设备、设施、工器具	危险源	风险评价方法（LEC法）					主要后果	控制措施	责任单位	责任人
			L	E	C	D	风险级别				
吹扫、试压		焊接质量不良	1	3	7	21	低	—	保证焊接质量，焊口经探伤检查合格后才允许试压		
		未经吹扫直接试压	0.5	2	7	7	低	—	试压前对管线进行吹扫试压，确认管线内部清洁后才能试压		
		管道内堵，造成憋压	1	2	15	30	低	—	首板的焊接质量要符合要求，经探伤检查合格后才允许试压		
		法兰、盲板焊接质量不合格	1	2	15	30	低	—	法兰要有出厂检验证且与安装的设备相配，质检人员把好质量关		
	空压机、发球筒、吊车	吹扫口无人警戒，有过往人员和操作人员	1	6	15	90	低	—	吹扫时吹扫口不能对准居民、人群、高压线，5m范围内设警戒线，严禁在吹扫口附近路过、逗留、作业		
		试压过程中遇泄漏直接修理	1	3	15	45	低	—	试压过程中如遇泄漏，不得带压修理，缺陷消除后，应重新试压		
		压力较高的管道试压无警戒区	3	3	15	135	低	—	压力较高的管道试压时，应划定危险区，并安排人员负责警戒，禁止无关人员进入，升压或降压都要缓慢进行		
		试验压力超过设计压力	3	3	15	135	低	—	试验压力要按照设计压力或验收规范的规定，不得随意增加试验压力		
		吹扫出的异物未处理直接排放	3	3	15	135	低	—	在进行试压时严禁用力敲打管道，在吹扫试压时，不得随意排放		

表 3-9

场站类施工危险源识别、风险清单

作业活动	危险源	风险评价方法（LEC 法）					主要后果	控制措施	责任单位	责任人
		L	E	C	D	风险级别				
	机械作业人员未经过培训，无证上岗	3	1	15	45			目部组织，由建设行政主管部门进行培训，严禁无证上岗		
	土方作业前未对作业人员进行安全技术交底	3	1	15	45			施工员在岗前进行安全技术交底		
	作业人员无个人防护用品（PPE）或未正确使用个人防护用品（PPE）	6	6	7	252			加强安全教育及佩戴防护用品的教育		
	超负荷劳动、身体健康状况或心理等因素导致安全问题	1	2	7	14			项目部根据实际情况，合理安排休息时间		
基坑开挖	挖机无有效法定证或进场前未进行有效检查	3	1	15	45			机电人员定期检查，并做好检查记录，损坏的及时更换，符合安全要求后方能投入使用		
	空气压缩机压力表、安全阀损坏，未定期检查	1	3	15	45			项目部配备专职人员进行现场监护		
	挖掘机工作中对周围作业人员的伤害	1	0.5	15	7.5			项目部配备专人监护，设立警戒区		
	拉土方车辆在施工场地行驶对作业人员的危害	1	0.5	15	7.5			项目部配备专人监护，设立警戒区		
	铲车在施工场内的使用对作业人员的危害	1	0.5	15	7.5			项目部根据实际情况，设置安全标志、专人监护		
	损坏地下的各种管及构筑物，造成其他管道里的物体泄漏	0.2	0.5	100	10			（1）甲方应向与工程建设有关的设计、施工、监理等单位提供与建设工程相关的原始资料，尤其是地下管线资料，并提醒相关方对地下管线采取保护措施；（2）施工单位在开挖前应做好物探		

续表

作业活动	危险源	风险评价方法（LEC法）				主要后果	控制措施	责任单位	责任人
		L	E	C	D	风险级别			
基坑开挖	临边防护不稳定、缺少扫地杆、部分基坑缺少防护	6	3	15	270		按照临边防护规定设置1~1.2m，扫地离地面10cm的保护栏杆并加固，符合安全要求后方能投入使用		
	作业人员上下基坑未有效设置逃生通道	1	3	15	45		由架工设置1:3的斜道，两边的防护栏杆高度为1~1.2m		
	无有效排水措施	1	1	40	40		堆土要保证离坑边1m以上，且堆土高度不宜超过1.5m		
	坑边坍塌	0.5	0.5	100	25				
模板工程	木工平刨机没有设置安全防护装置或防护罩脱落	1	6	7	42		由机电人员按照有关规定根据机械设备的特点，设置防护罩，采取有效的措施并加固		
	木工平刨机刀片破损两处以上或有裂缝	1	1	7	7		按照《平刨安全管理规定》将刀片更换，并经过检查合格后方可使用		
	圆盘锯皮带传动无防护罩或防护罩脱落	6	6	3	108		按照《圆盘锯安全管理规定》，机电人员根据机械的特点及时设置并加固		
	圆盘锯刀片破损两处以上或有裂缝	1	1	15	15		按照《圆盘锯安全管理规定》将刀片更换，并经过检查合格后方可使用		
	圆盘锯没有设置防护挡板及分料器	1	6	3	18		按照《圆盘锯安全管理规定》将刀片更换，并经过检查合格后方可使用		
	圆盘锯、平刨机无保护接零	1	0.5	7	3.5		机电人员按照现行行业标准《施工现场临时用电安全技术规范》JGJ 46标准的要求，增设保护接零。其电阻小于4Ω		

续表

作业活动	危险源	风险评价方法（LEC法）					主要后果	控制措施	责任单位	责任人
		L	E	C	D	风险级别				
	木工手电锯未设置漏电保护器	6	0.5	15	45			按照现行行业标准《建筑施工现场安全检查标准》JGJ 59、《漏电保护器安全管理规定》的要求实施一机一闸并经过机电人员确认后方可使用		
	混凝土运输泵支架未设置剪刀撑、高度超过3m的未设置连墙点	3	1	15	45			项目部根据现场实际情况、编制专项方案，施工中作业人员严格按照施工方案进行作业，施工后经过验收合格方可进行使用		
	使用螺杆滑丝的扣件及锈蚀、变形严重的钢管	1	1	15	15			项目部按照现行行业标准《建筑施工扣件式钢管脚手架安全技术规范》JGJ 130要求，及时更换，更换后经过验收合格方可使用		
模板工程	未按照模板施工方案搭设模板支撑系统	0.5	6	100	300			项目部安全员及安全员现场检查、存在与方案不同的予以整改		
	底层模板安装时，未设置或设置的上下斜梯不符合规范要求	0.5	6	15	45			按照高处作业规定，项目部安排架工搭设，并经过检查合格后方可使用		
	安装、拆除4m以上的独立柱未设置操作平台	6	1	15	90			项目部安排架工根据《职业健康安全管理制度》的规定进行作业		
	拆除悬臂结构底模未挂设安全带	6	3	7	126			施工前根据《职业健康安全管理制度》进行安全技术交底、配备专人监护并设置警戒区		
	因土方无法回填，外架未与主体同步	6	0.5	15	45			项目技术负责人根据现场实际情况、编制专项技术方案，并严格按照方案执行		

续表

作业活动	危险源	风险评价方法（LEC法）					主要后果	控制措施	责任单位	责任人
		L	E	C	D	风险级别				
	模板拆除后未及时对"四口、无临边"设置防护	6	3	15	270			按照临边防护有关规定进行搭设，设置 1～1.2m 的防护栏杆，并挂设安全标志，经过检查后方可投入使用		
	圆盘锯使用时的噪声影响作业人员听力	3	6	1	18			项目部根据现场的实际情况安排在室外进行作业		
	垂直运输设备或塔吊运转钢管、扣件、模板、木支撑时，因堆放不合理发生高空坠落	3	3	7	63			根据现行行业标准《建筑施工安全检查标准》JGJ 59，堆放的高度不得大于 2m		
	木工作业区有人吸烟	6	3	15	270			按照《职业健康安全管理制度》的规定执行，项目部在危险场所设置警告标志，加强安全教育		
模板工程	木工未及时将模板铁钉拔掉，易扎脚	6	3	3	54			木工将拆下的模板及时移开并清理现场		
	夜间作业照明不足	6	3	15	270			由机电人员增设照明灯具，检测合格后方可投入使用		
	场地狭小，材料堆放超高、零乱	1	3	7	21			按照现行行业标准《建筑施工安全检查标准》JGJ 59 及《职业健康安全管理制度》有关要求施工		
	吊运安装大模板联络信号不明确	6	3	15	270			项目部安排专人指挥，信号传递采用对讲机		
	拆模时，楼层周边未设置警戒标志及专人看管	6	3	15	270			项目部安全员根据现场的实际情况设置警示牌，配备专人监护		
	木工作业区未设置"禁止吸烟"及"禁止烟火"的标志	1	3	15	45			项目部安全员根据现场的实际情况设置警示牌，配备专人监护		

续表

作业活动	危险源	风险评价方法（LEC法）					主要后果	控制措施	责任单位	责任人
		L	E	C	D	风险级别				
模板工程	"四口、五临边"模板拆除后未设置提示标志	1	3	15	45			项目部安全员根据现场的实际情况设置警示牌，配备专人监护		
	班长安全意识淡薄，抢进度蛮干	6	0.5	15	45			项目部集中所有的人员进行安全教育，按照《职业健康安全管理制度》进行处理		
	木工不按照安全技术交底要求作业	6	0.5	15	45			按照《职业健康安全管理制度》的规定执行		
	拆除模板无专人监护	6	0.5	15	45			项目部安排专人进行监护		
混凝土工程	搅拌机安装不够稳固	0.5	6	7	21			根据搅拌机安全管理规定及时加固，加固后经检查合格符合安全要求方可投入使用		
	搅拌机的操作电箱没有上锁	1	3	3	9			机电人员加强检查对操作人员进行监督		
	搅拌机料斗无保险钩	1	1	15	15			根据搅拌机安全管理规定及时设置后方可投入使用		
	搅拌机上限位失灵	1	1	7	7			根据搅拌机安全管理规定及时设置后方可投入使用		
	振动器开关无按钮	1	2	3	6			根据振动器安全管理规定及时设置并在试运行符合安全要求后方可使用		
	操作棚无防雨、防砸措施	1	6	15	90			根据高处作业的规范标准，项目部安排专职人员搭设双层防护棚，间距40cm，验收合格后方可投入使用		
	无操作平台	0.5	6	7	21			依据高处作业规范标准，安排专职人员编制专项施工方案，安排专职人员按照施工方案进行施工并经检查合格后方可投入使用		

续表

作业活动	危险源	风险评价方法（LEC法）					主要后果	控制措施	责任单位	责任人
		L	E	C	D	风险级别				
	搅拌机传动部分防护罩松动	1	1	15	15			机电维修人员依据《搅拌机安全管理规定》及时加固，符合要求后方可投入使用		
	工人没有正确佩戴安全帽	1	6	15	90			依据《职业健康安全管理制度》进行处理，项目部加强安全教育，管理人员加强施工过程监督		
	操作机械人员没有佩戴绝缘手套或穿绝缘鞋	6	6	15	540			依据《职业健康安全管理制度》进行处理，项目部加强安全教育，管理人员加强施工过程监督		
	电缆任意拖拉，随意绑在钢筋上	6	3	15	270			按照《职业健康安全管理制度》及项目部有关的安全制度进行处理、作业前的安全技术交底认真实施		
混凝土工程	操作人员没有穿雨靴	0.5	6	1	3			按照《职业健康安全管理制度》及项目部有关的安全制度进行处理、作业前的安全技术交底认真实施		
	电缆没有进行绝缘检查	0.5	6	15	45			机电管理人员按照现行行业标准《施工现场临时用电安全技术规范》JGJ 46要求进行检测，不符合要求及时更换		
	泵送管加固架子不稳固	1	3	15	45			项目部根据现场的实际情况安排专业人员进行加固，并配备专人监护，作业前做好安全技术交底		
	碘钨灯外壳保护零线接触不良	6	3	15	270			机电人员按照现行行业标准《施工维修保养》JGJ 46及时维修保养并经过检测合格后方可投入使用		

续表

作业活动	危险源	风险评价方法（LEC法）					主要后果	控制措施	责任单位	责任人
		L	E	C	D	风险级别				
混凝土工程	移动电箱没有稳固，未按离地面1.3~1.5m要求架立	0.5	3	7	10.5			机电人员按照现行行业标准《施工现场临时用电安全技术规范》JGJ 46要求架设、完成后经过检查合格方可投入使用		
	电缆没有架空	1	3	15	45			机电人员按照现行行业标准《施工现场临时用电安全技术规范》JGJ 46要求架设、完成后经过检查合格方可投入使用		
	插入式振动器、输送泵作业过程的噪声	0.5	6	1	3			配备耳塞，合理安排作业时间		
	泵车运转过程的振动	0.5	6	1	3			配备耳塞，合理安排作业时间		
	上料来往车辆的行驶	1	6	3	18			现场管理人员根据现场实际情况，挂设安全标志、止标识并查验驾驶员的上岗证件，加强现场监督		
	垂直运输设备及塔吊在吊送混凝土过程对人员和物的伤害	1	3	15	45			施工管理人员在作业前做好安全技术交底、施工过程中配备专人监护		
	运输混凝土的来往车辆的行驶	1	3	15	45			项目部配备专人指挥运输车辆的行驶安全		
	上料的道路不畅通	0.5	6	7	21			按文明施工有关规定及时配人清理，确保施工道路通畅		
	搅拌机周围排水不畅通	0.5	3	3	4.5			项目部安排施工人员按照施工现场的排水排污方案实施		
	模板上无混凝土运输措施	1	3	3	9			按《职业健康安全管理制度》及现行行业标准《建筑施工安全检查标准》JGJ 59的要求、项目部技术负责人补充并在施工过程中实施		

第3章 城镇燃气工程安全管理

续表

| 作业活动 | 危险源 | 风险评价方法（LEC法） | | | | 主要后果 | 控制措施 | 责任单位 | 责任人 |
		L	E	C	D	风险级别				
混凝土工程	作业人员作业时间过长，容易精力不集中、体力下降	6	1	15	90			项目部按照《中华人民共和国劳动法》的有关规定，并按项目工程的实际情况调整作息时间		
	班组长违章指挥或不按照方案的有关要求进行指挥	6	0.5	15	45		依据《职业健康安全管理制度》给予处理，项目部加强施工过程中的安全管理、加强安全教育及技能培训		
	作业人员违章操作，不按照安全规程作业	6	3	15	270		依据《职业健康安全管理制度》给予处理，项目部加强施工过程中的安全管理、加强安全教育及技能培训		
	扣件的质量不符合国家标准的要求	0.5	6	15	45		按照国家标准规定，项目部将不符合要求的扣件及时更换，进场扣件应具备产品合格证		
	扣件的螺栓无垫片或垫片不符合国家标准的要求	0.5	6	15	45		按照国家标准规定，项目部将不符合要求的扣件及时更换，进场扣件应具备产品合格证		
脚手架工程	扣件有关砂现象	0.5	6	15	45		按照国家标准规定，项目部将不符合要求的扣件及时更换，进场扣件应具备产品合格证		
	立杆基础没有夯实	0.5	6	40	120		施工班组应按照现行行业标准《建筑施工扣件式钢管脚手架安全技术规范》JGJ 130的要求，将立杆基础夯实，如现场存在实际情况无法夯实，应增加扫地杆经过加固并经检查符合安全要求后方能投入使用		

48

续表

作业活动	危险源	风险评价方法（LEC法）				主要后果	控制措施	责任单位	责任人
		L	E	C	D	风险级别			
脚手架工程	立杆未埋深且未设置离地20cm的扫地杆	0.5	6	7	21		施工班组应按照现行行业技术规范《建筑施工扣件式钢管脚手架安全技术规范》JGJ 130的要求，将立杆基础夯实，如现场存在实际情况无法夯实，应增加扫地杆加固地杆并经过检查符合安全要求后方能投入使用		
	立杆的接头间隔不符合规范要求	0.5	6	7	21		施工班组应按照现行行业技术规范《建筑施工扣件式钢管脚手架安全技术规范》JGJ 130的要求，经过检查符合安全要求后方能投入使用		
	立杆的间隔不符合安全要求	0.5	6	7	21		施工班组应按照现行行业技术规范《建筑施工扣件式钢管脚手架安全技术规范》JGJ 130的要求，经过检查符合安全要求后方能投入使用		
	架体的转角处的剪刀撑与地面的夹角过大	0.5	6	7	21		施工班组应按照现行行业技术规范《建筑施工扣件式钢管脚手架安全技术规范》JGJ 130的要求，地面夹角应在45°～60°之间，并经过检查合格后投入使用		
	横杆的端头扣件的中心小于10cm	0.5	6	15	45		施工班组应按照现行行业技术规范《建筑施工扣件式钢管脚手架安全技术规范》JGJ 130的要求，经过检查符合安全要求后方能投入使用		
	水平杆搭接间隔不符合安全要求	0.5	6	7	21		施工班组应按照现行行业技术规范《建筑施工扣件式钢管脚手架安全技术规范》JGJ 130的要求，经过检查符合安全要求后方能投入使用		

续表

作业活动	危险源	风险评价方法（LEC法）					主要后果	控制措施	责任单位	责任人
		L	E	C	D	风险级别				
脚手架工程	脚手架没有设置挡脚板（或踢脚杆）	1	6	15	90			施工班组应按照现行行业标准《建筑施工扣件式钢管脚手架安全技术规范》JGJ 130 的要求，经过检查查符合安全要求后方能投入使用		
	安全网的破损严重或漏绑	0.5	6	15	45			项目部安排架子工对安全网严重破损的全部更换，挂设符合标准的密目安全网，对漏绑情况及时纠正检查		
	卸料平台两边的防护栏杆没有达到 1.1～1.2m 高	3	3	15	135			按照现行行业标准《建筑施工扣件式钢管脚手架安全技术规范》JGJ 80，增设 1.1～1.2m 的防护栏杆，搭设完毕，检查合格后可投入使用		
	卸料平台脚手板没有铺满，小物件容易坠落伤人	1	3	15	45			按照现行行业标准《建筑施工高处作业安全技术规范》JGJ 80，将木脚手板铺满，下面挂设安全网并进行加固，检查合格后可使用		
	有些焊接的钢管作为立杆	0.5	3	15	22.5			将焊接的钢管全部退场，禁止使用		
	架体与墙体的间隙过大，没有设置封条板	1	6	15	90			按照现行行业标准《建筑施工扣件式钢管脚手架安全技术规范》JGJ 130，增设 5～10cm 的封条板并挂设安全网，检查合格后可投入使用		
	连墙点的设置不符合安全要求	0.5	6	15	45			按照现行行业标准《建筑施工扣件式钢管脚手架安全技术规范》JGJ 130 及《落地式双排竹脚手架》进行纠正，检查符合要求后方可使用		

续表

作业活动	危险源	风险评价方法（LEC法）					主要后果	控制措施	责任单位	责任人
		L	E	C	D	风险级别				
脚手架工程	外架的防护栏杆绑扎不牢固	3	1	15	45			按照《落地式双排竹脚手架》进行纠正，检查符合要求后方可使用		
	扣件的螺栓扭矩力没有达到安全要求	0.5	6	15	45			按照现行行业标准《建筑施工扣件式钢管脚手架安全技术规范》JGJ 130进行检测，对检测不符合要求的扣件进行加固，并重新检测，验收合格后投入使用		
	安全帽、安全带、安全网没有定期检查	0.5	6	15	45			按照安全帽、带、网管理规定的有关标准进行检查，对不符合标准要求的安全帽、安全带、安全网全部更换		
	架子工作业没有配备工具袋	3	3	15	135			按照《职业健康安全管理制度》中的"劳保用品发放标准"执行		
	不佩戴或佩戴不正确安全防护用具	3	6	15	270			按照《职业健康安全管理制度》的规定进行教育和处理，加强管理力度和安全教育		
	钢管、扣件、螺丝、竹杆件、竹片、工具等高空坠落	1	3	15	45			完善各种防护措施，挂设安全标志牌，加强安全管理和安全教育		
	外架底部没有排水沟	0.5	6	40	120			按照现行行业标准《建筑施工扣件式钢管脚手架》JGJ 130及《落地式双排竹脚手架》，增设排水沟		
	大风，下雨天搭设外架	6	0.5	15	45			遇到大风，大雨天停止高空作业		

续表

作业活动	危险源	风险评价方法（LEC法）					主要后果	控制措施	责任单位	责任人
		L	E	C	D	风险级别				
脚手架工程	搭设或拆除外架时，有人在外架下通行	3	0.5	15	22.5			搭设或拆除外架时，项目部派专人进行监护，设警戒区，挂设警示标志并加强现场的管理		
	外架搭拆时无安全标志和警示牌	3	3	15	135			项目部安全员根据现场实际情况进行挂设并加强现场管理		
	架子工作业时间过长，体力下降存在安全隐患	1	3	15	45			按照《中华人民共和国劳动法》有关规定进行，并适当调整作业时间		
	个别作业人员视力不好进行特殊作业	1	0.5	15	7.5			按照特种作业的有关规定，发现此情况的予以调离		
	有心脏病、高血压的人员进行高空作业	1	0.5	15	7.5			按照特种作业的有关规定，发现此情况的予以调离		
	夏天高温天气作业，容易中暑	6	1	3	18			提供充足的清凉消暑饮料并安排适当的作息时间		
	作业人员注意力不集中、心情低落引发事故	1	0.5	15	7.5			现场根据实际情况予以调整作业人员		
	班组长违章指挥，不执行安全操作规程	10	0.5	15	75			根据《职业健康安全管理制度》进行处理组织相关的技能培训和教育		
	架子工无证上岗作业	6	0.5	15	45			检查作业人员的持证，对无证人员禁止其上岗作业		
	外架搭拆设有设置监护区域或无人监护	10	0.5	15	75			项目部根据现场实际情况进行		

续表

作业活动	危险源	风险评价方法（LEC法）					主要后果	控制措施	责任单位	责任人
		L	E	C	D	风险级别				
交通安全	车辆倾倒、车速过快、车辆故障	1	1	40	40			（1）车辆在施工场地内的行驶速度不得高于15km/h；（2）挖机、装载机要在确认道路较为坚实的情况下进行移动；（3）弃土转运严禁使用单桥的自卸卡车、倒车时要确认路面状况、专人指挥；（4）进行驾驶员入场培训和定期召开驾驶员安全教育活动；严格审查外租车辆安全；认真做的交通安全；监控驾驶员"五个不准"；地上下班的交通安全；建立并严格执行派车单制度；定期检查车辆		
	违反《中华人民共和国道路交通安全法》	1	1	100	100					
	工地施工车辆交叉行驶	1	6	15	90					
	电动车在车场站内充电	3	2	40	240					
工艺管道及设备安装工程	管道运输装卸时、钢丝绳磨损或断丝超标；作业前未对力矩限制器进行检测	3	6	7	126			规范作业、加强安全教育、检查		
	管道切割时、防护不当、操作失误致使切割产生的大块材料伤人	1	6	3	18			规范作业、按规定穿戴个人劳保防护用品		
	未办理动火证；动火作业时周围未配备灭火器材、未设专人监护	6	6	1	36			严格执行操作规程、加强安全教育		
	气焊回火	3	6	7	126			严格执行操作规程、装设回火器		
	管道切割时、防护不当、操作失误致使切割、焊接产生的高温材料烫伤皮肤	1	6	3	18			规范操作、规范穿戴PPE、加强监护、根据作业环境做好各项防护措施		
	未清理作业周围的可燃物体或未采取可靠的隔离措施、熔渣飞溅点燃可燃物体	6	3	15	270			严格执行操作规程、制定应急预案、作业前清理现场		

续表

作业活动	危险源	风险评价方法（LEC法）				主要后果	控制措施	责任单位	责任人
		L	E	C	D 风险级别				
工艺管道及设备安装工程	氧气瓶与乙炔瓶在烈日下暴晒，气焊动火时氧气瓶与乙炔瓶两者间距小于5m。氧气瓶、乙炔瓶距动火间距小于10m	3	6	3	54		严格执行操作规程，作业前必须清理现场可燃杂物；注意氧气瓶、乙炔瓶应有距离，与明火的安全距离，乙炔瓶应装回火装置，乙炔瓶严禁卧放使用		
	电焊产生的有毒烟尘、强烈弧光	3	6	3	54		加强安全防护，正确佩戴个人劳保用品，必要时配备防尘口罩		
	登高作业梯子固定不可靠，光滑地面无防滑措施；人字梯夹角过小或过大。设有安全钩；不系安全带	6	3	15	270		（1）进行安全技术交底，内容包括本部分重大危险源和对应的防护措施；（2）登高作业时，高度超过2m的必须系安全带，人字梯等设施必须检查梯子、人字梯等设施；（3）按国家《劳动保护用品》的规定，佩戴好劳保用品；（4）检查"四口"和临边部位的安全防护措施的设置与否及可靠性		
	管道井口防护装置不牢固，安全网挂设不牢固	6	3	15	270				
	管道吊装时绑扎不牢靠，管道就位后未固定牢靠	6	3	15	270				
	设备基础强度不够	3	6	7	126		正确计算基础强度，严格检查施工质量、支座焊接必须牢固可靠		
	设备吊装时违章操作，无计算书，起重设备及配件不符合要求	6	3	15	270		计算吊车载荷，做好预防措施，按施工工序进行吊装就位		
	设备就位调整时，设备上作业时防护措施不当	3	6	3	54		做好防坠落、防触电措施，人员不得站立在正在吊装的设备上		
	设备就位调整时，作业人员工作不协调，指挥失误、监护不到位	3	6	3	54		统一指挥、协调一致，不得冒险蛮干，违章操作		

续表

作业活动	危险源	风险评价方法（LEC法）					主要后果	控制措施	责任单位	责任人
		L	E	C	D	风险级别				
施工用电	配电设施无保护接地	3	6	15	270			做接地体、定期检查测试接地电阻		
	线缆随地乱拉、电缆泡水、随意挂在钢筋、钢管、脚手架、设备金属外壳等导体上	3	6	15	270			埋地、或用支架架设、用绝缘挂钩或绝缘材料与金属物隔离		
	不符合"三级配电二级保护"	3	6	15	270			电工须按规范要求进行配电、定期检查各柜箱		
	私自延长用电设备（含手持电动工具）电源线	3	6	15	270			禁止私接、班前检查		
	开关箱与设备间距离超过3m、配电箱、配电柜的操作通道堵塞	1	6	15	90			张贴标识、划分通道、定期检查		
	线缆外皮老化破损	3	6	15	270			定期测试绝缘性能、班前外观检查		
	无用临时用电方案	0.5	0.5	100	25			开工前编制临时用电方案、交监理审批。之后有改动时、再报方案交监理审批		
	配电箱、配电柜内放置杂物、箱体破损	3	2	40	240			班前检查、有杂物清理、箱体损坏修复或更换		
	配电箱、配电柜无巡检或巡检记录或填写不规范、不及时	3	2	15	90			制定配电设施的巡查制度、要求电工每日巡检每日填写。不定期抽查巡检记录填写情况		
	发电机无防雨棚、未配灭火器	3	2	15	90			给发电机做雨棚、配备灭火器		
	发电机用油桶代替油箱、将油管直接插在油桶中用油	3	1	40	120			禁止乱用、班前检查		
	超负荷用电或用细线接电流负荷比较大的空开、大马力小车拉小马现象	1	1	100	100			电工接电时要对用、配电情况进行复核、防止大马拉小车现象发生		
	电工工具绝缘层破损	3	1	40	120			使用前检查		
	无认证人员接、拆电	3	2	40	240			安全教育、配电箱挂锁、仅电工及电气工程师可以开箱操作		

续表

作业活动	危险源	风险评价方法（LEC法）					主要后果	控制措施	责任单位	责任人
		L	E	C	D	风险级别				
焊接、切割、打磨等动火作业	氧气、乙炔、燃气、二氧化碳等气瓶倒放、暴晒	3	3	15	135			气瓶放置在气瓶架子上使用，直立放置，露天做防晒遮阳棚		
	氧气、乙炔、油漆等易燃易爆物品未单独分类存放、运输	3	3	15	135			分类分别存放、运输		
	氧气瓶、乙炔瓶距离不足 5m，氧气瓶、乙炔瓶距离动火火点不足 10m	6	3	15	270			使用前检查距离		
	气管老化破损	3	2	15	90			定期检查，更换老化管道		
	用钢丝捆扎紧固，未用管码紧固	3	2	15	90			禁止违规接管，使用前检查		
	乙炔瓶无阻火器	6	3	15	270			使用前检查		
	动火点未隔离或无防火星飞溅措施，附近有易燃易爆物品	6	3	15	270			作业前检查围挡防护设施		
	把切割机、角磨机当砂轮机使用	3	2	15	90			制定手持电动工具使用制度，作业中巡检		
	焊接时零线搭接在钢管母材上	3	2	40	240			结焊工培训，作业中巡检		
	动火点、物料存贮点未配备数量充足的灭火器，2 只 8kg/每处，灭火器未定期检查填卡	3	2	15	90			班前检查、定期巡检		
射线探伤作业	未在涉及范围内公布、告知射线探伤危害	0.2	0.5	100	10			射线检测作业前几天张贴公告知		
	射线探伤有害敷设范围内有人	0.5	0.5	100	25			检测开始前场地清场检查，确保无人在敷设范围内。场站内检测时进行进出通道管制，禁止人员入内		
	射线探伤设备运输、使用、保管不善，放射源泄漏	0.2	0.5	100	10			使用、搬运前后检查		

续表

作业活动	危险源	风险评价方法（LEC法）					主要后果	控制措施	责任单位	责任人
		L	E	C	D	风险级别				
盘柜安装	未使用机柜上吊环吊装，用撬拉撬方式导致机柜倾倒	0.5	1	40	20		吊装中碰、撞、压、砸伤人	做好吊装方案、班前交底，并现场核实、规范操作，有人监护		
高处作业	操作工高空作业未使用安全带或安全带未做到高挂低用	6	1	15	90			按照《职业健康安全管理制度》的规定进行处理，安全员现场监督，禁止作业		
	安全带的质量不符合现行国家相关标准的要求	1	2	40	80			按照现行国家标准《坠落防护 安全带》GB 6095的相关要求配备		
	高空作业时间过长，造成体力下降，注意力不集中	1	3	15	45			项目部合理安排作息时间		
	酒后作业	6	0.5	15	45			安全员监督，禁止酒后作业		
	高空作业周围无防护	6	3	15	270			依据高处作业的有关规定，项目部配专业操作人员设置防护措施，经过验收合格后方可投入使用		
	施工现场人员未佩戴安全帽或未按标准佩戴安全帽	6	6	7	252			依据《职业健康安全管理制度》进行处理，项目部加强安全教育，管理人员加强施工过程监督		
	安全帽质量不符合现行国家相关标准的要求	1	1	40	40			按照现行国家标准《头部防护 安全帽》GB 2811的相关要求配备		
	在建工程外脚手架架体外侧采用密目式安全网封闭或网间连接不严	3	1	40	120			按照现行国家标准《安全网》GB 5725的相关要求配备		
	安全网质量不符合现行国家相关标准的要求	1	1	40	40			按照现行国家标准《安全网》GB 5726的相关要求配备		

续表

作业活动	危险源	风险评价方法（LEC法）				风险级别	主要后果	控制措施	责任单位	责任人
		L	E	C	D					
	工作面沿边沿无临边防护	3	2	40	240			按照现行行业标准《建筑施工高处作业安全技术规范》JGJ 80，作业面边沿应沿设置连续的临边防护设施		
	临边防护设施的构造、强度不符合规范要求	1	2	40	80			检查临边防护设施的构造、强度符合规范要求后，方可投入使用		
	防护设施未形成定型化、工具式	3	1	40	120			检查防护设施定型化、工具式，杆件的规格及连接固定方式符合规范要求后，方可投入使用		
	在建工程的孔、洞未采取防护措施	3	2	40	240			检查在建工程的预留洞口、楼梯口、电梯井口等洞口，要采取防护措施		
高处作业	防护措施、设施不符合要求或严密	3	2	40	240			检查防护措施、设施符合规范要求使用		
	电梯井内未按每隔两层且不大于10m设置安全平网	3	1	40	120			检查电梯井内每隔两层且不大于10m要设置安全平网防护		
	未搭设防护棚或防护不严、不牢固	1	2	40	80			检查通道应采取严密、牢固的防护		
	防护棚两侧未进行封闭	1	2	40	80			检查防护棚两侧要采取封闭措施		
	防护棚宽度小于通道口宽度或长度不符合要求	1	2	40	80			检查防护棚宽度要大于通道口宽度，长度要符合规范要求		
	建筑物高度超过24m，防护棚顶未采用双层防护	1	2	40	80			当建筑物高度超过24m时，检查通道口防护棚顶要采用双层防护		

续表

作业活动	危险源	风险评价方法（LEC法）					主要后果	控制措施	责任单位	责任人
		L	E	C	D	风险级别				
	防护棚的材质不符合规范要求	1	2	40	80			检查并更换材质符合规范要求的防护棚材		
	移动式梯子的梯脚底部垫高使用	1	2	40	80			检查梯子梯脚底部要坚实，不得垫高使用		
	折梯未使用可靠拉撑装置	1	2	40	80			检查折梯使用时上部夹角为35°~45°且要设有可靠的支撑装置		
	梯子的材质或制作质量不符合规范要求	3	1	40	120			检查梯子的材质和制作质量要符合规范要求		
	悬空作业处未设置防护栏杆或其他可靠的安全措施	3	1	40	120			检查悬空作业处要设置防护栏杆或采取其他可靠的安全措施		
	悬空作业所用的索具、吊具等未经验收	3	1	40	120			检查悬空作业所用的索具、吊具等要经验验收合格后方可使用		
高处作业	悬空作业人员未按规定系安全带或配带工具袋	3	1	40	120			按照《职业健康安全管理制度》的规定进行处理，安全员现场进行监管，禁止作业		
	操作平台未按规定进行设计计算	1	1	100	100			检查操作平台应按设计进行计算		
	操作平台的组装不符合设计和规范要求，或平台平面铺板要严密	1	1	100	100			检查操作平台要按设计进行组装，铺板要严密		
	操作平台四周未按规定设置防护栏杆或未设置登高扶梯	1	1	100	100			检查操作平台四周要按规范要求设置防护栏杆，并应设置登高扶梯		
	操作平台的材质不符合规范要求	1	1	100	100			按照规范要求检查更换操作平台的材质		
	悬挑式物料钢平台未编制专项施工方案或未经设计计算	0.5	0.5	100	25			检查悬挑式物料钢平台的制作、安装要编制专项施工方案，并要进行设计计算		

续表

作业活动	危险源	风险评价方法（LEC法）					主要后果	控制措施	责任单位	责任人
		L	E	C	D	风险级别				
高处作业	悬挑式钢平台的下部支撑系统或上部拉结，未设置在建筑结构上	3	1	40	120			检查悬挑式钢平台的下部支撑系统或上部拉结点，要设置在建筑结构上		
	斜拉杆或钢丝绳未按要求在平台两侧各设置两道	3	1	40	120			按照规范要求斜拉杆或钢丝绳要在平台两侧各设置前后两道		
	钢平台未按要求设置固定的防护挡板	3	1	40	120			检查要求钢平台要设置固定的防护栏杆		
	钢平台台面铺板不严或铺板不严	3	1	40	120			检查要求钢平台台面，钢平台与建筑结构之间要铺板严密、牢固		
	未在平台明显处设置荷载限定标牌	3	1	40	120			检查并在平台明显处设置荷载限定标牌		
起重吊装	未编制专项施工方案或施工方案未经审核、审批	0.5	0.5	100	25			起重吊装作业要编制专项施工方案，并按照现行国家标准《起重机械安全规程 第1部分：总则》GB/T 6067.1的规定进行审核、审批		
	超规模的起重吊装专项施工方案未按规定组织专家论证	0.5	0.5	100	25			超规模的起重吊装专项施工方案要按规定组织专家对专项施工方案进行论证		
	起重机械未安装荷载限制装置或荷载限制装置不灵敏	1	1	100	100			检查起重机械按照规定要安装荷载限制装置		
	起重机械未安装行程限位装置或行程限位装置不灵敏	1	1	100	100			检查起重机械按照规定要安装行程限位装置		
	起重拔杆组装不符合设计要求	1	0.5	100	50			检查起重拔杆组装要符合设计要求		
	起重拔杆组装后未履行验收程序或验收表无责任人签字	1	0.5	100	50			检查起重拔杆组装后要进行验收并由责任人签字确认		

续表

作业活动	危险源	风险评价方法（LEC法）					主要后果	控制措施	责任单位	责任人
		L	E	C	D	风险级别				
起重吊装	钢丝绳磨损、断丝、变形、锈蚀达到报废标准	1	0.5	100	50			检查钢丝绳磨损、断丝、变形、锈蚀要在规范允许范围内		
	钢丝绳规格不符合起重机说明书要求	1	0.5	100	50			检查钢丝绳规格应符合起重机产品说明书的要求		
	吊钩、卷筒、滑轮磨损达到报废标准	1	0.5	100	50			检查吊钩、卷筒、滑轮磨损要在规范允许范围内		
	吊钩、卷筒、滑轮未安装钢丝绳防脱装置	1	0.5	100	50			检查吊钩、卷筒、滑轮要安装钢丝绳防脱装置		
	起重拔杆的缆风绳、地锚设置不符合设计要求	1	0.5	100	50			检查起重拔杆的缆风绳、地锚设置要符合设计要求		
	索具采用编结连接时，编结部分的长度不符合规范要求	1	0.5	100	50			当索具采用编结连接时，检查编结长度不小于15倍的绳径，且不小于300mm		
	索具采用绳夹连接时，绳夹的规格、数量及绳夹间距不符合规范要求	3	0.5	100	150			当索具采用绳夹连接时，检查绳夹规格要与钢丝绳相匹配，绳夹数量、间距要符合规范要求		
	索具安全系数不符合规范要求	1	0.5	100	50			检查索具安全系数要符合规范要求		
	吊索规格不匹配或机械性能不符合设计要求	3	0.5	100	150			检查吊索规格要互相匹配，机械性能要符合设计要求		
	起重机行走作业处地面承载能力不符合说明书要求或未采用有效加固措施	0.5	1	100	50			检查起重机行走作业处地面承载能力要符合产品说明书要求，并采用有效加固措施		

续表

作业活动	危险源	风险评价方法（LEC 法）				主要后果	控制措施	责任单位	责任人
		L	E	C	D				
	起重机与架空线路安全距离不符合规范要求	3	0.5	100	150		检查起重机与架空线路安全距离要符合规范要求		
	起重机司机无证操作或操作机型不符	1	1	100	100		检查起重机司机要持证操作，严禁无证上岗		
	未设置专职信号指挥和司索人员	1	1	100	100		检查起重作业要设置专职信号指挥和司索人员，一人不得同时兼顾信号指挥和司索作业		
	作业前未按规定进行安全技术交底或交底未形成文字记录	1	1	100	100		作业前要按规定进行安全技术交底并形成交底记录		
	多台起重机同时起吊一个构件时、单台起重机所承受的荷载不符合施工专项方案要求	1	1	100	100		当多台起重机同时起吊一个构件时，检查单台起重机所承受的荷载要符合施工专项方案要求		
起重吊装	吊索系挂点不符合施工方案要求	1	1	100	100		检查吊索系挂点要符合施工专项方案要求		
	起重机作业时起重臂下有人停留或吊运重物从人的正上方通过	3	1	15	45		起重机作业时，检查不允许任何人停留在起重臂下方、被吊物不允许从人的正上方通过		
	起重机吊具载运人员	1	1	100	100		检查起重机不允许采用吊具载运人员		
	吊运易散落物件不使用吊笼	3	1	40	120		检查吊运易散落物件时要使用专用吊笼		
	构件码放超过作业面承载能力	1	1	100	100		检查构件码放要在作业面承载能力允许范围内		
	构件码放高度超过规定要求	3	1	40	120		检查构件码放高度要在规定允许范围内		
	大型构件码放无稳定措施	3	2	40	240		检查大型构件码放要有稳定措施		
	未按规定设置作业警戒区	3	1	40	120		检查要按规定设置作业警戒区		
	警戒区未设专人监护	3	1	40	120		检查警戒区要设专人监护		

续表

作业活动	危险源	风险评价方法（LEC法）					主要后果	控制措施	责任单位	责任人
		L	E	C	D	风险级别				
	焊接质量不良	3	1	40	120			保证焊接质量，焊口经探伤检查合格后才允许试压		
	未经吹扫直接试压	1	1	100	100			试压前对管线进行吹扫试压，确认管线内部清洁合格后方能试压		
	管道内堵，造成憋压	1	1	100	100			法兰、盲板的焊接质量要符合要求，经探伤检查合格后才允许试压		
	法兰、盲板焊接质量不合格	1	1	100	100			法兰要有出厂检验合格证且与安装的设备相匹配，供应、质检人员把好质量关		
吹扫、试压	吹扫口无人警戒，有过往人员和操作人员	3	1	100	300			吹扫时吹扫口不能对准居民、人群、高压线，5m范围内设警戒区，严禁在吹扫口附近路过、逗留、作业		
	试压过程中遇泄漏直接修理	0.5	0.5	100	25			试压过程中如遇泄漏，不得带压修理，应重新试压，缺陷消除后，应方能试压		
	压力较高的管道试压无警戒区	1	1	100	100			压力较高的管道试压时，应划定危险区，并安排人员负责警戒，禁止无关人员进入、升压或降压都要缓慢进行		
	试验压力超过设计压力	0.5	0.5	100	25			试验压力要按照设计压力或验收规范的规定，不得任意增加试验压力		
	吹扫出的异物未处理直接排放	1	1	40	40			在进行试压、吹扫试压时，严禁用力敲打管道，不得随意排放		

5. 风险管控原则及措施制定

风险等级从高到低依次划分为重大风险（$D \geqslant 720$）、较大风险（$720 > D \geqslant 240$）、一般风险（$240 > D \geqslant 150$）和低风险（$D < 150$）四级，分别采用红、橙、黄、蓝四种颜色标示。具体风险管控原则及措施如下：

Ⅰ级：低风险（蓝色），可接受。不需要采取进一步措施降低风险，在适当的时候可以考虑提高安全水平，具体由建设单位项目管理组督促施工单位落实正常管理措施。

Ⅱ级：一般风险（黄色），在控制措施落实的条件下可以容许。需要确认程序和控制措施已经落实，强调对它们的维护工作，具体由建设和单位工程管理部门负责组织施工单位落实控制措施。

Ⅲ级：较大风险（橙色），难容许风险。应采取工程技术、管理等控制措施，重新风险评估后，确定将风险降低到一般风险及以下，具体由建设单位安全管理部门监督协调工程管理部门组织施工单位落实控制措施。

Ⅳ级：重大风险（红色），绝对不能容许。必须通过工程技术、管理等专门措施，重新风险评估后，确定将风险降低到一般风险及以下，具体由建设单位公司层面牵头组织施工单位落实控制措施，具体分级管控等级、原则及措施见表 3-10。

风险分级管控等级、原则及措施表　　　　　　　　表 3-10

风险等级	定性风险	定量风险值	风险色标	可容许度	措施和建议
Ⅰ级	低风险	$D < 150$	蓝	可接受	不需要采取进一步措施降低风险，在适当的时候可以考虑提高安全水平
Ⅱ级	一般风险	$150 \leqslant D < 240$	黄	在控制措施落实的条件下可以容许	需要确认程序和控制措施已经落实，强调对它们的维护工作
Ⅲ级	较大风险	$240 \leqslant D < 720$	橙	难容许风险	应当通过工程或管理上的控制措施，把风险降低到级别Ⅱ或以下
Ⅳ级	重大风险	$D \geqslant 720$	红	绝对不能容许	必须通过工程或管理上的专门措施，把风险降低到级别Ⅱ或以下

所有风险管控措施制定时应充分考虑可行性、安全性、可靠性，同时应从以下方面进行考虑：

（1）工程技术措施，实现本质安全；

（2）管理措施，规范安全管理，包括建立健全各类安全管理制度和操作规程，建立安全监督和奖惩机制等；

（3）培训措施，提高作业人员的操作技能和安全意识；

（4）个体防护措施，减少职业伤害；

（5）应急措施，完善、落实事故应急预案。

针对重大、较大风险控制措施应先对措施的有效性和可靠性；是否使风险降低至可接受水平；是否会产生新的危险源或危险有害因素；是否已选定最佳的解决方案等方面进行充分论证，论证后由监理单位审批实施，同时应在施工现场醒目位置和重点区域进行公示，主要包括工程名称、工程地点、危险项目、危险源、安全风险等级、主要后果、风险管控措施等内容，见表3-11；制作岗位安全风险告知卡，见表3-12，确保项目管理人员明确岗位安全风险及防控措施。工程管理部门对监理单位、施工单位的管控措施实施情况进行监管。

重大、较大风险告知牌   表 3-11

工程名称：		工程地点：			
序号	危险项目	危险源	安全风险等级	主要后果	风险管控措施

岗位安全风险告知卡   表 3-12

岗位		部门		编号	
危险有害因素		后果		防范措施	
一般规定	未遵守相关管理规定	人员受伤、财产损失		遵守国家法律法规、地方政府、集团及分公司、施工现场的各项管理规定	
个人劳保防护	未正确佩戴劳保防护用品	物体打击		到工地必须佩戴并正确使用相关劳保防护用品。在工地必须戴安全帽、穿工装、穿劳保鞋	
外出	未遵守交通法规及公司相关管理规定	车辆伤害		驾车遵守交通法规，如不闯红灯、不酒驾、不超速、不超载、不逆行等；遵守公司车辆相关管理规定，如不得乘载无关人员或物品	
				不得在工作期间饮酒	

续表

危险有害因素		后果	防范措施
进入工地	施工现场环境、设施设备等	触电	接受工地管理方管理，遵守施工场地的各项安全管理规定、要求；了解本项目可能涉及的相关安全风险，及现场可能存在的安全隐患；未经现场安全管理人员同意，不得进入作业区域；注意个人人身安全，做到三不伤害
		机械伤害	按施工现场要求佩戴并正确使用相关安全防护用品。如现场要求系安全带的，必须系安全带
		跌落	不得随意乱动设备；防止触电、防机械伤害、防高坠、防跌落、防物体打击等各种伤害
		火灾	不得违章操作；不得违规指挥
			注意防火，不得随意乱丢烟头
		中暑	野外须注意防蛇蚊虫鼠蚁。热天注意防暑降温
自然灾害	台风、暴雨、雷电等恶劣天气	人员受伤、财产损失	防止各种自然灾害伤害到自身，如雷电、狂风大雨、泥石流、塌方等。不得随意靠近危险区域。台风红色及以上预警期间不得在室外驻留
饮食	食物储存、卫生	人员生病	注意饮食安全
应急处置措施			应急电话
施工现场发现险情后，须告知施工单位项目经理以及公司项目主管部门经理，项目主管部门经理根据风险级别报告公司主管安全领导、总经理，按要求落实应急响应程序。现场处置以施工单位为主体，应做好沟通联络			报警电话：110 急救电话：120

6. 风险管控监督检查及更新

建设单位应牵头组织、督促施工单位进行工程施工中的风险分级管理控制，负责监督在建工程项目重大危险源的控制措施的落实，安全管理部门负责督促工程管理部门开展风险分级管控工作，负责对各工程项目重大危险源控制实施的情况进行监督检查。根据工程项目安全风险管控措施制定项目施工各环节安全检查表，见表3-13。工程管理部门监督施工单位加强自检，并监督监理单位进行检查，工程管理部门按检查表格定期进行检查，安全管理部门定期对管控结果进行检查。根据检查实际情况针对性对风险清单及管控进行及时调整、更新。

某公司项目安全风险管控检查表　　　　　　　　表 3-13

检查时间			检查部门		
检查地点			检查环节		
检查类别	月检查□　　专项检查□　　夜间抽查□　　节前检查□ 日常抽查□　　四不两直□　　其他检查□				
整改通知单编号					

序号	作业活动	危险源	是否存在 (是打√， 否打×)	控制措施	是否到位 (是打√， 否打×)	存在问题

检查人：　　　　　　　　　　　　　　　　被检查人：

3.2.2　隐患排查治理

建设单位应当建立健全项目管理隐患排查治理制度，制定安全检查计划、安全检查表格等工具，明确各相关单位及部门人员在隐患排查治理方面的职责，定期开展项目安全检查，建立隐患台账并分类分级进行管理。具体隐患分类分级及隐患排查治理相关要求除根据法律法规要求外，应结合实际情况制定，核心条款列述如下。

1. 隐患排查内容

根据项目安全生产的需求和特点，建设单位对项目的隐患排查方式可采用综合检查、专项检查、月检查、周检等方式进行，按照安全生产标准化建设模块内容对自身以及其他各参建单位安全生产主体责任落实进行检查，现场管理主要围绕人、机、料、法、环进行。

2. 隐患分类分级

（1）隐患分类原则

隐患分类应遵循以下基本原则：

唯一性原则：即一种隐患的特征只能用一种分类来解释，而不能既属于这一类别，又属于那一类别，以至在不同的类别中重复出现。

通用性原则：即任何一种隐患都要有所归属，按其主要标志划归于相应的类型之中，分类的结果必须把全部安全隐患包括进去，没有遗漏。

稳定性原则：即隐患的分类应满足今后一段时期内安全生产监督管理的需要，不能因为安全生产监管方式改变而改变。

（2）隐患分类

按照安全生产标准化管理体系可分为 10 大类，包括：①目标与职责管理；②法律法规与规章制度管理；③教育培训管理；④现场管理；⑤交通安全管理；⑥消防与安防管理；⑦安全风险管控与隐患排查管理；⑧应急管理；⑨事故事件管理；⑩安全绩效评定与持续改进。其中现场管理类是建设单位管控核心，为便于将隐患分类管理，可将现场管理细分 11 类：①安全用电（现场用电、用电设备工况等）；②特种作业管理（焊工、电工、起重工、架子工、场内工程机动车等特种作业持证情况以及是否遵守特种作业程序等）；③文档资料（侧重文档资料规范管理及资料齐全完整、三级教育、作业交底记录、安全检查资料、施工方案等）；④安全文明施工（五牌一图、警示标识、车辆行人疏导、临时通行设施、围挡封闭、场地规范整齐、第三方管线探测及保护、三防措施是否落实、工完场清、扬尘、排污、噪声环保问题等）；⑤劳动保护（个人劳保用品配备及使用、防暑降温物品配备等）；⑥消防安全（消防设施配备及是否有效、仓库及施工现场易燃易爆品存放、现场临时板房使用热得快、电瓶车充电等违规用电、未在指定吸烟区吸烟等）；⑦机具设备（现场作业机具设备是否符合国家标准及公司要求、机具设备使用是否符合规范要求、包括施工现场各种气瓶使用及摆放等）；⑧施工单位安全履职（侧重于施工单位安全制度是否完善、安全管理人员配备情况、现场履职及安全主体责任的落实等）；⑨监理履职（侧重于项目监理人员配备、现场履职及安全主体责任的落实等）；⑩工程质量（使用不合格、有缺陷等不符合要求的材料、构配件、附属设施；违反施工工序、施工工艺及技术要求、不按要求检测等）；⑪其他（疫情防控等）。

（3）隐患分级

建设单位应当结合国家、行业规定，明确列明隐患分级判定标准，制定本单位隐患分级标准，一般可分为重大隐患、较大隐患、一般隐患三级；按照红、橙、蓝颜色进行标识。重大、较大隐患判定标准见表 3-14，建设单位根据综合检查表进行检查，见表 3-15，表 3-16～表 3-23 为建设项目安全专项检查表。

隐患分级判定可以采用直接判定法或者综合风险评估判定。对于分级表中列明的隐患可采用直接判定方法；对于未列明的，应根据隐患严重程度等方面判定。

3. 隐患治理及信息处理

（1）重大隐患治理

1）建设单位检查人员发现重大隐患应及时上报公司，公司应对重大隐患的整改情况进行跟踪及协调督办，并实行隐患整改"五落实"闭环管理。

2）重大隐患由公司工程管理部门、施工单位、监理单位等有关部门联合组织并制定整治方案，方案应当包括以下内容：治理的目标和任务、安全措施和应急方案、经费和物资的落实、负责治理的机构和人员、治理的时限和要求等；在没有完成治理前，需有相应安全措施和应急方案；治理完成后需组织验收（即隐患整改复查管理），形成"闭环管理"。

3）施工单位负责隐患整改，整改过程及结果经施工单位项目负责人、现场监理及工程管理部门项目负责人确认，并按要求将整改结果报送公司安全总监或主要负责人确认。

（2）较大隐患治理

1）建设单位检查人员发现较大隐患应及时报公司工程管理责任部门，工程建设责任部门对较大隐患的整改情况进行跟踪及督办，并实行隐患整改"五落实"闭环管理。

2）施工单位负责隐患整改，现场监理监督落实整改，工程建设责任部门对施工单位进行整改督办。

3）隐患整改完毕后，施工单位项目负责人、现场监理及工程管理部门对一般隐患整改结果进行复查确认，形成"闭环管理"。

（3）一般隐患治理

1）建设单位检查人员发现一般隐患应及时报告工程管理部门，工程管理部门对一般隐患的整改情况进行督办，并实行隐患整改"五落实"闭环管理。

2）一般隐患由施工单位安排整改，整改完毕后，施工单位项目负责人、现场监理及工程管理部门对一般隐患整改结果进行复查确认，形成"闭环管理"。

对不能及时整改的隐患，隐患责任部门应有专人负责跟踪，采取可行的安全监控手段，制定有效防范措施及应急预案，明确落实整改责任人；待条件成熟后应立即组织整改；对整治不到位的隐患应要求隐患责任部门或施工单位重新组织整改，使整改符合相关管理要求。

（4）隐患信息处理

1）建设单位和上级单位检查提出的安全隐患，由建设单位安全管理部门负责向责任部门发布隐患整改通知书，见表3-24，责任部门应及时督促落实隐患的整改并在规定时间将整改结果以文件资料报送安全管理部门。

2）责任部门未履行隐患整改或隐患整改不及时，对安全管理造成不良影响的，或在隐患整改过程中违反有关安全生产规定的，公司将其纳入安全考核。

（5）存档要求

隐患整改责任部门应建立完整的安全隐患台账，见表3-25，检查记录应正确、清晰，无涂改，检查人和被检查人必须在检查记录上签名；所有隐患必须建立电子文档，电子文档一般包括：隐患具体位置或部位、类型、相关图片、整改措施、整改责任部门、责任人，整改期限及等相关资料。

各种记录保存时间不得少于3年，涉及生产设施的隐患，其记录保存年限按相关规定执行。

重大、较大隐患判定标准 表3-14

重大隐患判定标准			较大隐患判定标准
一级要素	二级要素	重大隐患描述	较大隐患描述
目标职责管理	组织机构	未依法建立安全生产管理机构	—
	安全责任	未落实安全生产责任制	—
	安全生产投入	未有效保障安全投入	—
法律法规与规章制度管理	法律法规与规章制度管理	未依法建立安全生产（消防）责任制、安全隐患排查治理制度、安全教育培训制度、应急管理制度等重要安全管理制度	
教育培训管理	单位负责人及安全管理人员安全培训	单位主要负责人或安全生产管理人员未依法进行安全培训。主要负责人未按要求取得相应安全资格证书	
现场管理	安全用电	裸露电线与现场脚手架等金属物接触且未采取有效的安全措施	特殊场所未使用36V及以下安全电压
		—	用电线路长期过载使用
	特种作业管理	—	特种作业人员无证上岗
	文档资料	施工单位未进行进场前安全技术交底	已接驳的管道完整性数据未按时录入并提交
		施工单位未实施安全文档资料管理	施工方案审批不规范
		危险性较大的专项工程施工方案未审批	施工组织设计中未制定安全技术措施
		—	未按施工组织设计 专项施工方案组织实施
	安全文明施工	安全风险等级达到较大及以上的施工现场未设置明显的警示标志	已接驳的管道完整性数据未按时录入并提交
		未探明管位并采取相应管理措施的条件下在管道周边进行第三方施工	施工方案未经审批擅自开工
	劳动保护	—	施工单位未配备劳保用品
	消防安全	电动自行车（电池）在室内或楼梯间充电、停放	现场临时板房使用热得快
		—	在施工工地，办公、伙房、库房兼做住宿
		—	施工现场未配备消防器材

		重大隐患判定标准	较大隐患判定标准
一级要素	二级要素	重大隐患描述	较大隐患描述
现场管理	机具设备	建设项目的安全设施违反"三同时"要求	气瓶违规使用、存放
		特种设备投用前或者投入使用后30日内未办理登记或特种设备未按期检验	危险性较大的机具设备安全装置缺失
	施工单位安全履职	施工单位未建立相关安全管理制度	施工单位安全管理人员长期不到岗
		施工单位未配备安全管理人员	施工单位未定期开展安全检查并及时记录
	监理履职	—	关键施工环节未实施旁站监理
		—	未建立监理大纲、监理细则
		—	监理人员长期不到岗
	工程质量	使用不合格、有缺陷等不符合要求的材料、构配件、附属设施	违反施工工序、施工工艺及技术要求、不按要求审核
		新建项目通气作业前未按要求进行强度试验和气密性试验	材料、机具设备进场未报检
	其他	施工单位瞒报、谎报疫情	施工现场未配备防疫物资
		施工作业现场违反集团公司十大保命条例	—
交通安全管理	一般规定	疲劳驾驶、无证驾驶、超载、超速、饮酒或服用影响驾驶安全药物	—
		驾驶车辆未系安全带	—
消防与安防管理	消防安全管理	未建立消防安全管理制度	—
安全风险管控与隐患排查治理	风险管理	未督促施工单位开展风险分级管控工作	—
		较大及以上安全风险未督促施工单位采取有效管控措施	
		未建立各类工程项目基准风险清单	
	隐患管理	未组织开展隐患排查工作	
		针对重大安全隐患未采取有效整改措施和管控措施	—
		依据重大隐患的定义,经专业人员组讨论研究确定为重大隐患的隐患	

续表

一级要素	二级要素	重大隐患判定标准	较大隐患判定标准
		重大隐患描述	较大隐患描述
应急管理	应急准备	未依法制定生产安全事故应急救援预案	—
		未按要求进行应急预案备案	—
		施工项目安全风险等级到达较大及以上的专项工程项目未按要求组织开展应急演练	—
事故事件管理	事故事件管理	未及时、如实报告安全事故和紧急事件	—
安全绩效评定与持续改进	安全绩效评定	未定期组织开展安全生产标准化自评工作	

综合检查套表　　　　　　　　　　　　　　　　表 3-15

_____公司综合安全检查表

项目名称			
被检单位/部门		检查组	
检查地点		检查时间	

检查方式：月检查□　专项检查□　夜间抽查□　节前检查□　日常抽查□　四不两直□
其他检查□

检查项目	检查内容	检查方式（查资料、查现场、询问）	符合情况	现场检查情况描述
			□	
			□	

填表说明：(1) 检查结果合格在"符合情况"栏□内画√，不合格画×，未涉及画斜线/；在"现场检查情况描述"栏描述不合格原因。有表中未列项目，写入其他。
(2) 在"符合情况"栏有☆的项目为集团重点检查项

检查人员：	被检查人员：

建设项目安全专项检查表（安全文明施工）　　表 3-16

项目名称				
被检部门		检查组		
检查地点		检查时间		

检查方式：月检查□　专项检查□　夜间抽查□　节前检查□　日常抽查□　四不两直□
其他检查□

检查项目	检查内容	检查方式	符合情况	现场检查情况描述
个人防护用品	现场施工人员应穿着统一防护服，穿戴整齐	查现场	□	
	作业人员使用的个人防护用品与作业内容相匹配	查现场	□	
	所有进入施工现场的人员应规范佩戴安全帽	查现场		
	套丝作业时应佩戴防护镜，严禁戴手套	查现场	□	
	切割、打磨、使用电钻作业时应佩戴护目镜	查现场	□	
	夜间、行车道路或有移动机械使用的区域应穿反光衣	查现场	□	
	焊接作业时应佩戴焊工手套，使用焊工面罩	查现场	□	
	高处作业时必须正确系好安全带	查现场	□	
工程项目标牌设置要求	应在施工区域门口处或作业区显著位置设置"五牌一图"（报建项目）（工程概况牌、管理人员名单、消防保卫牌、安全生产牌、文明施工牌、施工现场总平面图）	查现场	□	
	标牌设置应规范、整齐、统一	查现场	□	
围挡警戒设置	市区主要路段及一般路段的工地可设置封闭固定式围挡、移动式围挡、铁马围挡或水马围挡	查现场	□	
	围挡应全封闭，围挡之间连接紧密无缝隙，所有施工机具、作业活动应在围挡内，围挡应坚固、稳定、整洁、美观	查现场	□	
	非市政道路施工工地可设置铁马围挡或水马围挡，围挡之间连接紧密无缝隙	查现场	□	
	采用铁马围挡时应加装防尘网	查现场	□	
	机械吊篮作业区域、深坑、管沟、现场加工点、材料堆放点以及配电柜设置区域等应设置警戒围挡	查现场	□	

续表

检查项目	检查内容	检查方式	符合情况	现场检查情况描述
施工现场警示标志	施工现场按规定设置警示标志：(1) 在行车道路上施工时，应在道路允许的条件下设置交通疏解标志（交通疏解牌、反光锥、夜间警示灯）；(2) 脚手架设置有"高处作业，请勿靠近""小心碰头"等安全警示牌；(3) 管沟、深坑等作业，应悬挂"禁止跨越""当心坑洞""燃气施工，注意安全"等安全警示牌；(4) 吊篮作业区域围挡应悬挂"高空作业，请勿靠近""燃气施工、注意安全"等警示牌；(5) 材料堆放点，应张贴"材料堆放点"提示牌；(6) 加工区域，应张贴"加工区域"提示牌	查现场	☐	
	警示灯有效，设置高度应统一，整齐	查现场	☐	
	警示标识标牌与保护现场内容一致	查现场	☐	
	已经投用的架手架、机械吊篮应张贴有监理签字验收的合格证书，并正确悬挂	查现场	☐	
	警示标识牌悬挂方向、位置准确	查现场	☐	
材料存放要求	户外临时存放管材应妥善保管（支架、帆布、保护管盖，无弯曲形变）	查现场	☐	
	施工用的聚乙烯管件应用储物箱等妥善保管	查现场	☐	
	管件丝扣无断丝，有倒角去毛刺，有保护	查现场	☐	
	现场阀门、表具等设备设施有效保护	查现场	☐	
工棚位置及设置要求	工棚应设置在项目红线内，如需设在红线外的，需取得城市管理相关部门同意	查现场	☐	
	工棚内可根据实际情况设置材料堆放区、加工区生活区等区域，但区域之间要有效隔离且标识清晰，生活区必须与其他区域完全隔离	查现场	☐	
	工棚入口处及显要位置宜悬挂"佩戴安全帽""安全用电"等标牌	查现场	☐	
生活及办公区域	室内无油漆、液化气等易燃易爆品混合存放	查现场	☐	
	室内用电线路规范、整齐，无裸露，与金属构件接触时应有绝缘措施	查现场	☐	
	室内严禁抽烟、使用明火（专用厨房除外）	查现场	☐	
	不得使用热得快等禁止使用的电器	查现场	☐	
	人员离开时应关闭用电设施	查现场	☐	
	室内灭火器材完整、有效，数量满足要求	查现场	☐	
	工棚材料符合要求	查现场	☐	

检查项目	检查内容	检查方式	符合情况	现场检查情况描述
消防要求	每个施工点、加工点、动焊点应配置不少于一个 4kg 灭火器，生活区、材料区等不少于两个 4kg 灭火器，灭火器有效，定期有检查。（ABC 干粉）	查现场	□	
	电气焊接现场 10m 范围内不得堆放易燃物，焊接结束后地面无焊渣或焊条头	查现场	□	
	作业时氧气瓶与乙炔瓶应保持 5m 以上距离，气瓶与明火距离应大于 10m，气瓶应直立有固定措施	查现场	□	
	气瓶及附件在有效检验期内	查现场	□	
	施工现场严禁吸烟，施工作业完成后应清洁场地	查现场	□	
其他				

填表说明：检查结果合格在"符合情况"栏□内画√，不合格画×，未涉及画斜线/；在"现场检查情况描述"栏描述不合格原因。有表中未列项目，写入其他

检查人员：　　　　　　　　　　　　　　被检查人员：

建设项目安全专项检查表（高处作业）　　　表 3-17

项目名称			
被检部门		检查组	
检查地点		检查时间	

检查方式：月检查□　专项检查□　夜间抽查□　节前检查□　日常抽查□　四不两直□
其他检查□

检查项目	检查内容	检查方式	符合情况	现场检查情况描述
审批手续	应制定作业方案，作业方案内容应与实际相符	查资料	☆□	
	作业时方案应按要求审批	查资料	☆□	
人员资质和培训教育	人员与方案内容应相符	查资料	☆□	
	特种作业人员应持有特种作业操作证	查资料	☆□	
	作业应有现场监护人员	查资料	☆□	
	作业前有作业安全交底	查资料	☆□	
	应有班前教育	查资料	☆□	
	应当开展三级教育（第三级为主）	查资料	☆□	

续表

检查项目	检查内容	检查方式	符合情况	现场检查情况描述
个人防护和作业行为	个人防护佩戴、使用正确	查现场	☆□	
	吊篮内施工人员不允许超过两人	查现场	☆□	
	人员上下从攀爬梯上下架手架	查现场	☆□	
	施工人员进出吊篮方式正确：从地面出入	查现场	☆□	
机具设备	特种设备部件应定期检测	查现场	☆□	
	吊篮配重应符合要求，不应有缺损等	查现场	☆□	
	吊篮钢丝绳、安全绳应完好，不应有断股、交叉	查现场	☆□	
	机械吊篮悬挂机构不应支撑在女儿墙等非承重结构上	查现场	☆□	
	钢丝绳应垂直，无摆动	查现场	☆□	
	吊篮内每个作业人员应设置独立的安全绳	查现场	☆□	
	人员安全绳不得捆绑在吊篮任何部位，多条安全绳不同选用同一固定点	查现场	☆□	
	安全绳与墙边缘、女儿墙等位置应有防磨损保护	查现场	☆□	
	安全绳固定位置应牢固，不同安全绳不得选用同一固定点	查现场	☆□	
	吊篮内机具/脚手架施工机具应有防坠落措施	查现场	☆□	
	吊篮停放应停放在地面，人员离开应断电	查现场	☆□	
	首批吊篮安装应有第三方检验	查现场	☆□	
	架手架剪刀撑、横向斜撑以及连墙件符合要求	查现场	☆□	
	脚手架设置有人员攀爬梯，步距不得超 2m	查现场	☆□	
	脚手架和吊篮安装/移装应有监理单位验收	查现场	☆□	
	脚手架拆除应自上而下拆除，不得先拆连墙件，不得抛接物件	查现场	☆□	
作业环境和现场	施工现场应做好警戒	查现场	☆□	
	作业现场应做好警示，警示应准确	查现场	☆□	
	施工现场不应有交叉作业	查现场	☆□	
	防护网应严密、无缺损	查现场	☆□	
	脚底板铺设应严密，应敷设防护网	查现场	☆□	
其他	施工不应使用简易吊板作业	查现场	☆□	
	焊渣处理措施应得当	查现场	☆□	
	不应利用吊篮搬运设备材料	查现场	☆□	
填表说明：(1) 检查结果合格在"符合情况"栏□内画√，不合格画×，未涉及画斜线/；在"现场检查情况描述"栏描述不合格原因。有表中未列项目，写入其他。 (2) 在"符合情况"栏有☆的项目为集团重点项目				
检查人员：			被检查人员：	

建设项目安全专项检查表（受限空间）   表 3-18

项目名称				
被检部门		检查组		
检查地点		检查时间		
检查方式：月检查□ 专项检查□ 夜间抽查□ 节前检查□ 日常抽查□ 四不两直□ 其他检查□				
检查项目	检查内容	检查方式	符合情况	现场检查情况描述
方案制定及审批	（1）有制定作业方案，且按程序进行审批； （2）作业方案内容与实际相符	查资料	☆□	
人员资质	（1）作业指挥、作业监督、作业监护及作业人员按要求到位，且与作业方案相符； （2）作业人员持特种 作业操作证，且在有效期内	查资料、查现场	☆□	
安全教育	（1）作业前按要求开展安全交底； （2）作业前按要求开展班前安全教育	查资料		
劳动保护	现场人员按要求穿戴个人防护用品	查现场	☆□	
作业环境	（1）作业区域按要求进行警戒，设置警示标识； （2）作业区域按要求进行能源隔离； （3）对有限空间内盛装或者残留的物料按要求进行清洗、清空或者置换	查资料、查现场	☆□	
通风及检测	按要求对作业区域进行通风及气体浓度检测，检测指标合格后方可作业（检测指标包括氧浓度、易燃易爆物质浓度、有毒有害气体浓度）	查资料	☆□	
作业及过程监督	（1）作业人员严格按照作业步骤实施作业； （2）作业指挥、作业监护人员按要求在现场进行指挥、监护	查现场	☆□	
其他	作业记录齐全，且规范填写	查资料	☆□	
填表说明：（1）检查结果合格在"符合情况"栏□内画√，不合格画×，未涉及画斜线∕；在"现场检查情况描述"栏描述不合格原因。有表中未列项目，写入其他。 （2）在"符合情况"栏有☆的项目为集团重点检查项				
检查人员： 		被检查人员： 		

建设项目安全专项检查表（临时用电） 表 3-19

项目名称				
被检部门		检查组		
检查地点		检查时间		
检查方式：月检查□　专项检查□　夜间抽查□　节前检查□　日常抽查□　四不两直□ 其他检查□				
检查项目	检查内容	检查方式	符合情况	现场检查情况描述
审批手续	用电设备在 5 台以下和设备总容量在 50kW 以下，应制定安全用电和电气防火措施	查现场	☆□	
	用电设备在 5 台及以上或设备总容量在 50kW 及以上者，应编制用电组织设计	查现场	☆□	
	临时用电工程必须经编制、审核、批准部门和使用单位共同验收，合格后方可投入使用	查资料		
	临时用电组织设计及变更时必须履行"编制、审核、批准"	查资料	☆□	
人员资质和培训教育	在固定墙座电源面板上，插拔电源插头，可由受过安全教育培训作业人员操作	查现场	☆□	
	在配电柜、配电室等配电线路上，接驳或拆除临时用电设备和线路，必须由电工完成	查现场	☆□	
	电工必须持有效的特种作业操作证，准许操作项目应与作业操作证符合	查现场	☆□	
个人防护和作业行为	作业时，电工应穿戴合格的劳动保护用品，使用合格的绝缘工具（绝缘工具符号为双三角标记）	查现场	☆□	
	焊接时必须穿戴防护用品，严禁露天冒雨从事电焊作业	查现场	☆□	
机具设备	应通过配电箱（开关箱）接电和配电（一机一闸）	查现场	☆□	
	配电箱应设置隔离开关和漏电断路器	查现场	☆□	
	隔离开关、漏电断路器的额定容量与电源线、用电设备应匹配（查看电源线和开关上的容量标记）	查现场	☆□	
	配电箱内的电器应完好，无破损、安装牢固且产品合格	查现场	☆□	
	配电箱应设置隔离开关和漏电断路器	查现场	☆□	
	配电箱的进、出线应加绝缘保护套并成束卡固在箱体上，不得与箱体直接接触	查现场	☆□	

检查项目	检查内容	检查方式	符合情况	现场检查情况描述
机具设备	移动式配电箱的进、出线应采用橡皮护套绝缘电缆，电缆中间不得有接头	查现场	☆□	
	配电箱应能防雨、防尘	查现场	☆□	
	配电箱金属箱体应可靠连接保护零线（接零端子一般为绿/黄双色线）	查现场	☆□	
	配电箱的漏电开关应每天使用前按试验按钮，试验能正常切断电路	查现场	☆□	
	电源线沿地面敷设时应采取机械损伤防护，架空敷设与道路垂直距离不大于6m（不含）	查现场	☆□	
	电源线绝缘应完整，接线处应做绝缘处理	查现场	☆□	
工具	手持式电动工具的外壳、手柄、插头、开关、负荷线等必须完好无损	查现场	☆□	
	手持式电动工具使用前必须做空载检查，空载运转正常后方可使用	查现场	☆□	
	手持电动工具应在有漏电保护线路的固定墙座面板接电（可查看是否有漏电保护测试按钮）	查现场	☆□	
	手持电动工具电源线不得任意接长或拆换	查现场	☆□	
	插头不得任意拆除或调换，若调换必须为防摔插头	查现场	☆□	
	运动零部件的防护装置（如防护罩、盖等）不得任意拆卸	查现场	☆□	
	电源线、插头、零部件破损严禁使用	查现场	☆□	
	电焊机一次侧电源线长度不应大于5m，二次侧电缆长度不应大于30m	查现场	☆□	
	电焊机不得采用金属构件或结构钢筋代替二次线的地线	查现场	☆□	
接地与防雷	施工现场与外电线路共用同一供电系统时，电气设备的接地、接零保护应与原系统保持一致。不得一部分设备做保护接零，另一部分设备做保护接地	查现场	☆□	
	采用TN-S系统做保护接零时，工作零线（N线）必须通过漏电保护器，保护零线（PE线）必须由电源进线零线重复接地处或漏电保护器电源侧零线处引出	查现场	☆□	
	保护零线PE线上严禁装设开关或熔断器，严禁通过工作电流，且严禁断线，PE线的绝缘颜色为绿/黄双色	查现场	☆□	

79

检查项目	检查内容	检查方式	符合情况	现场检查情况描述
其他	配电柜等按要求定期检查、检测	查现场	☆□	
	脚手架等金属构件与电源线接触位置，应有绝缘措施	查现场	☆□	

填表说明：（1）检查结果合格在"符合情况"栏□内画√，不合格画×，未涉及画斜线/；在"现场检查情况描述"栏描述不合格原因。有表中未列项目，写入其他。

（2）在"符合情况"栏有☆项目的为集团重点项目

检查人员：	被检查人员：

建设项目安全专项检查表（消防）　　　　　　　　　表 3-20

项目名称			
被检部门		检查组	
检查地点		检查时间	

检查方式：月检查□　专项检查□　夜间抽查□　节前检查□　日常抽查□　四不两直□
其他检查□

检查项目		检查方式	符合情况	现场检查情况描述
消防组织	消防应急处置预案，演练记录，消防培训	查资料	□	
	消防组织机构、责任人（五牌一图须有消防专项）	查资料、查现场	□	
施工现场管理	消防设施：消防器材（砂、桶、铲、灭火器、消防水带等）正常配备，一般要求作业点配备 2 支 4kg 以上灭火器，存在火灾可能发生的区域均须配备灭火器，材料堆放区、配电房、机器设备区、动火作业点等	查现场	□	
	仓库、材料堆放：易燃易爆物品（油漆、氧气、乙炔、液化气瓶、酒精、苏打水等）单独放置，专人管理。须单独存放	查资料、查现场	□	
	不得在工地区域内给电瓶车充电			
	不得在工地吸烟点以外区域吸烟	查现场	□	

续表

	检查项目	检查方式	符合情况	现场检查情况描述
工棚	宿舍内无违规用电用火现象，未使用热得快、电热炉等大功率电器，宿舍内无生火做饭现象。电线插排无乱拉乱用情况	查现场	□	
	宿舍、仓库、厨房消防措施到位			
	办公室、宿舍等房间内禁止吸烟	查现场	□	

填表说明：检查结果合格在"符合情况"栏□内画√，不合格画×，未涉及画斜线/；在"现场检查情况描述"栏描述不合格原因。有表中未列项目，写入其他

检查人员：	被检查人员：

建设项目安全专项检查表（三防） 表 3-21

项目名称			
被检部门		检查组	
检查地点		检查时间	

检查方式：专项检查□

	检查项目	检查方式	符合情况	现场检查情况描述
资料	防汛防台预案或处置方案	查资料	□	
	防汛防台动员文件资料宣贯（会议、通知等记录）	查资料	□	
防汛防台措施	场地隐患排查记录	查资料	□	
	隐患及整改情况	查资料、查现场	□	
	台风期间值班人员，应急人员安排	查资料、查现场	□	
	成品及半成品保护措施	查现场	□	
	设备机具材料保护措施	查现场	□	
	工棚、脚手架加固	查现场	□	
	辖区内防风排水措施	查现场	□	
其他				

填表说明：检查结果合格在"符合情况"栏□内画√，不合格画×，未涉及画斜线/；在"现场检查情况描述"栏描述不合格原因。有表中未列项目，写入其他

检查人员：	被检查人员：

建设项目作业监管专项安全检查表（项目监理、施工）　　表 3-22

项目名称					
被检部门			检查组		
检查地点			检查时间		
检查方式：月检查□　专项检查□　夜间抽查□　节前检查□　日常抽查□　四不两直□ 其他检查□					
检查项目	检查内容	检查方式	符合情况	现场检查情况描述	
监理	监理到位：（1）要求在场的，如例会必须到会。（2）施工项目要求旁站的监理必须在场	查现场	□		
	监理资料：大纲、细则、审批单、日志及检查记录等	查资料	□		
	现场协监人员应取得监理公司相关认证	查资料、查现场	☆□		
	对总包、分包方进行预审，应具备相应施工机械、设施和人员资质等	查资料	☆□		
	施工组织设计、施工方案应由专业监理工程师和总监理工程师签字审批通过	查资料	☆□		
	深基坑、吊篮、脚手架搭拆等危险性较大的分部分项工程方案，应经监理单位审批通过	查资料	☆□		
	审批的组织设计、施工方案以及危险性较大的分部分项工程方案等应与实际施工一致	查资料	☆□		
	审查施工单位的管理组织机构、管理制度建立情况	查资料	☆□		
	核查现场施工人员实名制情况。管理、作业人员资质与作业相符	查系统、查现场	☆□		
	对临时用电、高处作业、脚手架、吊篮等高风险作业设施安装/移装有验收，验收内容与实际相符	查资料	☆□		
	组织建设、施工、设计单位开展图纸会审及工程技术交底	查资料	☆□		
	督促施工单位按规定配置安全措施、个人防护措施，设置安全警示	查资料	☆□		
	通过旁站、巡视、平行检查等方式检查总包、分包单位安全管理制度、施工方案的执行落实情况；监督施工过程中的人、机、环境的安全状态，督促施工单位及时消除隐患	查资料、查系统、查现场	☆□		

续表

检查项目	检查内容	检查方式	符合情况	现场检查情况描述
施工单位项目部	应按要求开展各项安全检查,对检查发现的隐患和问题及时进行跟踪、整改	查资料	☆□	
	安全组织架构完整,管理人员持证符合要求;项目经理、安全员应录入实名制系统,经培训合格	查资料、查现场、查系统	☆□	
	施工作业人员均进行实名制管理,人员与系统一致;施工人员上岗前,必须经过培训,并取得相应作业证件。工种:PE焊工、居民用户安装工、施工管理人员	查资料、查现场、查系统	☆□	
	特种作业人员应持证上岗:焊工、电工、挖机操作、高处作业以及其他特种作业人员	查资料、查现场、查系统	☆□	
	施工人员进场前应进行三级安全教育培训和考核;教育学时、记录等符合规定	查资料	☆□	
	施工作业交底记录完整,内容和与会人员与现场作业相符	查资料	☆□	
	每日开展班组安全活动,参与人员及培训内容与现场相符;双重预防机制过程中识别出的风险点及防控措施要重点宣贯	查资料	☆□	
	施工组织设计、施工方案、专项分部分项作业内容完整,与实际相符;报监理审批	查资料	☆□	
	企业资质:施工单位及其分包单位资质须报监理审核、报备,并交项目主管部门备案;资质无过期或不符合要求情况。专业分包工程:分包单位具有与其所承接的工程相对应的工程资质;施工总包单位与分包单位签订安全协议书	查资料	☆□	
	建立隐患台账,对隐患有专人进行复查确认并及时回复	查资料、查系统	☆□	
施工现场	施工机具必须为正规单位生产,符合国家相关产品标准的规定,具有产品合格证,施工机具必须能正常使用,不存在功能故障,定期检验施工机具,必须在检验有效期内;进场前向监理报备报审	查现场	☆□	
	劳保防护:施工人员劳保用品配备及使用不符合要求	查现场	□	

检查项目	检查内容	检查方式	符合情况	现场检查情况描述
施工现场	场地围挡警示标示：（1）进出场有管理措施，围挡封闭； （2）按规定设置"七牌一图"、围挡、警示标志、夜间警示灯等。警示牌、警示灯设置符合要求	查现场	□	
	临时用电：（1）无电缆及电源线问题（破损、乱拉乱放、与非绝缘体直接接触、保护措施不当等）。 （2）符合"一机一闸、一漏一箱"。 （3）有用配电设备设施的巡检测试记录	查现场	□	
	消防：（1）灭火器正常（无超压、欠压、无巡检、老化、破损、过期等情况）； （2）油漆、燃气、氧气、乙炔等易燃易爆品保存使用无问题； （3）作业点防火措施； 无违规吸烟。工棚及仓库设置：（1）工棚隔热层采用阻燃材料； （2）电缆无乱拉乱接，线缆用套管保护； （3）无违规使用热得快等大功率电器； （4）人员离开时断开电源； （5）宿舍内无违规吸烟； （6）住宿与厨房、仓库分区正常； （7）易燃易爆物存放符合规定；材料无随意堆放、混放现象	查现场	□	
	现场机具设备：（1）设备不存在漏油、异响及其他明显问题； （2）操作人员无违规操作	查现场	□	
	管沟作业：（1）挖掘机操作人员持有效证件； （2）挖掘时有人监护； （3）无堆土过高、未及时清运、距离管沟过近问题； （4）放坡支护，过路保护等符合要求	查现场	□	
	顶管作业：（1）须有经审批的专项方案，须论证的要有论证凭据； （2）封闭围挡及警示标识齐全； （3）设置逃生梯、抽水、通风、通信等安全措施	查现场	□	
	定向钻：（1）须有经审批的专项方案； （2）出入土点围挡警示标识齐全； （3）监护人员到位； （4）吊具、卡具、锁具无安全隐患； （5）作业人员无违规操作情况	查现场	□	

续表

检查项目	检查内容	检查方式	符合情况	现场检查情况描述
施工现场	环保及环境卫生：(1) 堆土覆盖；(2) 现场干净整洁，无堆放及乱扔的垃圾；(3) 防扬尘措施到位（喷雾、洒水、防尘网覆盖、粉尘监测设施、轮胎冲洗措施等）；(4) 声光、噪声、固液体废弃污染物	查现场	☐	
	材料及半成品保护：材料堆放整齐，保护合理	查现场	☐	
其他			☐	
			☐	
			☐	
			☐	

填表说明：(1) 检查结果合格在"符合情况"栏☐内画√，不合格画×，未涉及画斜线／；在"现场检查情况描述"栏描述不合格原因。有表中未列项目，写入其他。

(2) 在"符合情况"栏有☆项目为集团重点项目

检查人员：	被检查人员：

建设项目安全专项检查表（节后复工）　　　　　　表 3-23

项目名称			
被检部门		检查组	
检查地点		检查时间	

检查方式：月检查☐　专项检查☐　夜间抽查☐　节前检查☐　日常抽查☐　四不两直☐　其他检查☐

检查项目	检查内容	检查方式	符合情况	现场检查情况描述
施工单位复工排查	复工手续：开展复工检查，已经报备获批	查资料	☐	
	疫情防控：(1) 成立防控疫情指挥部，编制防控方案，制定防控专员，落实相关责任人，职责清晰明确；(2) 施工现场是否配备体温检测仪、口罩、消毒用品等医用防护用品；严格按照防疫要求进行体温检测，清洁消毒等措施	查资料、查现场	☐	

续表

检查项目	检查内容	检查方式	符合情况	现场检查情况描述
施工单位复工排查	人员管理：施工总包对所有进场人员逐一摸排和登记造册是否来自、去过、经由重点地区，是否曾与病例人员接触，是否通过实名制与分账制管理平台公众号进行扫描登记人员信息及健康排查信息；施工单位人员是否全部申报当地疫情管理平台	查资料	□	
	场地管理：所有出入口是否落实封闭管理要求，对进出人员进行测温登记	查资料、查现场	□	
	隐患排查：按照主管部门要求做好复工前的施工现场的安全大检查。安全大检查的内容至少包含现场临时用电、安全防护设施、施工机具及机械本身状态脚手架、消防安全、危险性较大的分部分项工程等	查资料、查现场	□	
	施工单位人员到岗履责情况：施工现场关键岗位（项目经理、项目技术负责人、专职安全员、质量员、施工员、总监理工程师、专业监理工程师、专业监理员）已到岗，防疫专岗人员已就位，特种作业人员持证上岗	查现场	□	
	施工安全教育培训：对新员工、转岗员工进行三级安全教育；对施工人员进行安全交底	查资料	□	
	防疫安全宣传：施工现场通过张贴宣传画，教育培训等各种手段充分宣传防疫知识及防疫要求	查资料、查现场	□	
其他				

填表说明：检查结果合格在"符合情况"栏□内画√，不合格画×，未涉及画斜线／；在"现场检查情况描述"栏描述不合格原因。有表中未列项目，写入其他

检查人员：　　　　　　　　　　　　　　　　　　　被检查人员：

隐患整改通知单 表 3-24

第一联（共两联）留存联
整改通知单

工程名称：_____工程　编号：单位简称（部门代号)-项目代号-整改单号〔例：JS（A)-LHZX-03 号〕

致：_____单位

事由：

内容：具体如下表。

序号	内容	整改时限	整改措施及说明
1			
2			

　　以上存在问题，请项目部督促施工单位按照相关规定及规范要求进行整改，要求一周内将整改结果回复到安全技术部处。

单位（部门)：_____

日　　期：____年__月__日

签收单位（部门)：

签收人：

续表

第二联（共两联）留存联

整改通知单

工程名称：_____工程　编号：单位简称（部门代号)-项目代号-整改单号［例：JS（A)-LHZX-03 号］

致：_____ 单位

事由：

内容：具体如下表。

序号	内容	整改时限	整改措施及说明
1			
2			

以上存在问题，请项目部督促施工单位按照相关规定及规范要求进行整改，要求一周内将整改结果回复到安全技术部处。

单位（部门）：_____

日　　期：_____年_____月_____日

签收单位（部门）：

签收人：

安全检查隐患管理台账 　　　　　　　　　　　　　　　　　　表 3-25

序号	检查时间	检查地点	检查记录/隐患记录	责任单位	计划整改完成时限	是否按时整改	整改部门	整改责任人	整改投入	隐患来源	二级要素/现场管理分类	级别	一级要素分类	备注

3.3　高风险作业及极端天气安全管理

3.3.1　高风险作业安全管理

在日常建设项目安全监督过程中，建设单位往往对现场高风险作业实施情况掌握不及时，安全监管存在漏洞。对于高风险作业的安全管理，除了施工单位正常编制的专项作业方案外，在作业具体实施前，建设单位应当要求施工单位编制特种作业管理审批票，见表 3-26～表 3-28。该表由施工单位填报，经监理单位审批并告知建设单位后才能进场施工。通过对高风险作业采用作业票审批并及时告知的制度，建设单位对建设项目现场高风险作业监督管理将变得更主动，安全监管控制力度更强。

特种作业管理审批票（高处作业票）（样板）　　　表 3-26

项目名称：	高处作业票	No.

作业许可证编号：

作业地点：

工程项目名称：

计划作业时间段：＿＿＿＿＿＿＿＿＿＿＿＿＿＿＿＿＿＿＿＿＿＿＿

作业内容简述：＿＿＿＿＿＿＿＿＿＿＿＿＿＿＿＿＿＿＿＿＿＿＿

＿＿＿＿＿＿＿＿＿＿＿＿＿＿＿＿＿＿＿＿＿＿＿＿＿＿＿＿＿＿＿＿＿＿

证书申请单位（施工单位）：	方案是否审核批准　　□ 是　　□ 否
申请人：	申请日期：
作业人员：	是否具备高处作业资格证 □ 是　　□ 否

申请单位内部审批	监理单位审批
同意做该项作业　□ 是　　□ 否	同意做该项作业　□ 是　　□ 否
理由：＿＿＿＿＿＿＿＿＿＿＿＿＿	不同意理由：＿＿＿＿＿＿＿＿＿＿＿
＿＿＿＿＿＿＿＿＿＿＿＿＿＿＿＿	＿＿＿＿＿＿＿＿＿＿＿＿＿＿＿＿
＿＿＿＿＿＿＿＿＿＿＿＿＿＿＿＿	＿＿＿＿＿＿＿＿＿＿＿＿＿＿＿＿
申请单位安全主管签字：	
申请单位技术负责人签字：	监理工程师签字：　　　　日期：

作业安全风险排查清单			不适用
个人防护用品配备齐全，完好有效，且正确使用			
防坠网，生命线等安全设施完好			
使用的工具设备具有防坠措施			
配备五点式安全带			
安全带高挂低用			

其他安全事项：

我确认已明确作业所须各项安全事项，所有作业所涉及的安全措施已到位，可以正常开展作业。

施工单位相关负责人签字：　　　　　　日期：

备注：

特种作业管理审批票（射线作业票）（样板）　　　　表 3-27

项目名称：　　　　　　　　　　　射线作业票　　　　　　　　No.

作业许可证编号： 工程项目名称：　　　　　　　　　　　作业地点： 计划作业时间段：_____ 作业内容简述：_____   _____

证书申请单位（施工单位）：　　　　　　　方案是否审核批准　□ 是　□ 否　□ 不需要 申请人： 使用设备：　　　　　　　　　　　　　发出区域清场通知　　□ 是　　　□ 否

申请单位内部审批	监理单位审批
同意做该项作业　□ 是　　□ 否 理由：_____ _____ _____ 申请单位安全主管签字： 申请单位技术负责人签字：	同意做该项作业　□ 是　　□ 否 不同意理由：_____ _____ _____ 监理工程师签字：　　　　　日期：

作业安全风险排查清单		不适用
提前张贴射线作业通知，并告知附近可能影响到的单位人员		
作业前对影响区域进行清场，确认无人在影响区内		
射线作业人员完全清楚射线作业的辐射风险		

其他安全事项：

我确认已明确作业所须各项安全事项，所有作业所涉及的安全措施已到位，可以正常开展作业。 施工单位相关负责人签字：　　　　　日期：

备注：

特种作业管理审批票（吊装作业票）（样板） 表 3-28

项目名称：	吊装作业票	No.

作业许可证编号：				
工程项目名称：	作业地点：			
计划作业时间段：＿＿＿＿＿＿起至＿＿＿＿＿＿＿				
吊装作业简述：＿＿＿＿＿＿＿＿＿＿＿＿＿＿＿＿＿＿＿＿＿＿＿＿＿＿＿＿＿＿				
＿＿＿＿＿＿＿＿＿＿＿＿＿＿＿＿＿＿＿＿＿＿＿＿＿＿＿＿＿＿＿＿＿＿＿＿				
证书申请单位（施工单位）：	吊装方案是否审核批准 □是 □否 □不需要			
申请人：	申请日期：			
使用吊装设备类型：	证照是否齐全有效 □是 □否			
吊车牌号（汽车式起重机）：	额定吊装吨位：			
起重机驾驶员：	是否具有起重资格证 □是 □否			

申请单位内部审批	监理单位审批
同意做该项作业 □是 □否	同意做该项作业 □是 □否
理由：＿＿＿＿＿＿＿＿＿＿＿＿＿＿＿	不同意理由：
＿＿＿＿＿＿＿＿＿＿＿＿＿＿＿＿＿＿	＿＿＿＿＿＿＿＿＿＿＿＿＿＿＿＿＿
申请单位安全主管签字：	＿＿＿＿＿＿＿＿＿＿＿＿＿＿＿＿＿
申请单位技术负责人签字：	监理工程师签字： 日期：

	作业安全风险排查清单		
1	完成其中设备相关检查		
2	吊物种类、最大起吊半径、主吊臂长度是否已确认		
3	双机抬吊时，单机载荷不超过额定起重量的80％		
4	在吊装作业期间，吊装作业有专人监护		
5	吊车进入现场前，确保有人员引导		
6	吊装前已确认地面强度和支腿稳固性		
7	不会对地下设施造成危害		
8	吊环、吊钩、钢缆、绳索、限位安全装置必须无缺陷且状态良好和经过鉴定		
9	吊装作业区已围挡隔离，警示标识已经到位		
10	起重机在预计工作半径负载是否正常		
11	起重工作不会对附件其他工作造成危险		
12	在工作半径内没有物件会碰撞		
13	在吊装设施失效时不会造成人员及财产损失		
14	在工半径内没有架空电缆、架空结构		
15	任何人员都不能在负载起重臂下穿行		

续表

	作业安全风险排查清单		
16	行驶时，起重臂应尽量降低且与行车方向成一线，避免碰触到架空电缆或结构		
17	有恶劣天气预警，遇到天气影响要停止作业		
18	吊装范围内拉好警戒线，严格控制人员进入警戒区		
19	收车按要求程序操作		

其他安全事项：我确认已明确作业所须各项安全事项，所有作业所涉及的安全措施已到位，可以正常开展作业。

施工单位相关负责人签字：　　　　　　　　　日期：

3.3.2 极端天气安全管理

极端恶劣天气来临前，建设单位负责组织施工单位、监理单位对所有在建工地进行全面排查，督促施工单位落实恶劣天气安全防护措施，确保应急抢险设备、机具、材料到位，排查出的隐患按照隐患整改流程处理，所有隐患均应在恶劣天气来临前完成闭环。在建工程值班人员手机保持 24h 开机，每天定时汇报本日值班情况。

恶劣天气后复工前，建设单位联合施工单位、监理单位开展一次全面的安全检查。对施工设备、机具、仓库（尤其是用电设备）等，进行一次全面的检查，对损坏的设备要及时检修，对因恶劣天气造成的隐患和问题要及时整改，待隐患消除后方可恢复生产，要同时做好清淤、排涝、维修、有限空间作业等的安全管理，严防触电、坠落、窒息等次生事故发生。由于台风后地面积水多，并继续有强降雨，建设单位应督促施工单位对工地周边的围墙、广告牌、边坡等进行认真的检查，重点防范滑坡、地陷、坍塌事故的发生；对发现的隐患要及时处理，不能及时处理的，要设置警戒线，限制人员进入。

3.4 安全生产监管标准化

作为项目建设单位，编制《施工现场安全文明施工标准化指引》，能有效地规范指导施工单位现场安全文明施工，提高施工标准化水平；同时配套制定安全生产监管标准化指引及配套检查表格（表 3-29），指导建设单位项目管理人员在日常工地如何进行监管，两者有效衔接，能够很好地解决施工作业人员及监管人员在实际操作中不知"如何做"或者"随意做"的问题。

燃气工程施工现场安全文明标准化指引

表 3-29

序号	执行范围	执行标准	示图	相关证件/机具/标牌/记录	相关要求与说明
			一、施工前准入要求		
1	施工人员要求	施工人员必须持有所从事工作的从业资格证方可上岗		—	项目经理、PE 焊工、质检员、安全员、电工、其他特种作业人员
		施工人员上岗前必须经过再培训，并取得相应作业证件		外委施工企业从业人员再培训上岗合格证	PE 焊工、居民用户安装工、施工管理人员
		施工单位必须按照实名制要求，向建设单位提交项目人员的基本信息，包括姓名、年龄、资格等		《人员基本信息表》	项目经理、PE 焊工、质检员、安全员、施工员、电工

续表

一、施工前准入要求

序号	执行范围	执行标准	示图	相关证件/机具/标牌/记录	相关要求与说明
1	施工人员要求	施工人员上岗前，必须进行三级安全教育，并且有相应的培训记录		《职工安全教育档案》；《三级安全教育记录表》	—

续表

一、施工前准入要求

序号	执行范围	执行标准	示图	相关证件/机具/标牌/记录	相关要求与说明
1	施工人员要求	施工人员上岗前，施工单位必须为其制作工作牌，要求施工人员随身携带		工作牌	—
2	施工机具设备要求	施工机具必须为正规单位生产，符合国家相关产品标准的规定，具有产品合格证		施工机具	—
		施工机具必须能正常使用，不存在任何使用功能故障		施工机具	—

续表

序号	执行范围	执行标准	示图	相关证件/机具/标牌/记录	相关要求与说明
一、施工前准人要求					
2	施工机具设备要求	需定期检验的施工机具,必须在检验有效期内		PE焊机、发电机、坐标测量设备、配电箱	—
3	施工单位安全管理制度要求	施工单位应建立以项目经理为第一责任人的各级管理人员安全生产责任制		《安全生产责任制》	—

续表

序号	执行范围	执行标准	示图	相关证件/机具/标牌/记录	相关要求与说明
		一、施工前准入要求			
		施工单位在施工前应编制施工组织设计，施工组织设计应针对工程特点，施工工艺制定安全技术措施		《施工组织设计》	—
3	施工单位安全管理制度要求	施工单位应建立安全检查制度，安全检查应由项目负责人组织，专职安全员及相关专业人员参加，定期进行填写检查记录		《安全检查制度》《检查记录表》	—

续表

序号	执行范围	执行标准	示图	相关证件/机具/标牌/记录	相关要求与说明
			一、施工前准入要求		
3	施工单位安全管理制度要求	施工单位应针对工程特点，制定应急救援预案		《应急救援预案》	—
			二、劳动保护用品穿戴要求		
1	—	现场施工人员应穿着统一劳保服装，穿戴整齐		劳保服	可根据实际情况处理，天气炎热时进行无危险性作业不用穿长袖，但需要统一服装

二、劳动保护用品穿戴要求

序号	执行范围	执行标准	示图	相关证件/机具/标牌/记录	相关要求与说明
2	一	所有进入施工现场的人员应佩戴安全帽		安全帽	(1) 安全帽应定期检查，如有龟裂、下凹、裂痕、磨损、超过有效期等情况要立即更换；严禁使用只有下颌带与帽壳连接（帽内无缓冲层）的安全帽上开孔；严禁为了透气而在安全帽上开孔。 (2) 安全帽应保持整洁，不要任意涂刷油漆，不能接触火源。不准当凳子坐，防止丢失。不戴好安全帽一律不准进入施工现场。 (3) 戴安全帽前应将帽带按自己头型调整到适合的位置，并系牢、松紧要适度；不要把安全帽戴歪、也不要把帽沿戴在脑后方；在室内作业时也要佩戴安全帽
3	一	现场施工人员应根据作业需要具备特定保护功能的劳保鞋或工作鞋		劳保鞋	应根据作业条件合理选择防静电鞋、导电鞋、绝缘鞋、防酸碱鞋、防油鞋、防滑鞋、防刺穿鞋、防寒鞋、防水鞋等。如在有穿刺风险的施工区域应穿着防刺穿安全鞋；在有砸伤风险的施工区域应穿着防砸鞋

续表

二、劳动保护用品穿戴要求

序号	执行范围	执行标准	示图	相关证件/机具/标牌/记录	相关要求与说明
4	—	套丝作业时应佩戴防护镜，严禁戴手套		护目镜	—
5	—	切割、打磨、使用电钻作业时应佩戴护目镜		护目镜	—
6	—	在夜间、行车道路或有移动机械使用的区域应穿反光衣		反光衣	—

续表

序号	执行范围	执行标准	示图	相关证件/机具/标牌/记录	相关要求与说明
二、劳动保护用品穿戴要求					
7	—	焊接作业时应佩戴焊工手套、使用焊工面罩		焊工手套、焊工面罩	—
8	—	高处作业时必须正确系挂安全带		安全带	—
三、工程项目标牌设置要求					
1	—	应在施工区域门口处或作业区域显著位置应设置"五牌一图"。（报建项目）		工程概况牌、管理人员名单、消防保卫牌、安全生产牌、文明施工牌、施工现场总平面图	五牌一图底色为蓝色，字体为白色

续表

序号	执行范围	执行标准	示图	相关证件/机具/标牌/记录	相关要求与说明
			三、工程项目标牌设置要求		
2	—	标牌设置应规范、整齐、统一		—	—
			四、围挡设置		
1	市政道路施工围挡设置	市区主要路段及一般路段的工地可设置封闭固定式围挡、移动式围挡、铁马围挡或水马围挡		固定式围挡、移动式围挡、铁马围挡、水马围挡	固定式围挡高度不小于 1.8m

续表

四、围挡设置

序号	执行范围	执行标准	示图	相关证件/机具/标牌/记录	相关要求与说明
2	—	围挡均采用全封闭围挡，围挡之间连接紧密，不留缝隙，所有施工机具、作业活动必须在围挡区域内，围挡应牢固、稳定、整洁、美观		—	—
3	非市政道路施工围挡设置	非市政道路施工的工地，可设置铁马围挡或水马围挡隔离		铁马围挡、水马围挡	1. 铁马围挡 (1) 材质：钢管、方钢与镀锌板； (2) 尺寸：1500mm（长）×1050mm（高）； (3) 颜色：黄黑相间或橙色、黄色、红色等警示色。 2. 水马围挡 (1) 材质：高强高韧塑料； (2) 尺寸：1500mm（长）×650mm（高）； (3) 颜色：红色

续表

四、围挡设置

序号	执行范围	示图	相关证件/机具/标牌/记录	相关要求与说明
4	—		防尘网	防尘网颜色：绿色
5	—		—	—
6	高空作业时，吊篮周围必须用围挡隔离成保护区域		铁马围挡	围挡区域面积：不少于吊篮底面积的1.5倍

执行标准（按序号）：

4. 采用铁马围挡时应加装防尘网，防止泥土、石块等杂物跑出围挡范围

5. 围挡均采用全封闭围挡，围挡之间连接紧密，不留缝隙，所有施工机具、作业活动必须在围挡区域内，围挡应坚固、稳定、整洁、美观

6. 高空作业时，吊篮周围必须用围挡隔离成保护区域

续表

序号	执行范围	执行标准	示图	相关证件/机具/标牌/记录	相关要求与说明
7	推广宣传	可在围挡上悬挂、张贴公益广告、天然气清洁环保性的宣传内容		宣传图片、宣传画	尺寸：按照集团公司宣传模板，结合固定（或移动式）围挡的高度及宽度制作

四、围挡设置

五、施工现场警示标志设置

序号	执行范围	执行标准	示图	相关证件/机具/标牌/记录	相关要求与说明
1	市政道路施工警示标志设置	在车行道路上施工时，道路允许的条件下应设置交通疏解标志		交通疏解牌、车辆导向牌、反光锥、夜间警示灯	(1) 交通疏解标志起点设置：围挡区域来车方向之前200m, 150m, 100m, 50m（具体起点距离根据道路实际情况决定）。(2) 交通疏解标志设置间距：50m。(3) 每处分别设置：1块"前方施工"牌、1块车辆导向牌，反光锥若干、夜间警示灯
2	—	设置"前方施工"牌、车辆导向牌应符合要求		"前方施工"牌、车辆导向牌	(1) 尺寸：800mm（长）×300mm（宽）；(2) 底色及字体颜色：见图例

续表

序号	执行范围	执行标准	示图	相关证件/机具/标牌/记录	相关要求与说明
			五、施工现场警示标志设置		
3	一	在作业区域围挡外侧的起止点应分别设置开挖许可公示牌、天然气施工公告示牌各1个		开挖许可公示牌、天然气施工公告示牌	（1）尺寸：1200mm（长）×800mm（宽）； （2）底色及字体颜色
4	一	沿道路方向的作业区域围挡上应悬挂"安全用电""禁止跨越""当心坑洞"等安全警示牌		安全警示牌	（1）设置间隔：50m； （2）小于50m的作业区域三块安全警示牌必须全部悬挂； （3）尺寸：400mm（长）×500mm（宽）； （4）底色及字体颜色

续表

序号	执行范围	执行标准	示图	相关证件/机具/标牌/记录	相关要求与说明
			五、施工现场警示标志设置		
5	—	在交通疏解弹处及围挡区域设置反光锥		反光锥	(1)交通疏解弹处设置：1～2个反光锥； (2)围挡区域设置：首末两端各设置1个反光锥，沿围挡区域每25m设置1个反光锥
6	—	在围挡前端的交通疏解告示牌及围挡区域应加设夜间警示灯		夜间警示灯	(1)警示灯悬挂在围挡的上端； (2)围挡区域，沿围挡首末两端各设置1个夜间警示灯，沿围挡区域每50m设置1个夜间警示灯； (3)作业区域小于50m，除首末端设置警示灯外，中间应加设警示灯一个
7	非市政施工道路警示标志设置	应在铁马围挡区悬挂"行人、车辆请绕行"牌	 行人、车辆请绕行	"行人、车辆请绕行"牌	(1)设置位置：围挡首尾处(路口处)； (2)标牌应与围挡马围挡上端平齐，居中； (3)尺寸：700mm(长)×500mm(宽)

续表

序号	执行范围	执行标准	示图	相关证件/机具/标牌/记录	相关要求与说明
			五、施工现场警示标志设置		
8	—	应在铁马围挡区悬挂"燃气施工,注意安全"牌		"燃气施工,注意安全"牌	(1) 每个作业点必须悬挂一个"燃气施工,注意安全"牌。每隔50m应在铁马围挡上悬挂一个"燃气施工,注意安全"牌; (2) 标牌应与铁马围挡上端平齐,居中; (3) 尺寸:700mm(长)×500mm(宽)
9	—	应在铁马围挡区悬挂"燃气施工,不便之处,敬请谅解"字样的燃气施工告示牌。(非报建项目)		燃气施工告示牌	(1) 悬挂于最显眼的铁马围挡上; (2) 标牌应与铁马围挡上端平齐,居中; (3) 尺寸:800mm(长)×600mm(宽)

109

续表

五、施工现场警示标志设置

序号	执行范围	执行标准	示图	相关证件/机具/标牌/记录	相关要求与说明
10	一	应在铁马围挡区悬挂夜间警示灯		夜间警示灯	(1) 围挡拐角处应加设夜间警示灯； (2) 围挡区域的首末端，沿围挡区域每50m设置1个夜间警示灯，除首末端设置夜间警示灯一个； (3) 作业区域小于50m，中间应加设警示灯
11	高空作业，警示标志设置	吊篮下的铁马围挡应悬挂"高空作业，请勿靠近"牌、"燃气施工，注意安全"牌		"高空作业，请勿靠近"牌、"燃气施工，注意安全"牌	(1) 标牌应与铁马围挡上端平齐，居中； (2) 尺寸：700mm（长）×500mm（宽）
12	一	在围挡区设置夜间警示灯		夜间警示灯	围挡拐角处设置1个

续表

六、临时用电

序号	执行范围	执行标准	示图	相关证件/机具/标牌/记录	相关要求与说明
1	—	临时用电设备在 5 台以上，或设备总容量在 50kW 以上项目的临时用电方案应经监理审批		《临时用电方案》	—
2	—	在居民区或人口密集活动区施工时，发电机应采用静音发电机		静音发电机	铭牌标识：噪声不大于 70dB

续表

六、临时用电

序号	执行范围	执行标准	示图	相关证件/机具/标牌/记录	相关要求与说明
3	配电线路	工地临时用电必须采用"三相五线制"供电，即 TN-S 供电系统：A、B、C 三相和工作零线、保护零线，共五线	 专用变压器供电时 TN-S 接零保护系统示意 1—工作接地；2—PE 线重复接地；3—电气设备金属外壳（正常不带电的外露可导电部分）；L_1、L_2、L_3—相线；N—工作零线；PE—保护零线；DK—总电源隔离开关；RCD—总漏电保护器（兼有短路、过载、漏电保护功能的漏电断路器）；T—变压器	—	（1）工作零线（N 线）必须通过总漏电保护器，保护零线（PE 线）必须由电源进线零线重复接地处或总漏电保护器电源侧零线处，引出形成局部 TN-S 接零保护系统； （2）五线颜色要求： 1）相线颜色采用黄绿红； 2）工作零线采用淡蓝色； 3）保护零线采用绿黄双色
4	—	现场电线应布置整齐；电缆线无老化裂破，破损；如果电线敷设在钢筋、铁丝、管道、脚手架等导电材料上，必须做好绝缘措施，电线接头部分、做好绝缘保护部分；线路在过道、路口敷设时应设可靠保护；线路在电杆上敷设时应用横担固定，绝缘子分挡架设	电缆线沿墙壁穿管敷设 电缆线沿墙壁支架敷设	电杆、绝缘材料、绝缘子	—

续表

序号	执行范围	执行标准	示图	相关证件/机具/标牌/记录	相关要求与说明
			六、临时用电		
5	—	埋地敷设电缆应设置标志牌	 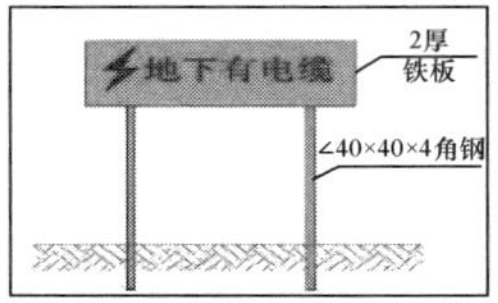 2厚铁板 L40×40×4角钢 地下有电缆 埋地电缆敷设标示 ●埋地敷设电缆应设标示牌。防护敷设电缆实物 说明：埋地敷设电缆应设标志牌。 ●电缆桥架实物 注意⚡下有电缆	标志牌	—
6	—	架空线路的挡距（两固定点间距）符合要求	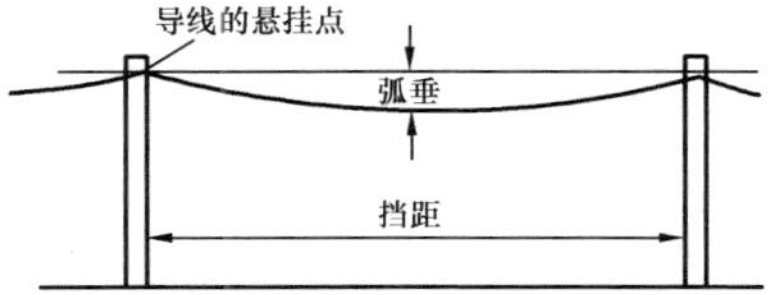 弧垂 挡距 导线的悬挂点	—	挡距：不得大于35m
7	配电系统（配电箱、开关箱）	配电系统应符合"三级配电、二级漏电保护"要求	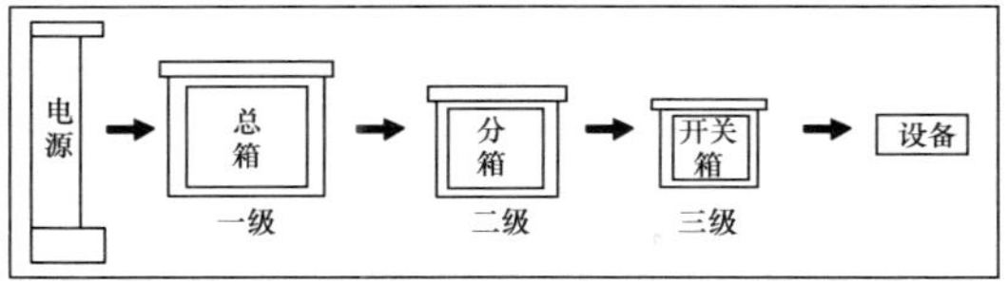 电源 总箱一级 分箱二级 开关箱三级 设备 三级配电图示 ●三级配电系统	三级配电系统	配电箱与开关箱结构设计、电器设置应符合规范；总配电箱安装漏电保护器；漏电保护器与开关箱出现参数不匹配或失灵现象；配电箱与开关箱内需重新绘制系统接线图和分路标记；配电箱与开关箱安装位置得当，不得出现周围杂物多等不便操作现象

续表

六、临时用电

序号	执行范围	执行标准	示图	相关证件/机具/标牌/记录	相关要求与说明
7	配电系统（配电箱、开关箱）	配电系统应符合"三级配电、二级漏电保护"要求	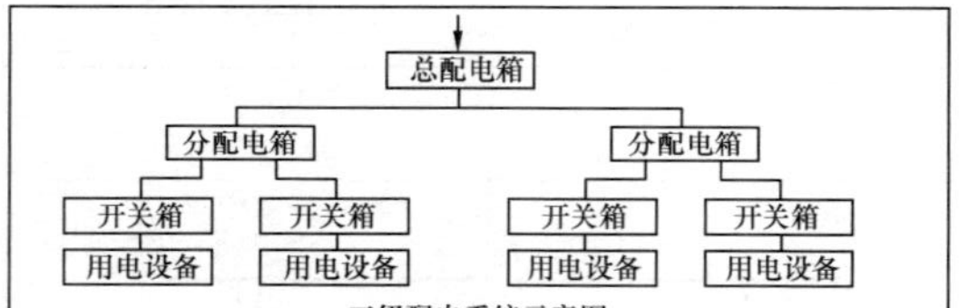 三级配电图示意图 三级配电图示二 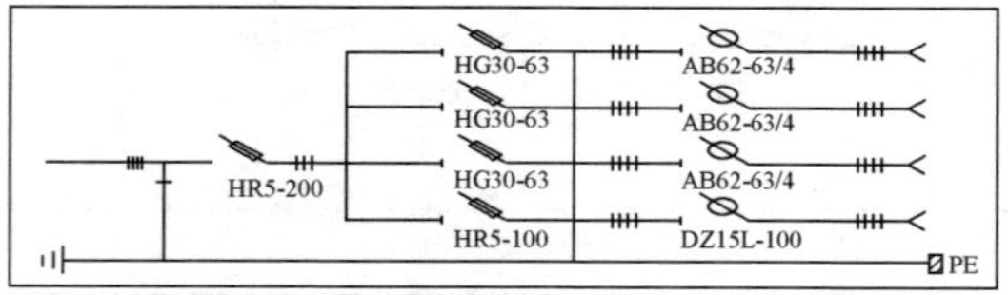 配电箱系统图 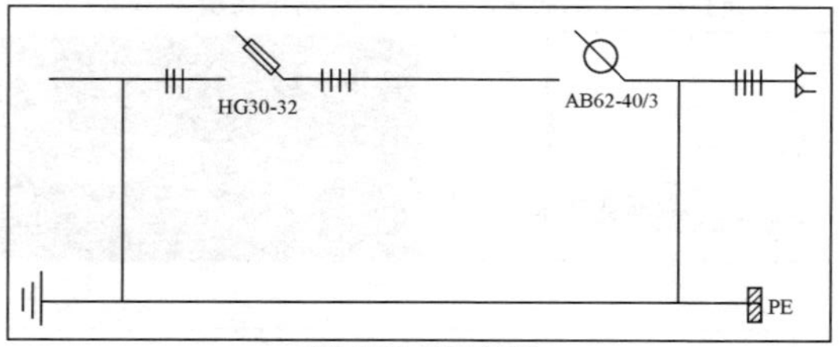 开关箱系统图	三级配电系统	配电箱与开关箱结构设计、电器设置应符合规范； 总配电箱与开关箱安装漏电保护器、漏电保护器不得出现参数不匹配或失灵现象； 配电箱与开关箱内需绘制系统接线图和分路标记； 配电箱与开关箱安装位置得当，不得出现周围杂物多等不便操作现象

续表

序号	执行范围	执行标准	示图	相关证件/机具/标牌/记录	相关要求与说明
		六、临时用电			
8	—	分配电箱与开关箱的距离、开关箱与用电设备的距离符合要求		配电箱	分配电箱与开关箱距离：不大于 30m；开关箱与用电设备距离：不大于 3m
9	—	开关箱应符合 "一机、一闸、一漏、一箱"		开关箱	严禁开关箱内安装 2 个（含 2 个）以上的插座

续表

六、临时用电

序号	执行范围	执行标准	示图	相关证件/机具/标牌/记录	相关要求与说明
10	—	总配电箱中应在电源隔离开关的负荷侧增加负荷开关和漏电保护器；开关装置在设备负荷侧；配电箱与出线箱进线和出线不得混乱；配电箱与开关箱设置门锁，采取防雨措施，箱内无杂物	总漏电保护器；工作零线(N)接线端子板与电器端安装板绝缘；分路隔离开关；照明分路漏电保护器；N线及三根相线的标准接线法；分配电箱中总隔离开关；分路漏电保护器；保护零线(PE)接线端子板；连接箱门的连接线采用纺织软铜线	配电箱设置	—
11	—	固定式配电箱和开关箱、移动式配电箱和开关箱的高度设置符合要求		配电箱	固定式配电箱，开关箱中心点与地面的垂直距离应为1.4~1.6m；移动式配电，开关箱中心点与地面的垂直距离宜为0.5~0.8m

续表

序号	执行范围	执行标准	示图	相关证件/机具/标牌/记录	相关要求与说明
		六、临时用电			
12	—	电焊机设置应符合要求		电焊机线路	电焊机一侧电源线长度不应大于5m，二侧焊把线长度不应大于30m；电焊机外壳应配装二次侧触电保护器；露天冒雨不得从事电焊作业；电焊机一侧、二侧接线处保护罩应齐全
13	—	配电箱与开关箱内闸具、漏电保护装置齐全完好，不得出现损坏现象		配电箱、闸具、漏电保护装置	漏电保护装置距离设备不大于3m

续表

六、临时用电

序号	执行范围	执行标准	示图	相关证件/机具/标牌/记录	相关要求与说明
14	—	配电箱做好接地及零线保护		—	—
15	—	施工人员离开作业现场时，妥善处置配电箱、开关箱		—	配电箱与开关箱内闸具应处于关闭状态；配电箱、开关箱存放至安全区域
16	电动机具	施工现场的电动机具定期检查和维护保养		《检查记录表》《维护保养记录表》	—

续表

六、临时用电

序号	执行范围	执行标准	示图	相关证件/机具/标牌/记录	相关要求与说明
17	—	有保护接地装置的机具必须进行保护接地；手持式电动工具的电缆线不得改装；手持式电动工具的外壳、手柄、插头、开关、负荷线等必须完好无损		—	—
18	—	施工人员离开作业现场时，妥善处置电动机具		—	切断电动机具的电源
19	工棚内要求	（1）电线不得乱拉乱接，所有电线必须用套管保护。（2）接插座按国家电器安装标准进行设置。（3）严禁使用用电热毯、热得快、电热丝炉等大功率电器		—	人员离开的时候，电源必须断开

续表

七、材料存放要求

序号	执行范围	执行标准	示图	相关证件/机具/标牌/记录	相关要求与说明
1	—	户外临时存放管材应妥善保管		支架、彩条布、帆布、保护管盖	(1) 应水平堆放在平整的支撑物或地面上； (2) 堆放高度不宜超过1.5m； (3) 用彩条布或帆布进行遮盖； (4) 管道两端应有保护管盖
2	—	施工用的聚乙烯管件应妥善保管		储物箱	(1) 应采用原包装箱进行存放，或存放应防水、防晒的储物箱内； (2) 包装袋不得破损； (3) 不得将聚乙烯管件作其他用
3	—	油漆等易燃物品应妥善保管		—	应存放在危险品存放区，不得混存于其他区域

续表

序号	执行范围	示图	相关证件/机具/标牌/记录	相关要求与说明
		八、地下管道安装		
1	开挖		开挖工具、排水设备	在地下水位较高的地区或雨期施工时，应采取降低水位或排水措施，及时清除沟内积水
2	—		开挖工具	堆土距离管沟边缘不小于 0.2m，高度不应超过 1.0m
3	—		支护木板、钢板桩等	采用坚固的木板、钢板桩等进行支护

执行标准栏内容：

1 在地下水位较高的地区或雨期施工时，应采取降低水位或排水措施，及时清除沟内积水

2 堆土的摆放应充分考虑现场布管情况，不乱堆放

3 若开挖的土壤为不坚实的土壤，及时做连续支撑，挖深超过 5m 时属于深基坑作业，需做专项施工方案，并组织专家论证会论证

续表

八、地下管道安装

序号	执行范围	执行标准	示图	相关证件/机具/标牌/记录	相关要求与说明
4	泥土清运	施工现场应设置防止泥浆、污水、废水污染环境的措施		排水设备、运输车辆	—
5	—	余土应及时运离现场		运输车辆	因天气、交通运输管制、纳污等原因无法及时清运的，余泥渣土受现场堆土的高度、安全围护等问题，处理现场应妥善避免泥土、泥浆污染路面，影响交通
6	过路管沟保护	道路上的管沟开挖后，应尽快安装管道，按要求对管沟进行回填、夯实，如道路距离较宽，应在管沟上方铺设钢板		钢板	—

续表

序号	执行范围	执行标准	示图	相关证件/机具/标牌/记录	相关要求与说明
			九、地上管道安装		
1	—	管道安装时，不得在同一立面上下同时施工，避免与其他人员交叉作业	上方吊篮 下方施工	禁止垂直交叉作业	—
2	—	打孔、打墙洞前要确认周边环境安全，施工过程中要采取措施防止碎渣、碎屑等杂物坠落砸到周边人员		警示带、挡板	—
3	—	管道焊接时需采取措施防止焊渣飞溅	焊接接火斗	阻火挡板、焊渣桶、接火斗	—

续表

序号	执行范围	执行标准	示图	相关证件/机具/标牌/记录	相关要求与说明
			九、地上管道安装		
4	—	管道吊运时，需要在管道吊运范围地面设置警戒区，警戒区内不得站人，警戒区外必须设专人看护		警示带、围挡	—
5	—	作业完成后应将管道端部管口临时封堵严密，防止异物进入	管口未封堵　管口已封堵　管口已封堵	扳手、堵头、水胶布	—
			十、高处作业		
1	通用要求	作业前应按规定办理施工方案审批，未经批准不得作业		《高处作业施工方案》	—

续表

十、高处作业

序号	执行范围	执行标准	示图	相关证件/机具/标牌/记录	相关要求与说明
2	—	作业前应进行安全技术交底并签字确认，落实所有安全技术措施和人身防护用品		《安全技术交底记录》	—
3	—	作业前作业人员、现场监护人员应检查相关安全设施是否坚固、可靠，确认所有安全设施及有关措施足够安全后方可开始高处作业		—	—
4	—	六级及以上大风或雷电、大雾等天气，严禁作业		—	—

续表

十、高处作业

序号	执行范围	执行标准	示图	相关证件/机具/标牌/记录	相关要求与说明
5	—	高处作业工具和小型材料应用工具袋盛装，严禁上下投掷，作业工具采用防坠绳保护		工具袋	—
6	—	作业人员安全带应高挂低用，不得采用低于腰部水平的系挂方法，严禁采用绳索捆在腰部代替安全带		安全带	—

续表

序号	执行范围	执行标准	示图	相关证件/机具/标牌/记录	相关要求与说明
			十、高处作业		
7	—	五点式安全带佩戴方式		五点式安全带	—
8	—	胸式安全带佩戴方式		胸式安全带	—
9	—	单腰式安全带佩戴方式		单腰式安全带	—

续表

序号	执行范围	执行标准	示图	相关证件/机具/标牌/记录	相关要求与说明
			十、高处作业		
10	—	高处作业应配备安全带缓冲器		安全带缓冲器	—
11	—	酒后、过度疲劳、情绪异常者不得上岗进行高处作业		—	—
12	吊篮作业	电动吊篮安装完毕后，施工单位办理交验手续，安装公司应与施工单位办理交验手续，监理公司核查交验手续		《吊篮移交验收表》	—

续表

序号	执行范围	执行标准	示图	相关证件/机具/标牌/记录	相关要求与说明
			十、高处作业		
13	—	安全绳应固定在建筑物可靠位置上，不得与吊篮上任何部位连接		安全绳	—
14	—	作业人员应将安全带用安全锁扣正确挂置在独立设置的专用安全绳上			—
15	—	吊篮内应设密目式防护网，防止吊篮内的机具、材料跌落		防护网	—

129

续表

十、高处作业

序号	执行范围	执行标准	示图	相关证件/机具/标牌/记录	相关要求与说明
16	—	禁止使用吊板代替吊篮进行高处作业		—	—
17	—	吊篮内的作业人员不应超过 2 人		—	—
18	—	作业人员应于吊篮停稳在地面后进出		—	—

续表

序号	执行范围	执行标准	示图	相关证件/机具/标牌/记录	相关要求与说明
			十、高处作业		
19	—	吊篮下方地面为行人禁入区域，需做好隔离措施并设有明显的警告标志、作业搭设时有人监护		铁马围挡、警示牌	—
20	脚手架作业	脚手架搭设前，承包商应编制脚手架搭设和拆除方案，经监理单位审批通过后，方可进行脚手架搭拆作业	脚手架工程施工方案 某村配套燃气管道工程 编制人:_____ 审核人:_____ 审批人:_____ 日期:_____	《脚手架搭设方案》《脚手架拆除方案》	—
		脚手架搭设和拆除过程中，施工单位的安全员或兼职监督员必须在现场监护。同时应划定警戒区域并设置警示标识，禁止非作业人员入内或通行		警示带、警示标示	脚手架搭设后，需用密目式防护网覆盖

续表

序号	执行范围	执行标准	示图	相关证件/机具/标牌/记录	相关要求与说明
十、高处作业					
20	脚手架作业	脚手架搭设完毕，施工单位必须按规范和方案或使用方的要求进行验收	按规范、方案或使用方的要求进行验收	验收记录	—
		脚手架使用期间必须定期检查，大风、大雨后应进行全面检查，如有松动、折裂或倾斜等情况，应及时紧固或更换	按规范、方案要求进行检查	—	—
		脚手板应按要求铺满、铺稳，两端应与支撑杆可靠固定		脚手板	—

续表

十、高处作业

序号	执行范围	执行标准	示图	相关证件/机具/标牌/记录	相关要求与说明
20	脚手架作业	脚手架拆除时，应按顺序由上而下，一步一清，不准上下同时作业		—	严禁整排拉倒脚手架和同时拆除与墙体连接的横杆
		脚手架拆下的架杆、连接件、脚手板等材料，应采用向下传递或用绳索吊下的方式，严禁向下投掷	滑轮吊运配件	滑轮、绳索	—

续表

十一、工棚设置

序号	执行范围	执行标准	示图	相关证件/机具/标牌/记录	相关要求与说明
		工棚内根据实际施工情况，可设置材料堆放区、加工区、机具存放区、危险品存放区、生活区等，各区域应分区明确，标识清楚，实施有效隔离，人员生活区必须与其他区域完全隔离		标示牌	—
1)	工棚设置	工棚入口及显眼位置宜悬挂"佩戴安全帽，安全用电"等有关标牌		警示牌	—

续表

序号	执行范围	执行标准	示图	相关证件/机具/标牌/记录	相关要求与说明
			十二、消防要求		
		每个施工点、加工点、动焊点应该配置不少于一个 4kg 灭火器（ABC 干粉）		灭火器	生活区、材料堆放区等应该配置不少于两个 4kg 灭火器（ABC 干粉）
1	消防要求	灭火器的压力应处于正常使用范围，压力表指针处于绿色区域，喷管橡胶无龟裂		—	—
		每月对灭火器检查一次，并悬挂检查记录卡，有保养记录		检查记录卡	—

续表

十二、消防要求

序号	执行范围	执行标准	示图	相关证件/机具/标牌/记录	相关要求与说明
		电气焊接现场 10m 范围内不得堆放塑料、木材等易燃物,并有相应保护措施,焊接结束后地面无焊条或焊条头	电气焊作业时要做好接火槽施,防止火星坠落发生火灾。	—	—
1	消防要求	作业时氧气瓶与乙炔瓶距离应保持 5m 以上,气瓶距明火距离应大于 10m		—	—
		施工现场严禁吸烟	施工现场　严禁吸烟	—	—

3.5 建设单位应急预案

在建设项目施工过程中，建设、监理、施工单位等各参建方在各自的安全主体责任履行职责。建设单位作为项目投资方对工程建设项目安全管理负首要责任；施工单位作为现场施工主体，对建设项目安全管理负主体责任，具体负责施工现场安全生产事故应急救援；监理单位作为建设单位的代表，对建设项目安全管理负监督责任；作为建设单位对施工现场安全管理既不能监管过度，也不应放任不管，一旦发生安全事故，应当从建设单位角度协助施工单位做好现场的应急救援并做好事故信息上报传达，同时也应按照以上原则编制建设单位应急预案，建立健全本单位的应急指挥及救援组织架构，明确内部各部门职责及事故上报流程及内容，厘清建设、施工单位在事故应急救援处置及事故调查处理的职责。

3.6 安全生产信息化管理

建设项目施工阶段安全生产管理涉及各参建方，涉及不同作业工序，同时也涉及人、机、料、法、环各方面影响安全生产的因素；需要建立统一的信息化平台，以作业工序及关键环节为基础，围绕及人、机、料、法、环各方面进行安全生产信息化审批及数据录入；建立隐患数据台账及分析统计，对项目安全生产进行信息化管理。建议结合自身单位条件，适合开发建立工程管理信息化系统，对工程质量、安全、进度、成本等方面统一进行管理。

第4章 城镇燃气工程质量管理

工程质量管理是个复杂的系统工程，在整个工程质量管理过程中，每个阶段的质量都关系着整个工程项目的最终质量。工程质量管理首先应明确质量管理目标，完善提升自身的项目质量管理体系，重点对影响工程项目质量的因素（设计方案、设备材料、施工现场等）进行控制项事态分析与薄弱环节应对措施管控，遵循工程项目全生命周期的质量管理理念，借助信息化手段来实现提升目的。

4.1 工程设计质量管理

工程设计图的编制应满足相关规范及使用要求，建设单位应组织做好施工图会审工作，主要对图纸符合性、一致性、图纸组成、图纸深度和技术会审四部分内容会审。具体会审要求及相关要求如下。

4.1.1 高压、次高压管道项目施工图会审清单

1. 符合性会审

符合性会审是指会审施工图设计是否按照公司批准方案、当地政府相关部门批复要求进行设计（表4-1）。

高压、次高压管道符合性会审清单　　　　　　　　表 4-1

项目	审查内容
管线路由符合性	是否符合公司立项批准方案
	是否符合当地规划批复要求
管径规格符合性	是否符合公司立项批准方案
	是否符合当地规划批复要求
技术方案符合性	是否符合环境评价意见要求
	是否符合安全预评价意见要求
	是否符合防洪评价意见要求
	是否符合水土保持评价意见要求
	是否符合矿产压覆评价意见要求
	是否符合地质灾害评价意见要求
	穿越河流是否符合相关部门审批意见要求
	穿越道路（公路、铁路）是否符合相关部门审批意见要求

2. 一致性会审

一致性会审是指会审施工图与相关基础资料是否一致，是否存在不对应的地方（表4-2）。

高压、次高压管道一致性会审   表 4-2

项目	审查内容
地勘信息一致性	施工图断面图地勘资料信息是否与地勘报告一致，尤其是穿越工程
穿越河流设计冲刷线一致性	施工图与地勘报告设计冲刷线数据是否一致
土壤电阻率一致性	施工图与地勘报告土壤电阻率是否一致

3. 图纸组成会审

图纸组成会审是指会审施工图图纸是否完整（表4-3）。

高压、次高压管道图纸会审资料清单   表 4-3

项目	图纸名称
线路部分	（1）设计说明； （2）材料表； （3）管道特性表； （4）系统图； （5）走向示意图； （6）线路平面图； （7）线路断面图； （8）设计计算书； （9）线路通用图
穿越部分	（1）设计说明； （2）材料表； （3）穿越平、断面大样图
阴极保护部分	（1）设计说明； （2）材料表； （3）管道沿线阴极保护设施布置图； （4）阴极保护通用图
水工保护部分（如有）	（1）设计说明； （2）水工保护平断面布置图； （3）水工保护通用图

4. 图纸深度和技术会审

图纸深度和技术会审是指会审图纸深度能否满足施工要求（表4-4）。

高压、次高压管道图纸深度和技术会审表   表 4-4

序号	图纸名称	主要内容要求
		线路部分
1	设计说明	应包括以下内容：（1）设计依据及规范标准；（2）设计范围和内容；（3）工程概况；（4）自然地理条件（气候、地形、地质等）；（5）管道设计主要参数（压力

续表

序号	图纸名称	主要内容要求
		线路部分
1	设计说明	管道分类、输气介质、设计压力、运行压力、长度、管径规格、管材选型、地区分级、阀室设置、抗震烈度、设计使用年限；（6）材料、设备的进场检验（钢制管材、管件的检查及验收、材料运输和存放）；（7）燃气管道制作与安装（管材、管件、施工作业带、施工放线、管沟开挖、钢管敷设、管道焊接及验收、防腐补口补伤、下沟与回填、清管、试验及干燥）；（8）穿越工程（地下管线的穿越、道路开挖敷设施工、水域开挖施工、定向钻施工）；（9）线路附属工程（三桩一牌、线路构筑物）；（10）阀门安装要求；（11）绝缘接头安装要求；（12）其他
2	材料表	材料部分应包括以下内容：（1）各种类型钢管的数量；（2）管路附件的数量；（3）消耗材料的数量，主要包括焊材、钢筋混凝土套管、混凝土加（压）重块等；（4）标志桩及警示牌数量；（5）其他；（6）附表（热、冷弯弯管汇总表、冷弯弯管明细表、热弯弯管明细表、线路中线测量成果表）
3	管道特性表	应包括管段号、外径×壁厚、材料、介质名称、设计温度、设计压力、运行温度、运行压力、强度试验介质压力、严密性试验介质压力、防腐、管道类别
4	系统图	（1）项目系统图：以框图、箭头等方式标明该项目系统关系。应包含站场阀室分布及主要功能、管径长度压力信息、收发球设置等。 （2）阴极保护系统图：绝缘接头、阴极保护站位置、测试桩里程位置等
5	走向示意图	以1∶10000地形图、卫星地图或规划图等为底图，在该图上应能表明线路整体走向、区域位置及与其相连的场 站管线的关系
6	线路平面图	（1）明确平面图出图比例。 （2）标注出平面转角、桩号、度数、坐标、里程、高程信息。若两转角间距过远（如超过200m），还需在中间加密坐标点，便于施工放线。 （3）应在图上标注出分段用管情况（管型、钢级、管径及壁厚）和地区等级、地貌名称；与周边建构筑物、其他管线等间距；应在图上标注出里程、转角桩、标志桩、里程桩、穿越桩、警示牌、阴极保护测试桩位置；阀室站场位置。 （4）体现管道穿越公路、铁路、河流等标注（穿越方式、长度、两端里程坐标等）。 （5）对于需要做水工保护的地方，根据管道通过具体地段的地形地貌、地质条件，并结合现场踏勘及记录进行线路构筑物设计。包括挡土墙、护坡、护岸、排水沟等；各种构筑物在地形断面图上均应有相应的图例进行图示和标注
7	线路断面图	（1）线路平面图可与线路纵断面图合并形成平面图、纵断面图的二合一图（若为二合一图，分段用管、地区等级、地貌名称已在断面图体现的，可不用在平面图中再标注）。 （2）明确断面图横纵出图比例。 （3）应将地勘孔信息体现在断面图中。 （4）标注出分段用管情况（管型、钢级、防腐、管径及壁厚）、弯头（弹性敷设）信息、地勘信息、土壤电阻率、里程、自然地面标高、管道标高（宜采用管底标高）、坡度、管沟挖深、土石方量、地区等级、管道实长。 （5）体现管道穿越公路、铁路、河流等标注（穿越曲线、弧度、方式、长度等）。 （6）对于需要做水工保护的地方，根据管道通过具体地段的地形地貌、地质条件，并结合现场踏勘及记录进行线路构筑物设计。包括挡土墙、护坡、护岸、排水沟等；各种构筑物在地形断面图上均应有相应的图例进行图示和标注。 （7）阴极保护设施的标注

续表

序号	图纸名称	主要内容要求
		线路部分
8	设计计算书	(1) 设计计算书单独成册。 (2) 包括但不限于以下内容：工程概况、设计参数、直管壁厚计算、弯头壁厚计算、管道强度校核、弯头强度校核、稳定性校核、水下穿越抗漂浮计算、定向钻段结构计算、无套管穿越公路管道强度校核、无套管穿越公路焊缝疲劳校核、埋地直管道抗震计算、埋地弯管抗震计算等
9	线路通用图	应包含：施工作业带典型图、线路工程管沟敷设典型图、无套管公路穿越通用图、带套管公路穿越通用图、穿越地下管道通用图、穿越地下电（光）缆通用图、混凝土稳管通用图、小河穿越稳管结构图、带箱涵公路穿越通用图、标志桩通用图、警示带通用图等
		穿越部分（大中型河流、铁路、二级及以上公路、高速公路应单独进行穿越设计）
1	设计说明	应包括以下内容：(1) 设计依据；(2) 工程概况；(3) 遵循的规范标准应列出设计中采用的主要标准、规范；(4) 自然地理条件（气候、地形、水文、工程地质条件）；(5) 河势分析及防洪影响评价；(6) 区域地质与地震；(7) 穿越设计（开挖穿越埋深、管沟尺寸、回填要求等；定向钻穿越曲线参数、穿越地层等；顶管穿越地层、深度、竖井等）；(8) 说明穿越段钢管、冷弯弯管、热揻弯管选用的钢管规格、类型、材质及制管执行标准等；(9) 需进行抗震设防地区的穿越管段应说明抗震校核结果及抗震措施；(10) 外防腐方案、补口方式；(11) 对于开挖穿越：施工应说明测量放线、布管组对、管沟开挖、管道就位、稳管方式、回填要求等施工要求、施工注意事项及存在问题与建议等；对于定向钻穿越：测量放线、布管组对、管段预制及场地布置、导向孔钻进、扩孔、回拖等施工要求、施工注意事项及存在问题与建议等；(12) 管道焊接方式、焊接材料、焊缝检验方法、执行规范和质量合格标准、清管、试压及测径要求等；(13) 健康、安全、环境保护与水土保持
2	材料表	材料表应列单体设计需要的全部材料，并逐一开列出详细的名称、规格、型号、材质、单位、数量、标准号等
3	穿越平、断面大样图	(1) 一般包括水域大中型穿（跨）越、山岭隧道穿越、崾岘、冲沟等障碍物穿（跨）越；山岭、鱼塘定向钻穿越以及公路、铁路穿越等，也可根据工程实际情况确定。 (2) 图纸比例宜为1:200，由设计单位自行确定。 (3) 穿越平面图应包括：1) 标出管道穿越中线位置及与穿越相连接的线路段管道走向、用管规格和穿越长度；2) 标注北方向及转角桩坐标及中线成果表；3) 标明穿越设计范围内地上、地下构筑物情况及已建或在建穿河工程与本穿越工程的位置关系；4) 标出穿越单出图段与线路段连接点的桩号、里程及接图文件号，并将连接点的桩号、水平转角、里程、坐标及高程列入控制点成果表中；5) 说明测图采用的坐标系和高程系；6) 对于开挖穿越：标出穿越长度、用管规格和稳管方式；对于定向钻穿越：当不只一条管道同时穿越时，应标出各条穿越管道轴线位置的相互关系，及各条管道主要控制点（入、出土点）坐标、高程等。 (4) 纵断面图应包括：1) 沿管道纵向应标注设计曲线各控制点的里程、地面标高、管底标高、管底埋深及各管段设计坡度/间距、钢管特性（管径、壁厚、材质、钢管类型、防腐、长度）等，钢管长度标注时，应注明穿越段长度；2) 标出各种管道标志（穿越标志桩、警示牌等）的位置；3) 标出地下水位线及水位高程；4) 标出各转角曲线元素，并注明水平转角；5) 标出穿越单出图段与线路段连接点的桩号、里程及接图文件号；6) 将地质剖面图叠加到穿越管道轴线纵断面图上；7) 标出入出土点，并注明入出土点里程、高程和入出土角；8) 对于两岸卵石层处理，应注明处理长度。隔离套管应在直线段，其管端宜离曲线端点一定距离

序号	图纸名称	主要内容要求
		阴极保护部分
1	设计说明	说明书应包括以下内容：（1）设计依据；（2）阴极保护工程概况；（3）防腐材料要求；（4）阴极保护设计参数；（5）测试桩及电缆相关要求；（6）牺牲阳极的安装；（7）干扰排流；（8）防护效果评价及保护电位准则；（9）运行与管理相关要求；（10）健康、安全和环境
2	材料表	材料部分应包括以下内容：（1）参比电极；（2）阳极；（3）测试桩；（4）检查片；（5）电缆；（6）防腐材料；（7）混凝土基础。（若总的线路材料表已开料，需在备注中说明清楚）
3	管道沿线阴保设施布置图	以简图或线图的形式，标注出里程桩号、沿线测试桩及编号、排流装置等布置位置
4	阴极保护通用图	应包含：电位测试桩安装图、检查片测试桩安装图、测试桩结构图、牺牲阳极埋设安装图、套管内镁阳极安装图、避雷器绝缘测试桩连接图、电缆与管道连接图、阴极保护接线原理图（强制电流）、深井阳极安装图（强制电流）等
		水工保护部分
1	设计说明	说明书应包括以下内容：（1）设计依据；（2）水工保护设计范围；（3）主要材料要求；（4）各种水工保护形式适用范围、设置原则、其他要求等
2	水工保护平、断面布置图	在平面图和断面图中标注出线路构筑物设计情况（可与线路平面图、断面图合并）
3	水工保护通用图	应包含：设计说明、草袋素土堡坎、灰土挡土坎、石砌截水墙、条石（预制混凝土块）护壁、挡土墙详图、浆砌片石护坡、冲沟头处理形式等
		其他

4.1.2 门站、调压站项目施工图会审清单

1. 符合性会审

符合性会审是指会审施工图设计是否按照公司批准方案、当地政府相关部门批复要求进行设计（表4-5）。

门站、调压站符合性会审资料清单　　　　　　　　　表 4-5

项目	审查内容
技术方案符合性	是否符合公司立项批准方案
	是否符合公司流量计选型批准方案
	是否符合当地规划国土批复要求（规划条件、用地性质等）
	是否符合环境评价意见要求
	是否符合安全预评价意见要求
	是否符合水土保持评价意见要求
	是否符合矿产压覆评价意见要求
	是否符合地质灾害评价意见要求
	是否符合消防设计审核意见要求
	是否符合防雷设计审核意见要求

2. 一致性会审

一致性会审是指会审施工图设计相关资料是否一致，是否存在冲突的地方（表 4-6）。

门站、场站一致性会审清单　　　　　　　　　　表 4-6

项目	审查内容
总平面图的一致性	总平面图与其他专业施工图的几何尺寸、平面位置、标高等是否一致
施工图与设备资料一致性	(1) 施工图中设备基础尺寸、预留孔洞尺寸和位置、预埋件的规格和尺寸是否与设备资料一致。 (2) 施工图中设备接口方位、高度、接管规格、法兰规格等是否与设备资料一致
各专业之间管道、电缆、管沟等一致性	(1) 施工图各专业之间的管道、电缆、管沟等走向、埋深是否互不干扰，是否存在"打架"情况。 (2) 施工图各专业的底图是否来自同一建筑总图版本，图中轴线、墙中线、柱中线等是否一致
各专业之间的尺寸、规格、预留预埋件等一致性	(1) 建筑图与结构图的平面图尺寸及标高等是否一致。 (2) 土建预留孔、预埋件、支墩的规格、尺寸、坐标、标高和其他专业图是否一致，有无遗漏。 (3) 同一专业的平面图与立面图是否一致
站内管道、电缆、管沟等与站外管道、电缆、管沟等的一致性	站内工艺、给水排水等管道，电气、自控电缆，排水管沟、进出站道路等是否与站外上述连接管道图纸是否有效衔接，是否存在不对应情况
改造类项目的一致性	(1) 新旧工艺之间的连接处，外径、壁厚、材质等参数是否相符或相适应。 (2) 原竣工资料是否与现状条件一致
利旧设备、材料的一致性	利旧设备、材料是否与施工图要求的参数一致

3. 图纸组成会审

图纸组成会审是指会审施工图图纸是否完整（表 4-7）。

门站、场站图纸会审清单　　　　　　　　　　　　　　　表 4-7

项目	图纸名称
总图	(1) 平面布置图； (2) 道路及竖向布置图； (3) 安全间距布置图； (4) 场地平整土石方计算图； (5) 室外管线综合平面图
建筑	(1) 设计说明； (2) 建筑平面图； (3) 建筑立面图； (4) 建筑剖面图； (5) 建筑大样图
结构	(1) 设计说明； (2) 建筑物结构平面布置图； (3) 基础平面布置图； (4) 基础详图； (5) 坑池图（排污池等）； (6) 围墙基础图； (7) 挡土墙图； (8) 道路结构图； (9) 电缆等管沟图（必要时）； (10) 预埋件、预留洞布置图（必要时）
工艺	(1) 设计说明； (2) 工艺（仪表）流程图； (3) 设备、阀门一览表； (4) 材料表； (5) 管道特性表； (6) 工艺设备布置图； (7) 工艺管道平面图； (8) 立面图（轴测图或系统图）； (9) 管道支吊架图
电气	(1) 设计说明； (2) 电气设备及材料表； (3) 电缆清册； (4) 变配电系统图； (5) 建筑单体电气设计； (6) 全站爆炸危险区域划分图； (7) 全站防雷接地平面图； (8) 全站照明平面图； (9) 全站电缆敷设平面图
自控仪表	(1) 设计说明； (2) 自控系统结构图； (3) 设备及材料表；

续表

项目	图纸名称
自控仪表	（4）仪表 IO 及索引表； （5）电缆清册； （6）自动控制逻辑图； （7）建筑（控制室、机柜间）仪表、设备及电缆敷设布置图； （8）站区自控仪表、设备及电缆敷设布置图； （9）通用仪表设备安装通用图
给水排水	（1）设计说明； （2）设备、材料表； （3）站内给水排水工艺管网平面图； （4）工艺设备管道安装图； （5）建筑单体给水排水平面布置图和系统图
消防（单独成册或与其他专业合并）	（1）设计说明； （2）设备、材料表； （3）消防器材布置图
暖通	（1）设计说明； （2）设备、材料表； （3）热力系统管道仪表流程图或系统原理图； （4）设备平、立面图； （5）管道安装图

4. 图纸深度和技术会审

图纸深度和技术会审是指会审图纸深度能否满足施工要求（表 4-8）。

门站、场站图纸深度和技术会审表 表 4-8

序号	图纸名称	主要内容要求
		总图
1	总平面布置图	（1）应明确设计规模和执行规范； （2）应有主要经济技术指标，如用地面积、容积率、绿地率等； （3）应有建构筑物工程量统计； （4）重要建构筑物应有定位坐标； （5）应标注指北针； （6）应注明厂站周边环境，对大型或周边环境比较复杂的厂站，可增加周边环境图
2	道路及竖向布置图	（1）应对全部建构筑物、装置区、场地、道路标注标高、坡度、坡向等； （2）场平设计可根据实际需要采用设计等高线方式，也可采用场地排水箭头标注方式； （3）建筑单位应标注±0.000 的绝对标高； （4）道路设计应明确形式（方砖路面、重车路面、非重车路面），横、纵坡、路面结构、转弯半径设计应完整
3	安全间距布置图	（1）应在图上标注站内设备、设施间的安全间距和站内设备、设施与站外建构筑物的安全间距； （2）应在图上以表格的形式列出站内设备、设施间及与站外建构筑物的规范要求安全间距和实际间距； 注：对于简单项目，安全间距图可与总平面布置图合并

145

序号	图纸名称	主要内容要求
		总图
4	场地平整土石方计算图	(1) 应包括场地平整的土方计算、土方平衡表以及土方施工技术要求等； (2) 土方计算应选用经验证的软件完成。 注：地势平坦场地可简化计算
5	室外管线综合平面图	(1) 应满足各专业管网间协调设计，以及指导地沟（电力、自控等地沟）施工的需要； (2) 各专业管网应在图上用编号或线形明确区分，管线间距应满足相关规范要求
6	其他	
		建筑
1	设计说明	(1) 应有工程概况：1) 工程名称、建设地点、建筑物名称；2) 建筑类别、安全等级、设计使用年限；3) 火灾危险性分类、耐火等级、抗震设防烈度、屋面防水等级；4) 建筑面积、层数、层高、总高度、结构形式； (2) 应说明建筑一层室内地面相对标高±0.000 与总图绝对标高的关系； (3) 应有门窗表； (4) 应有节能设计篇章
2	建筑平面图	(1) 图纸编排次序为各层平面图（依次为地下层、一层、二层至顶层平面图）、屋顶平面图、局部放大平面图； (2) 应注明承重墙、柱及其定位轴线和轴线编号，内外门窗位置、编号及定位尺寸，门的开启方向，注明房间名称或编号，墙身厚度，柱与壁柱截面尺寸及其与轴线关系尺寸； (3) 注明变形缝位置、尺寸及做法索引； (4) 标注主要构造和建筑构造部件的位置、尺寸和做法索引；楼梯位置和楼梯上、下方向示意和编号索引； (5) 标注室外地面标高、底层地面标高、各楼层标高及地下室各层标高； (6) 标注指北针
3	建筑立面图	(1) 绘出有代表性的立面图，立面图分为正立面图、背立面图、侧立面图、局部放大立面图； (2) 应标注两端轴线编号，立面外轮廓及主要结构和建筑构造部件的位置； (3) 应标注建筑的总高度、楼层位置辅助线、楼层数和标高，以及关键控制标高； (4) 平、剖面图未能表示出来的屋顶、檐口、女儿墙、窗台以及其他装饰
4	建筑剖面图	(1) 剖面图分为建筑物主体竖向剖面图、局部剖面图； (2) 剖切位置应选在能反映内外空间变化大、有不同层高或层数的典型部位； (3) 应标注墙、柱、轴线和轴线编号
5	建筑大样图	(1) 卫生间、厨房、楼梯间、配电间电缆沟放大详图； (2) 台阶、坡道、顶棚、防水构造、内外墙孔洞等应绘制构造详图或引入标准图集号
6	其他	

序号	图纸名称	主要内容要求
		结构
1	设计说明	（1）标注±0.000标高所对应的总图绝、对标高值； （2）应说明建筑结构的安全等级和设计使用年限，混凝土结构的耐久性要求和砌体结构施工质量控制等级； （3）应说明建筑场地类别、场地的液化等级、建筑抗震设防类别，抗震设防烈度（设计基本地震加速度及设计地震分组）和钢筋混凝土结构的抗震等级； （4）地质情况概述：说明地勘报告的意见和设计确定的地基处理方式，确定地基基础的设计等级、基础的防腐等级、不良地基的处理措施及技术要求，说明地基土的冰冻深度。对特殊地基（如：湿陷性黄土、膨胀土、盐渍土、液化土、软土、回填土、岩溶等）应按相关的规范、标准进行地基处理； （5）采用的设计荷载，包含风荷载、雪荷载、楼屋面活荷载标准值、特殊部位的最大使用荷载标准值； （6）所选用结构材料的品种、规格、性能、强度等级及相应的产品标准，当为钢筋混凝土结构时，应说明钢筋的保护层厚度、钢筋锚固长度、搭接长度、连接方式及要求等，并对某些构件或部位的材料提出特殊要求； （7）对池坑、地下室等有抗渗要求的建（构）筑物的混凝土，说明抗渗等级并采取相应措施；对有上浮可能的坑池，应说明抗浮措施； （8）对钢结构，应提出钢构件的焊接、安装、制作、检验等要求以及钢构件的除锈方式、等级、防腐或防火涂层的类型、厚度；高强度螺栓性能等级、抗滑移系数，普通螺栓的性能等级；并应说明焊缝质量等级及检查要求 （9）所采用的通用做法和标准构件图集； 注：建、构筑物施工所需的主要材料应充分利用地方材料优势，以节约成本，缩短施工周期
2	建筑物结构平面布置图	（1）一般建筑的结构平面图，均应有各层结构平面图及屋面结构平面图； （2）绘出定位轴线及梁、柱、承重墙，抗震构造柱等定位尺寸，并注明其编号和楼层标高； （3）现浇板应注明板厚、板面标高、配筋，标高或板厚变化处绘局部剖面，有预留孔、埋件、已定设备基础时应标出规格与位置，洞边加强措施； （4）屋面结构平面布置图内容参照楼层平面，当结构找坡时应标注屋面板的坡度、坡向、坡向起终点处的板面标高，当屋面上有留洞或其他设施时应绘出其位置、尺寸与详图，女儿墙或女儿墙构造柱的位置、编号及详图； （5）当选用标准图中节点或另绘节点构造详图时，应在平面图中注明详图索引号
3	基础平面布置图	（1）绘出定位轴线、基础构件（包括承台，基础梁等）的位置、尺寸、底标高、构件编号； （2）标明结构承重墙与墙垛、柱的位置与尺寸、编号； （3）标明地坑和已定设备基础的平面位置、尺寸、标高，±0.000标高以下的预留孔与埋件的位置、尺寸、标高； （4）根据需要，提出沉降观测要求及测点布置（附测点构造详图）； （5）应包括基础持力层名称，地基的承载力特征值，基底及基槽回填土的处理措施与要求，以及对施工的有关要求等； （6）桩基（如有）应绘出桩位、承台平面位置及定位尺寸，说明桩的类型和桩顶标高、入土深度、桩端持力层及进入持力层的深度，成桩的施工要求、试桩要求和桩基的检测要求，注明设计采用的单桩竖向承载力特征值； （7）当采用人工复合地基时，应绘出复合地基的处理范围和深度，置换桩的平面布置及其材料和性能要求、构造详图；注明复合地基的承载力特征值及压缩模量等有关参数和检测要求

序号	图纸名称	主要内容要求
		结构
4	基础详图	（1）建筑物无筋扩展基础应绘出剖面、基础圈梁、防潮层位置，并标注总尺寸、分尺寸、标高及定位尺寸； （2）扩展基础应绘出平、剖面及配筋、基础垫层，标注总尺寸、分尺寸、标高及定位尺寸等； （3）桩基（如有）应绘出承台梁剖面或承台平面、剖面、垫层、配筋，标注总尺寸、分尺寸、标高及定位尺寸，桩构造详图及桩与承台的连接构造详图； （4）应绘出基础预留洞、预埋件，应注明其位置、尺寸、标高及预埋件编号等； （5）说明基础材料的品种、规格、性能、抗渗等级、防腐性能、垫层材料、杯口填充材料。钢筋保护层厚度及其他对施工的要求
5	坑池图（排污池等）	（1）底板平面图；（2）顶板平面图（如有）；（3）剖面图；（4）配筋图；（5）节点构造详图；（6）管道穿越坑池的做法图
6	其他图纸	（1）围墙基础图；（2）挡土墙图；（3）道路结构图；（4）电缆等管沟图（必要时）；（5）预埋件、预留洞布置图（必要时）
7	其他	
		工艺
1	设计说明	（1）设计依据：应列出与本工艺设计有关的文件的名称、文件号、发文单位及发文日期； （2）设计施工遵循的主要规范：应列出设计中遵循的主要标准、规范、标准号、年号（或版次）； （3）工程概况：应说明厂站名称、功能、设计参数、工艺特点及采用的主要设备； （4）施工技术要求：工艺施工技术要求应包括但不限于以下内容： 1）材料的检查； 2）管道安装； 3）管道焊接； 4）焊缝的检验合格标准； 5）管道吹扫和严密性及强度试压； 6）设备的检查、干燥、动火要求等； 7）管道防腐等； 注：改扩建厂站应考虑新、老管道连接时的安全措施
2	工艺（仪表）流程图	（1）工艺管道流程图应绘制全部工艺设备、工艺管线及阀门、绝缘接头、相关的压缩空气、燃料气等全部辅助管线及阀门，所有的旁路管线、放空管、排污管、吹扫管线； （2）设备、阀门应标注位号、规格； （3）管道应标注位号、外径、壁厚、材质等； （4）应标注设计流量或规模、设计压力、设计温度、运行压力、运行温度、运行规模等参数，宜标注安全阀、调压器、超压切断阀设定值； （5）工艺管道仪表流程图可包括控制报警设定值等（若已在自控仪表专业体现，可不需要）； （6）对于改扩建厂站，应完整体现已建和新建流程
3	设备、阀门一览表	设备、阀门应标注执行规范、规格参数（设备应注明设计流量、设计压力、材质、效率等；阀门应注明公称压力、公称直径、材质）、数量、其他特别要求等

序号	图纸名称	主要内容要求
		工艺
4	材料表	材料应标注执行规范、规格参数（公称压力、公称直径、外径、壁厚、材质等）、数量、其他特别要求等； 注：管材、管件应注明夏比冲击试验温度要求。
5	管道特性表	按工艺管道位号分别开列管道的外径、壁厚、材质，管道起点、终点，设计压力、设计温度，强度、严密性试验压力和介质，防腐做法，无损检测方法、比例、合格等级，管道类别等。
6	工艺设备布置图	(1) 应能用于设备的定位，应标出设备的名称、编号、方位、位置、尺寸、标高、坐标等； (2) 应标注指北针； (3) 应说明相对标高±0.000 与总图绝对标高的关系
7	工艺管道平面图	(1) 应绘出全部工艺设备、工艺管线、辅助管线、各种阀门、管件、仪表管嘴、调压装置、计量装置等的平面位置、相互关系、尺寸及标高，改扩建厂站应标明动火点； (2) 应标注设备、阀门、管线等的位号、规格参数、高度等； (3) 应说明相对标高±0.000 与总图绝对标高的关系
8	立面图（轴测图或系统图）	与平面图配合，以表示清楚设备、管道、阀门的安装位置
9	管道支吊架图	(1) 应注明支吊架的设置位置、间距、支吊架类型； (2) 应提供支吊架制作图或通用图； 注：对于简单项目，可与管道平面布置图合并
10	其他	
		电气
1	设计说明	(1) 工程概况：应说明工程概况和建设规模；站场名称、地址、站场的功能、驱动系统、主要用电负荷、变电所的规模； (2) 应说明设计依据；设计范围；遵循的标准、规范； (3) 应说明负荷等级、供电电源、变配电系统说明； (4) 应说明施工技术要求：导线选择及敷设、照明、防雷防静电及保护接地系统等要求
2	电气设备及材料表	(1) 设备表应开列单体设计需要的全部设备，并逐一开列出详细的名称、规格、型号、材质、单位、数量等。设备建议按先主后辅、电压等级由高到低、先标准后非标准产品顺序排列； (2) 材料表应开列单体设计需要的全部材料，同类材料的规格、型号尽量统一并逐一开列出详细的名称、规格、型号、材质、单位、数量、标准号等
3	电缆清册	电缆表应开列所有电缆，应列出每根电缆的电缆编号、电缆型号、芯数截面、备用芯数、电缆长度、电缆起端、终端、穿管规格、安装设备编号、容量等内容

序号	图纸名称	主要内容要求
		电气
4	变配电系统图	(1) 变配电装置接线图; (2) 0.4kV 低压柜配电系统图; (3) 发电机馈线柜配电系统图(如有); (4) UPS 馈线盘系统图; (5) 配电箱系统图; (6) 电机控制原理图(如风机、水泵等)
5	建筑单体电气设计	(1) 防雷接地平面图; (2) 照明平面图; (3) 插座配电平面图; (4) 空调配电平面图; (5) 电气设备布置平、剖面图; (6) 动力配电平面图
6	全站爆炸危险区域划分图	标识出爆炸危险区域,并注明分级
7	全站防雷接地平面图	注明设备防雷接地线的连接方式、接地装置的材料选择及安装要求和接地电阻要求
8	全站照明平面图	(1) 应明确照明灯具布置及配电回路的敷设; (2) 应明确选择的照明灯具类型及光源种类,应标注灯的安装方式、高度; (3) 应明确配线的规格型号及敷设方式
9	全站电缆敷设平面图	(1) 注明用电设备的动力、控制电缆的敷设路径、电缆沟布置、电缆桥架的安装等; (2) 注明电缆的编号等
10	其他	
		自控仪表
1	设计说明	(1) 设计依据;遵循的标准、规范; (2) 设计内容: 1) 说明工程的自动控制水平,主要检测及控制系统描述,仪表选型及电缆选型要求; 2) 说明机柜布置及安装要求,机柜端子接线要求及接线工作界面划分要求; 3) 明确成套设备供货商设计内容和站场自控设计的划分界面; (3) 施工技术要求 应提出站场自控仪表系统的主要施工技术要求,相关施工注意事项(包括仪表的防冻、防凝、防腐蚀、防振、抗干扰及防静电接地等措施)以及施工中应注意的安全问题等,并列出主要的施工及验收规范。站场自控仪表系统施工技术要求应包括但不限于以下内容: 1) 仪表管阀件安装; 2) 电缆敷设; 3) 工作接地、保护接地及防电涌接地; 4) 其他要求

序号	图纸名称	主要内容要求
		自控仪表
2	自控系统结构图	（1）总体体现全站的自控系统结构； （2）自控系统一般由工艺控制系统，消防系统及气体报警系统、视频监控系统、周界防范系统（根据需要设置）组成
3	设备及材料表	（1）设备表应开列单体设计需要的全部设备，并逐一开列出详细的名称、位号、规格、材质、单位、数量等； （2）材料表应开列出详细的名称、规格、型号、材质、单位、数量等
4	仪表 IO 及索引表	逐一列出仪表的位号、用途、名称、规格、量程、供电要求、功能用途、报警值、联锁值及动作、冗余要求等
5	电缆清册	电缆表应开列所有电缆，应列出每根电缆的电缆编号、电缆型号、芯数截面、备用芯数、电缆长度、电缆起端、终端、穿管规格、安装设备编号、容量等内容
6	自动控制逻辑图	明确站内所有自控设备仪表联锁动作、报警、切断等逻辑控制要求
7	建筑（控制室、机柜间）仪表、设备及电缆敷设布置图	（1）明确自控电缆的敷设路径、电缆沟布置、电缆桥架的安装等； （2）明确电缆的编号、规格型号等； （3）明确仪表、设备的安装位置
8	站区自控仪表、设备及电缆敷设布置图	（1）明确自控电缆的敷设路径、电缆沟布置、电缆桥架的安装等； （2）明确电缆的编号、规格型号等； （3）明确仪表、设备的安装位置
9	通用仪表设备安装通用图	通用仪表设备如温度计、温度变送器、压力表、压力变送器、差压变送器、液位变送器、可燃气体探测器、阀门及执行机构等仪表设备的典型安装图
10	其他	
		给水排水
1	设计说明	（1）明确设计范围、设计依据、设计执行的标准、规范、设计规模及工艺方案； （2）施工技术要求：给水排水工艺施工技术要求应对给水工程（含循环冷却水、排水工程）的重要部分提出施工注意事项，提出施工中应注意的安全问题等。应包括施工验收规范和所采用的安装图集名称，并且说明中要包含施工验收规范和图集需要施工图阶段确认的各项参数。一般包括以下内容： 1）机泵的特殊安装要求； 2）管沟的开挖、管道基础处理、管道安装及管沟回填； 3）管道的安装连接要求； 4）管道吹扫和严密性及强度试验特殊要求及参数； 5）其他特殊要求
2	设备、材料表	并列出详细的名称、规格、型号、材质、单位、数量等

序号	图纸名称	主要内容要求
给水排水		
3	站内给水排水工艺管网平面图	（1）应满足室外给水排水管线及其设备、附属构筑物、阀门的安装施工要求； （2）应以总图专业的站场总平面布置图为基础，标出各装置的坐标，画出建北图示； （3）应绘出室外给水排水管道及其管道上的各种构筑物，并标出各连接点、接出点、转点、交叉点的坐标或相对尺寸与标高、管径、坡度； （4）应绘出室外给水排水管线与室内给水排水管线的连接点的相对尺寸或坐标，以及标高、管径、管材、坡度、转换接头的安装点； （5）应包括管网安装说明，其内容包括：采用的尺寸、标高的单位，管材的选择和连接方式，保温方式，管道试压要求等
4	工艺设备管道安装图	（1）要满足单体设备、管线安装的施工要求； （2）工艺设备管道安装图上的应标示单体与相关单体间连接管线的管径、标高、埋深、坐标等； （3）当工艺设备管道平面安装图无法清晰地表示出管线、阀门、管件及设备、构筑物之间的相互关系时，需绘制该部分管线剖面安装图或系统图
5	建筑单体给水排水平面布置图和系统图	（1）应满足安装施工要求，系统图应与平面布置图相符； （2）应绘制出给水排水管道的布置、阀门、连接管件等； （3）应标注出给水排水管道的管径、代号、标高、定位尺寸等； （4）与应绘出室外给水排水管线连接点的相对尺寸，以及标高、管径、管材、转换接头的安装点； （5）应包括采用的尺寸、标高的单位、采用的标准图集等相关说明
6	其他	
消防（单独成册或与其他专业合并）		
1	设计说明	（1）明确设计范围、设计依据、设计执行的标准、规范； （2）说明消防器材选型和安装要求等
2	设备、材料表	应开列出详细的名称、规格、型号、材质、单位、数量等
3	消防器材布置图	注明消防器材安放位置、规格、数量等
4	其他	
暖通		
1	设计说明	（1）设计范围、设计内容、设计依据、设计规范； （2）锅炉房、外网应分别概述系统设计，供热设备设置情况，并列出技术参数、热工控制及检测要求等；技术参数包括各类供热负荷及设计容量、运行介质参数等； （3）通风系应说明设备配置以及系统形式，通风量或换气次数等；设置防排烟的区域及其方式，防排烟系统及其设施配置、风量确定、控制方式； （4）设备安装：施工安装要求及注意事项；设备安装应与土建施工配合并核对设备基础与到货设备尺寸； （5）管道安装：管道、烟风管道的管材及附件的选用，管道的连接方式，管道的安装坡度及坡向，管道的滑动支吊架间距表，管道的补偿器和建筑物入口装置等，管道施工应与土建配合，预留埋件、预留孔洞、预留套管等要求； （6）系统工作压力和冲洗、吹扫和试压要求； （7）设备、管道的防腐、保温，保护、涂色要求； （8）采用的标准图集、施工及验收依据

序号	图纸名称	主要内容要求
		暖通
2	设备、材料表	列出详细的名称、规格、型号、材质、单位、数量等
3	热力系统管道仪表流程图或系统原理图	(1) 应绘制主要工艺和辅助工艺的工艺设备、构筑物、工艺管线及阀门；所有的旁路管线、溢流管、排污管、取样口； (2) 应有相关控制内容，并标出所有测控点（压力、液位、温度、流量等）； (3) 应标明图例符号、管径及设备、测量仪表安装位号编号等
4	设备平、立面图	(1) 应绘制锅炉房、辅助间的平、立面图，注明建筑轴线编号、尺寸、标高和房间名称；并绘出设备布置图，注明设备定位尺寸及设备编号； (2) 通风、防排烟风道标注风道尺寸（圆形风道标注管径、矩形风道标注宽×高）、风道定位尺寸，标高，各种设备以及消声器、调节阀、防火阀、风口等部件的安装定位尺寸和规格型号、编号
5	管道安装图	(1) 绘制管道、风道、烟道等管道布置平、立面图，应注明阀门、补偿器，固定支架的安装位置及各种测量仪表位置，注明各种管道定位尺寸及安装标高、坡度及坡向，注明设备定位尺寸及设备编号； (2) 当管道系统不太复杂时，管道布置图可与设备平面布置图可在同一张图上绘制
6	其他	

4.2 工程主要材料、管道附件及设备质量管理

4.2.1 甲供材生产的质量管理

（1）钢管开始生产前，制造厂应向购方提供钢管制造工艺规程，并且该规程应经监造单位审核及购方批准。首批生产的钢管应经购方代表或驻厂监督人员在场，由制管厂按有关要求进行检验，合格后方可正式生产。

（2）聚乙烯防腐层在首次供货或使用新品牌/材料时，购方应要求防腐层涂敷厂（厂方）提供能证明所采用的方法能够满足要求（涂敷工艺规程）。监造单位应通过首批检验评定制造厂的制造工艺，在钢管防腐涂敷生产期间，对原材料及生产试验的频次和数量应符合订货合同的要求，而所有按规定的测试结果和记录必须由监造单位审核。钢管在进行防腐预制前应进行外观检查，其表面应无裂纹、气孔、折叠、重皮等缺陷，无超过标准的锈蚀坑或凹陷。

（3）管件在首次供货或使用新钢级时，购方应要求制造厂提供能证明所采用的制造方法能够满足要求。监造单位应通过首批检验评定制造厂的制造工艺。监

造单位在管件生产期间的检验项目与频次应不低于相关规范要求。评定制造工艺时，应进行订货合同规定的试验，这些试验应在开始生产时进行，并由监造人员在现场见证，确认符合要求后才全面投入生产。

（4）阴极保护材料的产品合格证书上应注明：供方名称、产品名称、牌号、规格、批号、重量或支数、化学分析报告、技术监督部门的印记、执行的标准号、制造日期及出厂时间。袋装阳极应保证填包料完全包裹在阳极周围，盛装填包料和阳极的各个容器应完好。袋装阳极或预包装阳极导线与阳极应连接牢固，且导线无损伤。

（5）阀门及其他附件交付时，应检查供货商提供的相关证明。开箱检查外观是否完好，并核对铭牌信息是否与订单信息一致。所有阀门需要现场进行强度试验和整体严密性试验。阀门、绝缘法兰或绝缘接头安装前，应进行水压试验，并检查绝缘电阻。

4.2.2　施工现场材料质量管理

工程所用的材料、管道附件的材质、规格和型号必须符合设计要求，其质量应符合国家现行有关标准的规定。应具有出厂合格证、质量证明书以及材质证明书或使用说明书。材料、管道附件、设备进场应通知监理单位到场验收，施工单位应及时做好验收记录。管材进场后，建设单位应按质量监督部门要求，委托具有国家级资质的第三方检验机构对管材质量进行抽检，经检验合格该批次管材方可投入使用。

防腐管道验收，出厂检验合格证应齐全，每根防腐管标识应完整，合格证须与实物吻合。应核对管道到场数量（根数）、规格、等级，并要求与随车货单和出厂检验合格证相符。防腐管外涂层应无损伤，距管口 $150\pm5mm$ 的外表面不防腐，端部防腐层粘结牢固、无翘曲。端部无防腐层的内外管口表面应无裂纹、结巴、折叠和划痕等损伤，每根管两端预开斜坡口，管端应有齐全的管口保护圈，壁厚偏差符合要求。验收合格的防腐管应按指定位置及有关要求堆放；验收不合格的管子应另行堆放，并报监理和业主核实、处理。

4.3　现场施工质量管理

4.3.1　现场施工质量控制分析与应对措施

工程现场施工质量管控应对质量控制项的严重性、紧迫性、趋势进行分析，确定薄弱质量控制项，并采取相应措施（表 4-9～表 4-11）。

高压、次高压管道工程质量控制环节及应对措施　　　表 4-9

序号	工程质量控制薄弱环节	应对措施
1	图纸会审	(1) 图纸会审，形成记录； (2) 监督跟进图纸会审时发现问题的落实情况
2	现场材料存放	(1) 使用遮阳布有效遮盖； (2) 采用砂袋或其他不易造成管材外表面划伤的支架进行支撑，支撑高度符合指引要求，避免泡水； (3) 管端进行有效封堵，如 PE 管帽、钢管帽等
3	检验工具	(1) 审核施工方案工具配置表，确保满足工程施工质量控制需求； (2) 现场实物核对，确保检验工具齐全、完好，在有效期内
4	测量放线	(1) 核查测量放线记录，比对施工图纸，确保按设计要求进行测量放线； (2) 核查交接桩记录，现场复核标志桩、转角桩、里程桩等复核设计要求
5	管沟开挖	(1) 检查施工单位管沟开挖记录，自检记录等； (2) 现场复测有怀疑部位的沟宽、沟底深度及放坡情况，因现场条件限制达不到设计要求的应有相应的保护措施
6	布管	(1) 沟边留出布管位置，用砂袋或支撑滑轮做好支撑； (2) 采用机械吊运方式布管，防止拖拽划伤管材外表面
7	除锈	(1) 检查施工单位施工方案（防腐专项技术方案），了解除锈方式 (2) 现场检查除锈质量。因现场条件限制，不具备喷砂除锈的，采用手动工具除锈，加强质量监督及检测
8	管道焊接	(1) 有风时，焊接部位搭设防风棚； (2) 管端进行有效遮挡，防止管道形成穿堂风； (3) 有预热要求时，现场测量预热温度，确保预热温度达到焊接工艺要求，多点位测量，确保预热温度的均匀性
9	管道沟槽的回填	(1) 检查回填记录； (2) 现场检查，分层回填压实情况； (3) 见证取样，检查密实度试验报告
10	管道防腐	(1) 检查防腐层粘结力测试记录，现场监督； (2) 现场监督检查防腐层完整性
11	阀门安装	(1) 制备试验工装，检查压力试验记录； (2) 复核设计要求，对有要求做基础的阀门，检查阀门基础施工记录及现场检验
12	定向钻施工	(1) 检查定向钻导向记录及轨迹图，确保出入土角度，曲率半径及拖拉力等符合施工方案要求； (2) 现场检查出土端钢管牺牲带是否破损，是否损伤防腐层； (3) 核对导向轨迹图与竣工图、断面图，确保管位准确
13	阴极保护	(1) 现场核查阳极包的埋设位置； (2) 现场监督阳极连接线焊接点防腐 (3) 检查阴极保护检测项目及检测方法是否符合要求
14	管道干燥	(1) 检查干燥方案； (2) 现场检查干燥结果，测量含水量

续表

序号	工程质量控制薄弱环节	应对措施
15	工程测量	（1）配备 GPS 或全站仪以及相应有资质人员或者委托第三方进行测量； （2）核查测量结果，比对工程竣工图纸
16	竣工资料的准确性和及时性	及时审查工程、确认施工过程检查合格记录，交工技术文件等。确保竣工资料的收集整理工作与工程建设过程同步，保证资料的准确性

中低压及庭院管道工程质量控制薄弱环节及应对措施　　　　表 4-10

序号	工程质量控制薄弱环节	应对措施
1	图纸会审	（1）图纸会审，形成记录； （2）监督跟进会审发现问题的落实情况
2	现场材料存放	（1）使用遮阳布有效遮盖； （2）采用砂袋或其他不易造成管材外表面划伤的支架进行支撑，支撑高度符合指引要求，避免泡水； （3）管端进行有效封堵，如 PE 管帽、钢管帽等
3	检验工具	（1）审核施工方案工具配置表，确保满足工程施工质量控制需求； （2）现场实物核对，确保检验工具齐全、完好，在有效期内
4	测量放线	（1）核查测量放线记录，比对施工图纸，确保按设计要求进行测量放线； （2）核查交接桩记录，现场复核标志桩、转角桩、里程桩等复核设计要求
5	管沟开挖	（1）检查施工单位管沟开挖记录，自检记录等； （2）现场复测有怀疑部位的沟宽、沟底深度及放坡情况，因现场条件限制达不到设计要求的应有相应的保护措施
6	布管	（1）沟边留出布管位置，用砂袋或支撑滑轮做好支撑； （2）采用机械吊运方式布管，防止拖拽划伤管材外表面
7	PE 管电熔连接	（1）焊接设备备案； （2）检查固定夹具配置情况，确保固定夹具规格齐全； （3）现场检查固定夹具的使用情况，现场条件不具备使用夹具的，应填写未使用夹具原因说明，并采取相应的固定措施，经监理及项目主管审批
8	PE 管热熔连接	（1）焊接设备备案； （2）现场检查热熔接口卷边切除情况
9	除锈	（1）检查施工单位施工方案（防腐专项技术方案），了解除锈方式 （2）现场检查除锈质量。因现场条件限制，不具备喷砂除锈的，采用手动工具除锈，加强质量监督及检测
10	管道防腐	（1）检查防腐层粘结力测试记录，现场监督； （2）现场监督检查防腐层完整性
11	定向钻施工	（1）检查定向钻导向记录及轨迹图，确保出入土角度、曲率半径及拖拉力等符合施工方案要求； （2）现场检查出土端钢管牺牲带是否破损，是否损伤防腐层； （3）核对导向轨迹图与竣工图、断面图，确保管位准确

序号	工程质量控制薄弱环节	应对措施
12	管道沟槽的回填	(1) 检查回填记录; (2) 现场检查,分层回填压实情况; (3) 见证取样,检查密实度试验报告
13	阀门安装	(1) 制备试验工装,检查压力试验记录; (2) 复核设计要求,对有要求做基础的阀门,检查阀门基础施工记录及现场检验
14	PE管道附属设施	(1) 检查附属设施施工记录,现场复核; (2) 检查示踪线导通性测试记录,现场复核
15	阴极保护	(1) 现场核查阳极包的埋设位置; (2) 现场监督阳极连接线焊接点防腐; (3) 检查阴极保护检测项目及检测方法是否符合要求
16	工程测量	(1) 配备GPS或全站仪以及相应有资质人员或者委托第三方进行测量; (2) 核查测量结果,比对工程竣工图纸
17	竣工资料的准确性和及时性等	及时审查工程、确认施工过程检查合格记录,交工技术文件等。确保竣工资料的收集整理工作与工程建设过程同步,保证资料的准确性

厂站工程质量控制薄弱环节及应对措施 表 4-11

序号	工程质量控制薄弱环节	应对措施
1	材料的复检	(1) 材料进场验收:与监理单位、施工单位一起进行材料进场验收; (2) 材料取样送检:在监理旁站时进行取样,送检验单位进行检验
2	土方填方	(1) 施工时,严格按照设计要求控制回填的层高,层面标高在允许偏差为$-50 \sim 0$mm 内; (2) 对压实的回填土,现场环刀法取样检测压实系数,压实系数依据设计要求;设计无要求时不应少于 0.96
3	设备基础的预留孔和预埋地脚螺栓	(1) 基础浇筑前,核查预留孔模板的中心线位置,测量深度和模板垂直度;采取措施对模板进行固定; (2) 基础浇筑过程中,采取旁站并进行预留孔模板位置的复测; (3) 基础浇筑前,核查预埋地脚螺栓的标高、中心距;采取措施对预埋地脚螺栓进行固定。浇筑过程中,采取旁站
4	混凝土浇筑	施工过程中,核查混凝土浇筑后的振捣情况
5	基础养护	(1) 混凝土浇筑完成后,按照混凝土养护要求对基础进行养护; (2) 核查混凝土养护记录; (3) 对混凝土养护的过程采取抽查,检查养护是否符合养护方案要求
6	阀门试压	(1) 加强阀门压力试验的旁站,记录需真实有效; (2) 阀门安装前,核查阀门试压记录,确认安装的阀门完成压力试验
7	法兰连接时,紧固件(螺栓)安装	(1) 法兰连接应与管道同心,并应保证螺栓可自由穿入,法兰螺栓孔应跨中安装; (2) 法兰密封面应相互平行,不得用强紧螺栓的方法消除歪斜; (3) 法兰连接应按设计要求使用统一规格的螺栓,安装方向应一致;法兰螺栓拧紧后应露出螺母以外 2~3 螺距,且不得低于螺母,露出螺距应一致

续表

序号	工程质量控制薄弱环节	应对措施
8	不锈钢管道焊接时氩气保护	(1) 对含铬量大于或等于3%或合金元素总含量大于5%的焊件，氩弧焊打底焊接时，焊缝内侧应充氩气或其他保护气体，或采取其他防止内侧焊缝金属被氧化的措施； (2) 不锈钢管道进行焊接时，对焊缝两端及焊缝进行密封，对管道内充氩； (3) 对不锈钢管道焊接进行平行检验，要求施工过程保持相关照片
9	管道及管道支架除锈、防腐	(1) 现场检查除锈质量。因现场条件限制，不具备喷砂除锈的，采用手动工具除锈，加强质量监督及检测； (2) 加强防腐层厚度的抽查检测
10	管道支架安装	(1) 核查支架的材料是否符合设计要求； (2) 不锈钢管道的支架安装时，检查管道与支架是否进行隔离； (3) 固定支架应按设计文件的规定安装，并应在补偿装置预拉伸或预压缩之前固定； (4) 核查固定支架的标识
11	管道吹扫、干燥	(1) 核查管道吹扫方案和干燥方案是否进行审批； (2) 管道采用空气吹扫时，应在排出口设白色油漆靶检查，以 5min 内靶上无铁锈及其他杂物颗粒为合格； (3) 对管道吹扫实行旁站监督； (4) 检查管道吹扫、干燥记录
12	设备防雷接地	(1) 设备的防雷接地连接应符合设计要求，在设备底部应装设断接卡子； (2) 接地体（线）的连接应采用焊接，焊接必须牢固无虚焊。接至电气设备上的接地线，应用镀锌螺栓连接
13	防静电接地	(1) 检查站内工艺设备、管道、电缆接线箱、仪表安装杆、金属跨桥、操作平台及橇装底座等设备应接地保护； (2) 检查工艺设备及管道连接法兰螺栓小于或等于4个时，应用铜片做静电跨接，保持整个工艺系统有效接地
14	现场防爆区域内仪表的防浪涌	(1) 核查设计图纸对防爆区域内仪表的防浪涌装置的要求； (2) 检查现场防爆区域内仪表的防浪涌装置的安装情况
15	埋地消防管道的防腐（钢管）和焊接	(1) 对管道焊接后进行外观检验，符合设计要求； (2) 检查管道的防腐：卷材与管材间应粘贴牢固，无空鼓、滑移、接口不严

4.3.2　城镇燃气工程施工质量图册

城镇燃气工程施工质量图册见图 4-1～图 4-83。

图 4-1　检测工具、检测要求

（图片说明：检测工具齐全，维护保养良好）

图 4-2　驻厂监造

（图片说明：委派驻场监造，把住材料出厂质量）

图 4-3　交桩、移桩

（图片说明：GPS 放出控制点并桩识，

以准确定位管道）

图 4-4　测量放线

（图片说明：测量管位并放线定位）

图 4-5　作业带清理

（图片说明：清理作业带，

提供良好的作业环境）

图 4-6　设备材料、来料检验

（图片说明：把住材料进场关）

图 4-7　材料运输及装卸

（图片说明：使用非金属绳索或者扁平吊带，
不能使用弯钩及铁链启卸聚乙烯管道）

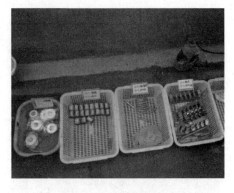

图 4-8　材料存放保护

（图片说明：使用专用容器收纳管件，
并分类标识）

图 4-9　材料存放保护

（图片说明：材料需支撑且应
防晒防雨，做好围挡）

图 4-10　土方工程、沟槽开挖

（图片说明：基底清理，放坡安全，
堆土距离沟边满足要求）

图 4-11　沟槽回填

（图片说明：回填土满足指引要求，
分层夯实，铺设保护板）

图 4-12　钢管敷设、布管

（图片说明：堆管场地平坦，
无石块、积水）

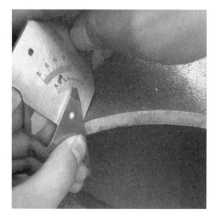

图 4-13　坡口加工

（图片说明：坡口尺寸检测合格）

图 4-14　钢管组对

（图片说明：焊接使用对口器，
对口间隙及错边量检测合格）

图 4-15　管道焊接

（图片说明：管道焊接前预热）

图 4-16　焊缝检验

（图片说明：焊接质量外观检查，余高符合规范）

图 4-17　管道丝接

（图片说明：螺纹应光滑、端正，无斜丝、
断丝，螺纹连接同心，螺纹接头应使用
密封材料，并切除外露乙烯带）

图 4-18　防腐及补口补伤

（图片说明：防腐层粘结力测试应合格）

图 4-19　阀门、绝缘（法兰）安装

（图片说明：美观，标识清楚）

图 4-20　支架安装

（图片说明：管道横平竖直，支架稳固耐用）

图 4-21　套管安装

（图片说明：套管与燃气管道之间
间隙有填充物，套管口有密封）

图 4-22　静电接地及防雷

（图片说明：接地电阻及接
地线数量符合规范）

图 4-23　电熔连接（一）

（图片说明：网格线均匀、美观，使用旋转刮刀）

图 4-24　电熔连接（二）

（图片说明：旋转刮刀刮削氧化皮，氧化皮刮削干净）

图 4-25 电熔连接（三）

（图片说明：刮削过的管端
采用塑料膜包覆，避免污染）

图 4-26 电熔连接（四）

（图片说明：画定位线，使用固定夹具，
并使用扫描仪扫描条形码）

图 4-27 电熔连接（五）

（图片说明：焊口编号信息完整）

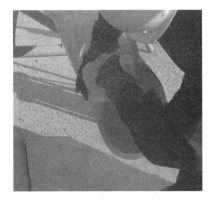

图 4-28 热熔连接（一）

（图片说明：铣削前，管端清洁）

图 4-29 热熔连接（二）

［图片说明：管端铣削及碎屑清理
（注意避免污染铣削过的端面）］

图 4-30 热熔连接（三）

（图片说明：铣削厚度测量，
避免对口间隙超标）

图 4-31　热熔连接（四）

（图片说明：铣削后，夹具合拢，
错边量测量）

图 4-32　热熔连接（五）

（图片说明：加热板温度测量，
符合焊接工艺要求）

图 4-33　热熔连接（六）

（图片说明：放入加热板，管端加热）

图 4-34　热熔连接（七）

（图片说明：外卷边宽度测量）

图 4-35　热熔连接（八）

（图片说明：外卷边切除检查）

图 4-36　热熔连接（九）

（图片说明：外卷边切除检查）

图 4-37 热熔连接（十）

（图片说明：外卷边切除检查）

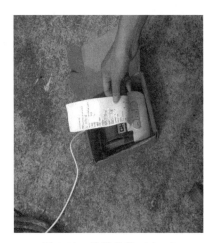

图 4-38 热熔连接（十一）

（图片说明：焊接记录现场打印）

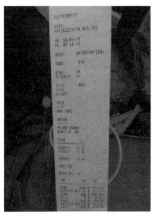

图 4-39 热熔连接（十二）

（图片说明：焊接打印记录现场检查）

图 4-40 阀门安装（一）

（图片说明：阀门严密性试验）

图 4-41 阀门安装（二）

［图片说明：阀门吊装（使用扁平吊带，
避免破坏防腐层）］

图 4-42 阀门安装（三）

（图片说明：阀门焊接）

图 4-43　阀门安装（四）

（图片说明：高压阀室内部）

图 4-44　阀门安装（五）

（图片说明：中压阀门焊接）

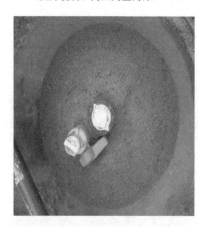

图 4-45　阀门安装（六）

（图片说明：阀门井内壁
抹水泥，井内填沙）

图 4-46　保护板敷设（一）

（图片说明：保护板敷设前，回填土整平；
敷设位置距离管高度符合指引要求）

图 4-47　保护板敷设（二）

（图片说明：保护板采用塑料螺栓搭接，
保证保护板的连续性敷设）

图 4-48　示踪线敷设（一）

（图片说明：敷设在管顶正上方，
且每隔 2～3m 进行固定）

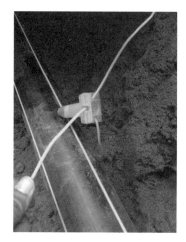

图 4-49 示踪线敷设（二）
图片说明：采用专用的防水接头进行搭接，
避免示踪线 接头锈蚀，保证导通性能）

图 4-50 示踪线敷设（三）
（图片说明：设置示踪线测试盒，
便于示踪线导通性能测试）

图 4-51 钢塑转换安装（一）
（图片说明：钢管端防腐处理，
并在出土位置设置套管）

图 4-52 钢塑转换安装（二）
（图片说明：套管内采用麻丝填充）

图 4-53 钢塑转换安装（三）
（图片说明：套管口采用沥青封堵，
避免雨水进入腐蚀管道）

图 4-54 顶管施工（一）
（图片说明：分层开挖）

图 4-55　顶管施工（二）
（图片说明：工作井设置及安全围护）

图 4-56　顶管施工（三）
（图片说明：导轨安装）

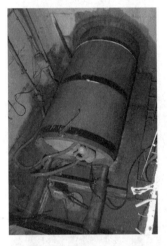

图 4-57　顶管施工（四）
（图片说明：套管顶进）

图 4-58　顶管施工（五）
（图片说明：燃气主管道穿管）

图 4-59　定向钻施工（一）
（图片说明：工作坑开挖尺寸符合设计要求）

图 4-60　定向钻施工（二）
（图片说明：管道回拖前压力试验）

图 4-61　定向钻施工（三）
（图片说明：管道回拖前防腐层电火花检测）

图 4-62　定向钻施工（四）
［图片说明：管道回拖（吊管的方法，
避免管道防腐层划伤）］

图 4-63　阴极保护（一）

（图片说明：阳极包埋设）

图 4-64　阴极保护（二）
（图片说明：测试井设置，采用非金属材
质防止生锈，接线柱为不锈钢材质并在连接
处密封，铭牌标识牌完整、清晰）

图 4-65　阴极保护（三）
（图片说明：阴级保测试桩接线标示清晰）

图 4-66　阴极保护（四）
（图片说明：阴极保护控制柜配置）

图 4-67　管道标志（一）

（图片说明：市政道路复合材质标志桩）

图 4-68　管道标志（二）

（图片说明：地面标示贴）

图 4-69　管道标志（三）

[图片说明：山地段、绿化带设置
标志桩（复合材质）]

图 4-70　管道标志（四）

（图片说明：过河道、铁路、
公路隧道应设警示牌）

图 4-71　清管吹扫（一）

（图片说明：采用海绵珠清管）

图 4-72　清管吹扫（二）

（图片说明：采用清管器清管）

图 4-73 压力试验（一）

［图片说明：安装温度表和压力表（数字式
电子压力记录仪，形成 24h 压力变化曲线）］

图 4-74 压力试验（二）

（图片说明：压力表盘直径
及精度等级符合要求）

图 4-75 竣工测量（一）

（图片说明：采用 GPS 现场测量）

图 4-76 竣工测量（二）

（图片说明：采用 GPS 现场测量）

图 4-77 竣工测量（三）

（图片说明：竣工资料分类归档）

图 4-78 调压设备安装（一）

（图片说明：调压柜基础施工）

(a)

(b)

图 4-79 调压设备安装（二）
[图片说明：调压
柜防护栏设置（玻璃钢）]

图 4-80 调压设备安装（三）
（图片说明：安全警示标志设置）

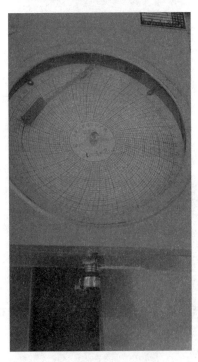

图 4-82 安全文明施工（一）
（图片说明：施工现场放置"五牌一图"）

图 4-81 调压设备安装（四）
（图片说明：配备指盘式压力记录仪，
实时记录压力变化）

图 4-83 安全文明施工（二）
（图片说明：管沟设置支撑围护）

4.3.3 厂站建设工程图册

厂站建设工程图册见图 4-84～图 4-122。

图 4-84　来料检验
（图片说明：现场到货的材料，
质检人员对管道的尺寸进行检测）

图 4-85　材料装卸
（图片说明：将绳子固定在设备的吊耳上，
用吊车进行卸货，有安全管理人员现场监督）

图 4-86　材料运输
（图片说明：设备在运输时，
采用特制木箱防护）

图 4-87　材料保护（一）
（图片说明：成撬设备的主要设备、仪表采
取保护措施，防止在安装过程中损坏）

图 4-88　材料保护（二）
（图片说明：钢管堆放符合要求，采用防雨
布遮挡，防止管道在日晒雨淋中锈蚀）

图 4-89　设备吊装
（图片说明：调压箱在吊装时，用木条防止
吊绳损伤柜体，操作人员佩戴安全帽）

图 4-90　设备的找正调平

（图片说明：设备在找正调平后，
垫铁之间进行焊接）

图 4-91　设备基础灌浆

（图片说明：施工现场竖立标志牌，
张贴砂浆配比）

图 4-92　管道加工

（图片说明：带颈对焊法兰坡口加工，加工完
成后，应该使用坡口检验尺进行检测）

图 4-93　管道组对

（图片说明：管道组对点焊后，
采用辅助工具进行调整）

图 4-94　管道焊接检验

（图片说明：焊接完成后，用 X 射线
进行检测，焊缝标有检测的编号）

图 4-95　法兰连接

（图片说明：螺栓露出长度符合规范，
并加设螺母橡胶帽，防止螺栓锈蚀）

图 4-96 阀门安装

（图片说明：安全阀已校验、垂直安装、
设有旁路、集中放散）

图 4-97 管道附件安装（一）

（图片说明：管道支架防腐；卡环、支架与
管道接触部分，均采取防腐绝缘处理）

图 4-98 管道附件安装（二）

（图片说明：（1）场站管道支撑为螺杆支撑，
螺杆外漏部分已做必要防锈措施；
（2）支撑与管道接触处采用弧形
接触面，受力更均匀）

图 4-99 除锈防腐（一）

（图片说明：喷砂除锈用的石英砂）

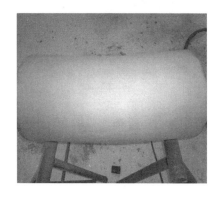

图 4-100 除锈防腐（二）

（图片说明：管件经喷砂除锈后金属光泽）

图 4-101 管道标识（一）

（图片说明：管道天然气进站
压力由高压用紫色色环标识）

图 4-102　管道标识（二）

（图片说明：黄色管道介质流向
采用黑色箭头，箭头尺寸应符合要求）

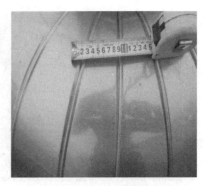

图 4-103　管道保温层

（图片说明：管道弯头处保
温层搭接符合要求）

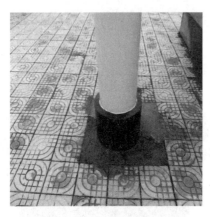

图 4-104　套管

（图片说明：套管规格符合要求，套管与
燃气管道之间间隙有填充物，套管口有密封）

图 4-105　成套设备安装（一）

（图片说明：控制设备柜体找正、水平、有
序排列，离墙壁留有足够距离，符合规范要求）

图 4-106　成套设备安装（二）

（图片说明：控制设备柜体找正、水平、
有序排列，离墙壁留有足够距离，
符合规范要求）

图 4-107　电气软管

（图片说明：采用防爆电气软管连接，
两端为金属防爆接口，中间为防爆软管，
按顺序敷设，外形整齐美观）

图 4-108　汽化器避雷带（一）
（图片说明：避雷带有效防护汽化器，
整洁美观）

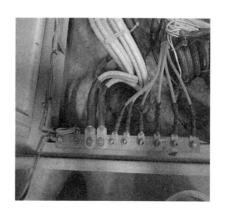

图 4-109　汽化器避雷带（二）
（图片说明：电力电缆用铜鼻子接地，
牢固可靠、美观）

图 4-110　仪表管安装
（图片说明：仪表取压管安装规范，美观）

图 4-111　控制柜布线
（图片说明：控制柜布线，美观整洁、
线缆编号，方便维护维修）

图 4-112　屏蔽层接地
（图片说明：控制柜侧电缆屏蔽层接地，
整洁美观）

图 4-113　信号浪涌保护器接地
（图片说明：信号浪涌保护器通过
独立接地线接地）

图 4-114 消防管道安装
（图片说明：管道安装要横平竖直，表面防腐、
仪表安装符合要求）

图 4-115 消防设施安装（一）
（图片说明：消防沙池：
有竖排、铁锹，符合要求）

图 4-116 消防设施安装（二）
（图片说明：灭火器的检修卡）

图 4-117 设备基础施工
（图片说明：基础承台在浇筑后，及时振捣）

图 4-118 设备基础养护
（图片说明：设备基础浇筑完成后，
进行养护和防护，图中主要是防晒）

图 4-119 设备基础表面处理
（图片说明：消防沙池：有竖排、
铁锹，符合要求）

图 4-120 防液堤（一）
（图片说明：防液堤的配筋，
中间夹放保冷材料）

图 4-121 防液堤（二）
（图片说明：防液堤外表面粉刷）

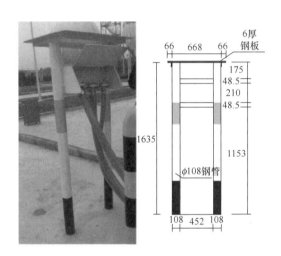

图 4-122 卸车软管挂架
（图片说明：卸车点处设置卸车软管挂架，使现场整洁，
避免卸车软管直接放在地上受到污染）

4.4 工程完整性数据采集管理

为确保工程建设数据录入的及时性和准确率，提高工程建设管理信息化水平，工程应实施完整性数据采集。

建设期数据采集，包括管道材质、设备设施生产厂家、产品批次、压力等级等信息；施工建设数据是指在管道及场站建设过程中产生的数据，包括管道埋深位置、焊口位置性能等，管道建设施工单位应该通过资料查阅、现场测量、检测等方法，按完整性管理数据采集的要求进行建设期数据采集。

完整性管理的数据，应建立中央数据库，用来统一存储与管理完整性管理需要的所有数据，以满足评价与维修的需要。各管道建设和运行管理单位，应根据完整性数据管理采集数据内容和要求，通过查询、测量、检测、监测等手段，进行数据的采集；按照数据库建设要求统一录入数据库，日常管理数据应实现当日更新，及时录入数据库。不具备当日录入数据库条件的数据，应保存纸质记录或电子版记录。

数据的采集填报方式一般为RTK＋全站仪＋PC填报。施工现场涉及的相关信息应采尽采。数据采集须在管道覆土前完成，包括并不限于管道节点坐标、管段拓扑路由、焊口无损检测、套管信息等。数据采集时，需伴随拍照，对于重点部位（如：出地点、碰口点）必须进行拍照，其他部位根据工程及数据采集日期进行拍照。拍摄内容应包含管件、管道、周边环境。管道坐标按照2000国家大地坐标系（简称"CGCS2000"）采集，其中经纬度单位为度，坐标精度为保留小数点后8位。高程参照黄海高程系要求，管道高程采集方式须为管顶高程。高压、次高压管道焊口编号格式为：工程码－施工单位及机组－桩号±小桩号±流水号-焊口形式。

高压、次高压焊口信息不可缺少焊口前后管件信息、无损拍片结果、防腐补口信息，除穿越施工（定向钻、顶管）、跨越施工外，焊口须采集坐标测量结果。相关主要事项如下：

焊口两侧管道的平面夹角应大于或等于90°。

高压、次高压焊口距离应小于或等于钢管的长度。

高压、次高压焊口坐标位置不应重叠。

中低压相邻管道的平面夹角应大于或等于90°。

中低压标志桩的坐标与节点的坐标不应完全重叠。

中低压异径管（大小头）两侧连接的管道管径不应大小一致。

中低压钢塑转换件两侧连接的管道材质应为不同种类。

中低压定向钻工程中，采用陀螺仪测量的管道轨迹点，其轨迹点前后间距不应小于0.5m。

4.5　工　程　验　收　管　理

4.5.1　竣工验收基本条件

工程完工后，建设单位应组织工程竣工验收，竣工验收应具备以下基本条件：

（1）施工单位按设计内容、设计要求、施工规范等要求施工完毕；对工程质量自检合格，并提出《工程竣工报告》；

（2）主要设备、配套设施单体调试合格；厂站类项目的生产用设备，应按合同规定完成负荷调试，设备调试合格；

（3）工程资料齐全；竣工资料按燃气工程竣工资料相关要求及当地城建档案馆要求编制归档；

（4）有施工单位签署的工程质量保修书；

（5）监理单位对施工单位的工程质量自检结果予以确认并提出《工程质量评估报告》；

（6）根据国家有关规定，建设工程的消防、压力容器及压力管道、防雷等专项审查验收办理完成。

建设单位收到工程竣工报告后，对符合竣工验收要求的工程，组织勘察、设计、施工、监理等单位和其他有关方面的专家组成验收组，制定验收方案。建设单位应当根据当地行政主管部门要求在工程竣工验收 7 个工作日前将验收的时间、地点及验收组名单通知负责监督该工程的工程监督机构，申请竣工验收，并做好相关工作。

4.5.2　竣工验收流程

（1）工程施工单位汇报工程施工情况，并附工程自检报告；

（2）监理单位汇报监理工作情况，并附工程质量评估报告；

（3）验收组成员审查竣工资料、专项验收文件，系统试运营记录和专项检测报告；

（4）验收组成员到项目现场检查工程质量；

（5）验收组成员对竣工资料和项目现场发现的问题向施工单位和监理单位提出质询；

（6）验收组成员汇总验收情况，形成验收意见；

（7）验收组以会议形式宣布验收意见，并对项目的验收情况进行总结；

（8）经验收确认为合格工程的，验收组可以在宣布验收意见的同时，出具验收报告。验收报告应由验收组全体成员签名，并由验收组组长签字后生效；

（9）验收组在竣工验收过程中，发现工程质量存在较大问题时，应在验收意见中明确列出，施工单位应在验收结束之日起限期整改完毕并提交书面整改报告。

4.5.3　竣工验收依据

（1）上级主管部门对项目工程批准的各项文件；

（2）项目的可行性研究报告；

（3）建设工程的招标投标文件；

（4）初步设计文件及设计文件的批复文件；

（5）施工图设计文件及设计变更洽谈记录；

（6）国家颁布的各项标准和现行的设计、施工质量验收规范；

（7）工程承包合同文件；

（8）技术设备说明书；

（9）关于工程竣工验收的其他规定。

4.5.4　特殊情况下的竣工验收要求

（1）工程部分单项已经完工并具备使用功能，近期不能按照原设计规模续建的，应从实际情况出发，可缩小规模，报公司批准后，对已经完成的工程和设备，尽快组织竣工验收。

（2）工程项目基本符合竣工验收标准，只是零星土建工程和少数非主要设备未按设计规定的内容全部建成，但不影响正常使用，亦应办理竣工验收手续。对剩余工程，应按设计留足投资，限期完成。

（3）工程全部完工，因特殊原因导致项目无法投产的，亦应办理内部竣工验收。

建设单位应当自工程竣工验收且经工程质量监督机构监督检查符合规定后15 个工作日内办理工程竣工验收备案，工程未经竣工验收或竣工验收不合格的，严禁交付使用。

4.6　工程文件资料管理

燃气工程项目工程资料是指项目从立项、审批、勘察、设计、招标、建设、竣工验收、竣工决算到投产运行全过程中形成的，应归档保存的文件资料以及其他载体的声像资料。竣工资料的归档可参考现行国家标准《建设工程文件归档规范》GB/T 50328 的要求，主要包括以下六项内容：

（1）政府审批、内部审批及其他相关文件；

（2）勘察及设计文件；

（3）项目工程管理及交工技术文件；

（4）投产准备及生产考核文件；

（5）竣工决算文件；

（6）资质证件等相关文件。

工程文件资料的形成和积累应纳入工程建设的各个环节和有关人员的职责范围，应指定专（兼）职人员负责工程档案的收集及归档管理，并建立工程档案管理台账，方便对工程档案的查阅和管理。对列入城建档案管理机构接收范围的工程，工程竣工验收后3个月内，应向当地城建档案管理机构移交一套符合规定的工程档案。工程资料管理人员应经过工程文件归档整理的专业培训，某市档案馆资料清单见表4-12。

某市档案馆资料清单   表 4-12

序号	归档文件	是否具备	备注
一	项目前期文件		
（一）	立项文件		
（二）	建设用地文件及场地基础性资料		
（三）	招标投标及合同文件		
（四）	设计审查及开工报批文件		
（五）	工程财务文件		
二	监理工作文件		
（一）	施工安全、质量、进度、造价的管理控制文件		
（二）	监理例行工作文件		
三	施工管理及质量保证文件		
（一）	组织机构和技术准备、现场准备文件		
1	项目经理任命通知书		
2	项目经理部人员设置通知书		
3	项目经理部人员变更通知书		
4	项目经理部人员资质文件		
5	项目施工机构印章使用授权书		
6	设计图纸会审记录		
7	建筑设备安装工程施工图设计文件会审记录		
8	电梯安装工程相关的"土建"设计文件（含"土建"布置图等）会审记录		
9	工程基线复核表		
10	单位工程坐标定位测量记录		
11	施工现场质量管理检查记录		
12	建筑设备安装工程施工现场质量管理体系检查记录		
13	施工组织设计（方案）报审表		
14	单位工程施工组织设计（施工方案）		
15	分包专业施工方案		
16	建筑设备安装工程方案报审表		
17	建筑设备安装工程方案		
（二）	工程变更、联系洽商与现场签证文件		
1	工程变更指令		

续表

序号	归档文件	是否具备	备注
2	工程变更单		
3	电梯安装工程设计变更记录		
4	设计单位下发的设计变更文件及附图		
5	设计变更通知单汇总表		
6	设计文件变更洽商记录		
7	建筑设备安装工程施工图设计文件变更洽商记录		
8	工程签证单		
(三)	工程重要节点控制与验收文件		
1	工程开工报审表		
2	单位工程开工申请报告		
3	建筑设备安装分部（子分部、系统、分项）工程开工报审表		
4	工程开工令		
5	工程中间验收交接记录		
6	工程中间交接验收记录		
7	白蚁防（整）治实施记录		
8	施工样板验收记录（纪要）		
9	工程初步验收记录（纪要）		
10	工程初步验收存在问题的整改报告		
11	工程竣工报验单		
12	工程竣工验收条件自查记录		
13	工程竣工验收申请		
14	单位（子单位）工程质量控制资料核查记录		
15	建筑结构与装饰装修工程安全和功能检验资料核查及主要功能抽查记录		
16	单位（子单位）工程观感质量检查评定记录		
17	单位（子单位）工程质量竣工验收记录		
(四)	施工管理例行文件		
1	工程总结		
2	施工日志		
(五)	工程材料、试验器具管理文件		
1	工程检查测试计量仪表（仪器、器具）配备表		
2	工程检查测试计量仪表（仪器、器具）定期标定文件		
3	工程设备及主要材料（配件）订货质量控制审查表		
4	工程材料、构配件、设备报审表（含数量清单、供货单位提交的各型各类出厂质量合格证明文件、进场后复试报告）		
5	工程设备进场（开箱）检查验收记录		
6	工程材料（配件）进场（开箱）检查验收记录		

序号	归档文件	是否具备	备注
7	管段（管件、部件）涂镀加工质量证明文件		
8	原材料、构配件、成品、设备进场报验和使用报审汇总文件		
（1）	钢材（钢筋、钢管）产品质量核查记录表		
（2）	原材料合格证、试验报告汇总表		
（3）	质量证明文件汇总表		
（4）	工程设备及主要材料（配件）产品质量证明文件汇总表		
（5）	工程设备及主要材料（配件）进场检查验收记录汇总表		
（6）	工程设备及主要材料（配件）进场复检抽检报告汇总表		
（六）	工程质量第三方试验、检验、检测文件		
1	钢筋（钢材、钢管、螺栓）连接检验报告汇总表		
2	标准击实检验报告		
3	密实度试验报告		
4	密实度试验结果汇总表		
5	燃气管道严密性试验报告		
6	燃气管道强度试验报告		
7	户内燃气管道强度严密性试验报告		
8	电梯监督检验报告		
（七）	各分部分项工程工序检查及质量验收文件		
1	基座、埋件交接记录		
2	系统阀门（配件）安装前外观检查/压力试验记录		
3	施工测量放线报验单		
4	埋地管线施工放线测量记录		
5	埋地管线沟槽开挖复检记录		
6	金属/金属复合材料管道连接质量检查记录		
7	塑料管道熔接质量检查记录		
8	非开挖施工管道施工记录		
9	埋地管线（设备、配件）防腐施工质量检查记录		
10	燃气管道（设备、组件、器具）试压记录		
11	管道系统安装质量检查记录		
12	室内燃气管道（器具、装置）安装质量检查记录		
13	管线警示标识装置施工记录		
14	隐蔽工程验收记录		
15	设备基础（机架）复检记录		
16	设备安装检查（测量）记录		
17	接地装置（含连通或引下线）接头连接记录		

续表

序号	归档文件	是否具备	备注
18	电气/防雷/其他装置接地电阻测试记录		
19	电气/防雷/其他装置接地阻抗/导通直流电阻测试记录		
20	管道系统气体吹扫记录		
21	设备（组件、器具、部件、单元、装置）单体调试记录		
22	系统检测（调试）记录		
23	系统运行试验（试运行）记录		
24	埋地管线竣工测量记录及图表		
25	工程报验申请表		
26	工程验收/检测报审表		
27	建筑工程中间质量验收申请表		
28	可燃气体泄漏报警系统检验批工程质量验收记录		
29	子系统（设备部件、单元）局部质量验收记录		
30	分项（子系统）工程质量验收记录		
31	子分部（系统）工程质量验收记录		
32	系统（成套设备）工程质量验收记录		
33	燃气系统工程质量（技术）管理资料核查记录		
34	燃气系统工程观感质量检查评定记录		
35	燃气系统工程主要使用功能和安全性能第三方实体检测资料核查/实体质量抽查记录		
36	燃气系统工程质量控制资料核查记录		
37	分部工程质量验收记录		
四	竣工验收文件		
1	住宅工程质量分户验收方案		
2	住宅工程分户验收观感质量检查验收表		
3	住宅工程质量分户验收现场实测记录表		
4	住宅工程质量分户验收汇总表		
5	工程竣工验收申请表		
6	房屋建筑工程质量评估报告		
7	建筑节能工程质量评估报告（监理）		
8	房屋建筑工程勘察文件质量检查报告		
9	房屋建筑工程设计文件质量检查报告		
10	建筑节能工程质量检查报告（设计）		
11	建设行政管理部门及建设工程质量监督机构在工程竣工验收阶段下发的监督检查意见书		
12	工程竣工验收整改意见		

续表

序号	归档文件	是否具备	备注
13	工程竣工验收整改意见处理报告		
14	建筑工程竣工验收报告		
15	燃气工程竣工验收报告		
16	消防工程验收意见书		
17	电梯、扶梯等特种设备验收结果通知单		
18	防雷装置验收意见书		
19	规划验收合格证		
20	环保验收合格证		
21	有关行政职能部门对建设项目的人防、节能、水土保持、排水设施、路口开设、交通设施、交通监控、档案、卫生防疫等行政管理内容的专项验收文件		
22	规划行政测绘机构出具的房屋建筑面积测绘报告		
23	规划行政测绘机构出具的建设工程竣工测量报告		
24	建设项目环境保护竣工验收监测报告［民用建筑室内环境质量、噪声、废水、废气、工业固（液）体废物、电磁辐射及振动等］		
25	公共服务基础设施专业公司检查认可文件（水务、供电、燃气、网络、通信等）		
26	竣工移交证书		
27	建设项目接管单位的接收意见及接收认可文件		
28	交付使用的建设项目实体（固定资产）清单与明细		
29	房屋建筑工程质量保修书		
30	住宅质量保证书		
31	住宅使用说明书		
32	建设工程质量监督报告		
33	建设工程施工安全评价书		
34	深圳市房屋建筑工程项目竣工验收备案回执		
35	竣工结算及决算文件		
36	竣工结算及决算文件的审查（审计）报告		
37	建设项目竣工总结（含项目概况、命名及更名情况、工程发包及专业分包情况、合同履约情况、工程资料归档和移交进馆情况等）		
五	竣工图		
1	建设项目综合及各专业竣工图		
六	声像文件		

4.7 工 程 移 交

工程竣工验收后，应及时向燃气运行部门移交管道及其设施、工程竣工资料。无正当理由，管道燃气运行单位不得拒绝或者拖延接收。场站中间交接文字材料目录见表4-13、场地埋地管线移交资料清单见表4-14。

场站中间交接文字材料目录   表 4-13

序号	文件材料内容	复印件	原件扫描	注
1	立项申报批复文件			
2	建设工程施工许可证			
3	建设工程规划许可证			
4	建设用地规划许可证			
5	建设局审图意见（包括方案、初步设计施工图）及回复意见			
6	图纸会审及技术交底会议纪要			
7	设计变更通知单及材料代用文件			
8	开工报告			
9	防雷装置验收意见（气象局）			
	防雷装置设计和准许意见书（图纸）			
	防雷设计技术审查报告			
	新建防雷装置检测报告			
10	技术监督局特种设备检验报告（压力容器和压力管道）及登记使用证			
11	消防局设计审核意见书（含消防布置图）			
	消防验收意见书			
12	环保验收环境影响报告书的批复			
13	安全评价报告			
14	监理单位验收意见			
15	竣工验收报告			
16	用水、用电、电话托收手续			
17	安防系统资料（内含地方安全技术防范系统验收表）			
18	CAD竣工图（整套）			
19	站内埋地管资料			
20	合同（含设备技术附件）			
21	设备清单			
22	工艺安全分析			
23	安全附件、泄漏报警检测证书			

场站埋地管线移交资料清单 表 4-14

		资料目录	纸质	扫描件	备注
审批及验收文件	1	建设工程规划许可证		✓	
	2	建设工程施工许可证		✓	
	3	审图意见		✓	
	4	初验手续		✓	
	5	核验手续		✓	
竣工资料	6	开工报告		✓	
	7	图纸会审及技术交底会议纪要		✓	
	8	检测桩安装记录		✓	
	9	标志桩安装记录		✓	
	10	手孔井施工测试记录		✓	
	11	绝缘接头信息记录		✓	
	12	焊口测量成果记录		✓	
	13	防腐层电火花检测记录		✓	
	14	防腐层漏点检测记录与报告		✓	
	15	防腐层修补记录		✓	
	16	地质勘探资料		✓	
	17	阴极保护测试记录		✓	
	18	埋地管线竣工测量报告与记录（含焊口、节点等测量成果表）		✓	
	18-1	测量成果表坐标导入 GIS（联系调度中心）导入完成 18 项，调度盖已导入 GIS 章		✓	
	19	管道竣工图纸（纸质图纸及光盘）		✓	
	20	燃气工程初检存在问题处理结果		✓	
其他	21	管线联头作业记录		✓	
	22	管线封堵作业记录		✓	
	23	材料及管道附件合格证书及检测报告		✓	
	24	竣工资料移交档案馆及集团公司档案室的回执		✓	
	25	施工单位出具工程质量保修书		✓	
	26	场站管线工程移交书（含埋地管线）		✓	
	27	阀门试压记录表		✓	
	28	地方政府燃气管道验收意见		✓	

第5章 进 度 管 理

进度管理是指在工程建设从项目立项到置换通气全流程过程中，项目管理者围绕目标工期编制进度计划、实施进度计划、控制进度实施的全过程管理，在过程中对进度影响因素实施控制和关系协调，确保项目的实际工期控制在目标工期内，在确保成本、质量达到目标的同时，努力缩短建设工期。

项目进度管理分为进度计划编制和进度计划实施两部分。进度计划编制指在确定总体进度目标和各阶段控制子目标的前提下，编制各级进度计划的过程。进度计划实施指在项目建设全过程中，在进度计划的时间要求下，按照各节点工作内容、工作路线开展工作，对各节点关键注意事项进行控制，并将实际进度与计划进度进行比较，当出现偏差时及时采取调整措施直到项目完成的过程。

现阶段燃气工程项目建设进度管理中主要问题包括：

（1）对进度计划制定重视不够，计划缺乏科学性。

进度计划制定前，缺乏对已建项目工期的调研与分析，重视程度不够，计划制定一般偏于乐观，不够切合实际，导致实施过程中多次调整工期。

（2）对各节点事项之间逻辑关系认识不足，导致由于某一节点的停滞，影响后续工作的开展。

项目各节点之间存在逻辑顺序关系和制约关系，一项工作的能否开展取决于前置节点工作是否已完成。项目实施过程中，常常由于对各节点事项逻辑联系和制约认识不清，导致后续工作停滞不前，造成工期延长。如勘察报告是进行施工图设计的前置条件，作业带的协调、赔偿完毕是线路工程进场施工的前置条件等。

（3）对进度计划的实施不够重视，缺乏对关键节点工期的管控。

很多项目前期制定了科学而周密的进度计划，但在实施过程中，对进度计划的实施和管控不够重视，同时，缺乏科学的手段管控工期，且未突出对关键节点的进度管控，导致工程未能按原计划实施，工期一延再延。

（4）对沟通协调的重要性认识不足，沟通协调不够、不及时、不顺畅。

燃气工程涉及勘察设计、施工、监理等单位以及不同的政府部门，因此，沟通协调至关重要，沟通协调不够、不及时、不顺畅，就会造成工作脱节，影响工程进度，应通过沟通协调及时解决工程实施过程中遇到的问题。

因此，要有效地控制建设工程进度，就须对影响进度的有利因素和不利因素进行全面、细致的分析和预测，编制科学可行的进度计划。这样，一方面可以促进对有利因素的充分利用和对不利因素的妥善预防；另一方面也便于事先制定预防措施，事中采取有效对策，事后进行妥善补救，以缩小实际进度与计划进度的偏差，实现对建设工程进度的主动控制和动态控制。

5.1 项目进度计划编制

项目进度计划是项目进度管理的重点，具体是指根据项目实施的具体目标，在项目工作活动分解结构以及各活动历时时间的基础上，运用一定的方法和工具，制定出项目活动的最终开始时间和完成时间，最终建立一个进度计划图的过程。

编制项目进度计划的目的就是编制出项目各活动的最合理实施时间，为控制时间和节约时间，即为进度实施控制做准备。在项目实施之前编制好项目进度计划对项目管理来说，是一件十分重要而且必要的工作。进度计划制定应遵循以下原则：

（1）目标明确性原则

明确最终具备投产条件的目标日期，即确保总工期，为实现程序和工序间的配合，需确定关键控制节点，还应进行各级计划的编制。

（2）协调一致性原则

根据关键控制点编制各级项目施工进度计划，重视由粗至细的完善过程，使下级计划逐级保证上级计划的实现；施工进度应与施工总体布置相适应，各阶段的施工部位、施工方法、施工强度应与施工场地布置统一考虑；在计划编制时遵循施工顺序的逻辑关系，以保证计划的协调性；工程竣工后不留尾工。

（3）经济合理性原则

编制项目施工进度计划时，应充分分析项目施工进度要求与费用控制的关系，避免造成过分追求进度而使投资大量增加的现象，在保证质量的前提下，尽量使施工进度计划达到最优和经济合理。

5.1.1 项目进度计划编制的程序

项目进度计划制定程序和步骤如下：

（1）收集信息。信息资料是编制项目进度计划的依据，包括项目背景、项目实施条件及限制、项目实施单位以及人员数量和技术水平等。要求收集到的信息资料必须真实可靠。

（2）项目结构分解。项目结构的分解原则是按照各专业质量验评的项目划分进行分解，分解时要考虑各工序之间的逻辑关系。

（3）项目活动时间估算。估计活动的持续时间时，应考虑工作人员情况、设备情况和使用统一标准的时间单位，并进一步考虑安全要求、合理的资源需求、人员的能力因素以及环境因素等对项目工期的影响。应将负责执行工作的人或单位作为主要的信息来源，并根据已经公布的信息或已建类似项目工期对采用的数据进行核查。

（4）各项活动之间的逻辑关系分析。

找出各个项目活动之间相互依存关系是编制项目进度计划非常重要的一个环节。各个子工程内部可以自行建立它们之间的逻辑关系，各个子工程必须找出有制约关系和需要协调的项目。

定义逻辑关系主要采用关键节点法。以关键节点作为时间进度和顺序关系的决定性因素，制订相应的时间计划。

（5）编制项目进度计划。

在确定了各项活动之间的逻辑关系和各项活动需要的工期之后，应按照工程的要求编制项目进度计划。

（6）进度计划优化

项目进度计划就是根据项目实施具体的日程安排，规划整个工作项目的工作进展，其目的就是控制时间、节约时间，而项目严格的时间要求决定了进度计划在项目管理中的重要性，因此，对进度计划的优化就是通过不断调整计划的初始方案，在满足各种约束条件的同时按照某个衡量指标来制定最优的计划方案。项目进度计划的优化一般可以通过以下几种方式来实现。

1）在不增加资源的前提下压缩工期。在进行工期优化时，首先应在保持系统原有资源的基础上对工期进行压缩，如果还不能满足要求，再考虑向系统增加资源。在不增加系统资源的前提下压缩工期有两条途径：一是不改变网络计划中各项工作的持续时间，通过改变某些活动间的逻辑关系达到压缩总工期的目的；二是改变系统内部资源配置，削减某些非关键活动的资源，将削减下来的资源调到关键工作中去以缩短关键工作的持续时间，从而达到缩短总工期的目的。

2）平衡资源供应，压缩关键活动工期。从关键路线的定义可以看出，关键路线的长度就是项目的工期，所以要压缩项目工期就必须缩短关键活动时间，将初始网络计划的计算工期与指令工期相比较，求出需要缩短的工期，通过压缩关键路线的方法进行多次测试计算直至符合指令工期的要求为止。

5.1.2　进度计划的常用表示方法

建设工程进度计划常用的表示方法有横道图和网络图两种表示方法。

1. 横道图

横道图也称甘特图，是美国人甘特（Gantt）在 20 世纪初提出的一种进度计划表示方法。由于其形象、直观，且易于编制和理解，因而长期以来广泛应用于建设工程进度控制之中。用横道图表示的建设工程进度计划，一般包括两个基本部分，即左侧的工作名称及工作的持续时间等基本数据部分和右侧的横道线部分。

横道图法的优点在于能够清晰表明整体工作按照时间分解为各项阶段性的工作，缺点在于不能清晰表明各项工作之间的逻辑关系，不能明确表明各项工作之间的必要的前置条件。

利用横道图表示工程进度计划，存在下列缺点：

（1）不能明确地反映出各项工作之间错综复杂的相互关系，因而在计划执行过程中，当某些工作的进度由于某种原因提前或拖延时，不便于分析其对其他紧后工作及总工期的影响程度，不利于建设工程进度的动态控制。

（2）不能明确地反映出影响工期的关键工作和关键线路，也就无法反映出整个工程项目的关键所在，因而不便于进度控制人员抓住主要矛盾。

鉴于城镇燃气企业厂站和高压管道工程规模一般不是很大，关键节点少，逻辑关系简单，且横道图绘制简单，城镇燃气项目常使用横道图表示进度计划。

厂站类及管道类工程横道图进度计划表（示例）见表5-1、表5-2。

2. 网络图

网络计划技术自20世纪50年代末诞生以来，已得到迅速发展和广泛应用，其种类也越来越多。但总的说来，网络计划可分为确定型和非确定型两类。如果网络计划中各项工作及其持续时间和各工作之间的相互关系都是确定的，就是确定型网络计划，否则属于非确定型网络计划。在一般情况下，建设工程进度控制主要应用确定型网络计划。对于确定型网络计划来说，主要有双代号网络图、单代号网络、时标网络图等。

网络计划图具有以下主要优点：

（1）网络计划能够明确表达各项工作之间的逻辑关系

所谓逻辑关系，是指各项工作之间的先后顺序关系。网络计划能够明确地表达各项工作之间的逻辑关系，对于分析各项工作之间的相互影响及处理它们之间的协作关系具有非常重要的意义，同时也是网络计划相对于横道图计划最明显的特征之一。

（2）通过网络计划时间参数的计算，可以找出关键线路和关键工作

在关键线路法（CPM）中，关键线路是指在网络计划中从起点节点开始，沿箭线方向通过一系列箭线与节点，最后到达终点节点为止所形成的通路是所有工作持续时间总和最大的线路。关键线路上各项工作持续时间总和即为网络计划的工期，关键线路上的工作就是关键工作，关键工作的进度将直接影响到网络计划的工期。通过时间参数的计算，能够明确网络计划中的关键线路和关键工作，也就明确了工程进度控制中的工作重点，这对提高建设工程进度控制的效果具有非常重要的意义。

厂站类工程横道图进度计划表（示例）

表 5-1

阶段	主要节点或事项	开始时间	结束时间	持续时间	工期										
					第2周	第4周	第6周	第8周	第10周	……	第48周	第50周	第52周	第54周	第56周
报建报批阶段	建设用地选址意见书（用地规划许可证）和用地预审意见书	第1周初	第2周末	2周											
	项目立项核准（备案）	第2周末	第4周末	2周											
	建设用地规划许可证	第4周末	第6周末	2周											
	土地使用权（出让或划拨）	第6周末	第8周末	2周											
	环评	第4周末	第6周末	2周											
	安全预评价	第4周末	第6周末	2周											
	节能登记	第4周末	第6周末	2周											
	建设工程规划许可证	第12周末	第14周末	2周											
	消防、防雷等施工图审查或备案	第20周末	第22周末	2周											
设计阶段	测绘、勘察、设计、监理单位招标	第8周末	第10周末	2周											
	勘察、测绘成果	第10周末	第12周末	2周											
	设备采购技术规格书	第12周末	第14周末	2周											
	施工图设计与图纸会审	第16周末	第20周末	4周											
	主要设备招标与采购	第14周末	第24周末	10周											
施工准备阶段	施工图预算及招标控制价编制	第20周末	第22周末	2周											
	施工招标文件编制与审核	第22周末	第24周末	2周											
	施工工程招标	第24周末	第28周末	4周											

续表

阶段	主要节点或事项	开始时间	结束时间	持续时间	第2周	第4周	第6周	第8周	第10周	……	第48周	第50周	第52周	第54周	第56周
施工准备阶段	工艺管材管件、电仪设备、给水排水、消防设备招标与采购	第20周末	第24周末	4周											
	无损单位招标	第20周末	第22周末	2周											
	施工许可证和质量监督手续办理	第28周末	第30周末	2周											
	三通一平和临时设施	第30周末	第32周末	2周											
施工阶段	工艺设备基础施工	第32周末	第34周末	2周											
	辅助用房等建筑施工	第32周末	第40周末	8周											
	设备及工艺管道安装	第34周末	第38周末	4周											
	电气仪表安装	第40周末	第42周末	2周											
	消防系统安装	第40周末	第42周末	2周											
	给水排水系统安装	第40周末	第42周末	2周											
	场地硬化、围墙施工	第42周末	第44周末	2周											
	绿化施工	第44周末	第46周末	2周											
竣工验收阶段	竣工资料汇总及整理	第46周末	第48周末	2周							▌				
	工程竣工预验收	第48周末	第50周末	2周								▌			
	消防、防雷、安全、环保、特监、质监等验收	第50周末	第52周末	2周									▌		
	工程试运行	第52周末	第54周末	2周										▌	
	竣工验收	第54周末	第56周末	2周											▌

管道类工程横道图进度计划表（示例）　　　　表 5-2

阶段	主要节点或事项	开始时间	结束时间	持续时间	工期										
					第2周	第4周	第6周	第8周	第10周	……	第44周	第46周	第48周	第50周	第52周
报建报批阶段	项目立项核准（备案）	第1周初	第2周末	2周											
	规划选址意见书（建设工程规划许可证）	第2周末	第4周末	2周											
	环评	第4周末	第6周末	2周											
	安全预评价	第4周末	第6周末	2周											
	节能登记	第4周末	第6周末	2周											
	施工图审查或备案	第12周末	第14周末	2周											
设计阶段	测绘、勘察、设计、监理单位招标	第4周末	第6周末	2周											
	勘察、测绘成果	第6周末	第8周末	2周											
	施工图设计与会审	第8周末	第12周末	4周											
	管材、管件采购技术规格书	第12周末	第14周末	2周											
施工准备阶段	施工图预算及招标控制价编制与审核	第12周末	第14周末	2周											
	施工工程招标	第14周末	第18周末	4周											
	管材、管件招标与采购	第14周末	第22周末	8周											

阶段	主要节点或事项	开始时间	结束时间	持续时间	工期 第2周	第4周	第6周	第8周	第10周	……	第44周	第46周	第48周	第50周	第52周
施工准备阶段	监理、无损检测单位招标	第12周末	第14周末	2周											
	施工许可证和质量监督手续办理	第20周末	第22周末	2周											
	作业带协调赔偿	第12周末	第22周末	6周											
施工阶段	放线与扫线	第24周末	第30周末	6周											
	布管与焊接	第26周末	第36周末	10周											
	开挖与回填	第28周末	第40周末	12周											
	试压、清扫、干燥	第40周末	第42周末	2周											
	重大穿越跨段手续办理与施工	第18周末	第40周末	12周											
竣工验收阶段	竣工资料汇总及整理	第42周末	第44周末	2周											
	工程竣工预验收	第44周末	第46周末	2周											
	安全、环保、特监、质监等验收	第46周末	第48周末	2周											
	工程试运行	第48周末	第50周末	2周											
	竣工验收	第50周末	第52周末	2周											

（3）通过网络计划时间参数的计算，可以明确各项工作的机动时间

所谓工作的机动时间，是指在执行进度计划时除完成任务所必需的时间外尚剩余的、可供利用的富余时间，亦称"时差"。在一般情况下，除关键工作外，其他各项工作（非关键工作）均有富余时间。这种富余时间可视为一种"潜力"，既可以用来支援关键工作，也可以用来优化网络计划，降低单位时间资源需求量。

5.2　进 度 计 划 实 施

5.2.1　进度计划的监测与分析

在工程项目的实施过程中，由于外部环境和条件的变化，进度计划的编制者很难事先对项目在实施过程中可能出现的问题进行全面的估计。气候的变化、不可预见事件的发生以及其他条件的变化均会对工程进度计划的实施产生影响，从而造成实际进度偏离计划进度，如果实际进度与计划进度的偏差得不到及时纠正，势必影响进度总目标的实现。为此，在进度计划的执行过程中，必须采取有效的监测手段对进度计划的实施过程进行监控，以便及时发现问题，并运用行之有效的进度调整方法来解决问题。

1. 进度计划执行中的跟踪检查

对进度计划的执行情况进行跟踪检查是计划执行信息的主要来源，是进度分析和调整的依据，也是进度控制的关键步骤。跟踪检查的主要工作是定期收集反映工程实际进度的有关数据，收集的数据应当全面、真实、可靠，不完整或不正确的进度数据将导致判断不准确或决策失误。为了全面、准确地掌握进度计划的执行情况，应认真做好以下三方面的工作：

（1）定期收集进度报表资料

进度报表是反映工程实际进度的主要方式之一，进度计划执行单位应按照进度规定的时间和报表内容，定期填写进度报表。通过收集进度报表资料掌握工程实际进展情况。

（2）现场实地检查工程进展情况

常驻现场，随时检查进度计划的实际执行情况，这样可以加强进度监测工作，掌握工程实际进度的第一手资料，使获取的数据更加及时、准确。

（3）定期召开现场会议

定期召开现场会议，通过与进度计划执行单位的有关人员面对面的交谈，既可以了解工程实际进度状况，同时也可以协调有关方面的进度关系。

2. 进度计划分析

在建设工程实施进度监测过程中，一旦发现实际进度偏离计划进度，即出现进度偏差时，必须认真分析产生偏差的原因及其对后续工作和总工期的影响，必要时采取合理、有效地进度计划调整措施，确保进度总目标的实现。

（1）分析进度偏差产生的原因

通过实际进度与计划进度的比较，发现进度偏差时，为了采取有效措施调整进度计划，必须深入现场进行调查，分析产生进度偏差的原因。

（2）分析进度偏差对后续工作和总工期的影响

当查明进度偏差产生的原因之后，要分析进度偏差对后续工作和总工期的影响程度，以确定是否应采取措施调整进度计划。

（3）确定后续工作和总工期的限制条件

当出现的进度偏差影响到后续工作或总工期而需要采取进度调整措施时，应当首先确定可调整进度的范围，主要指关键节点、后续工作的限制条件以及总工期允许变化的范围。这些限制条件往往与合同条件有关，需要认真分析后确定。

（4）采取措施调整进度计划

采取进度调整措施，应以后续工作和总工期的限制条件为依据，确保要求的进度目标得到实现。

3. 进度比较方法

为了进行实际进度与计划进度的比较，必须对收集到的实际进度数据进行加工处理，形成与计划进度具有可比性的数据。例如，对检查时段实际完成工作量的进度数据进行整理、统计和分析，确定本期累计完成的工作量、本期已完成的工作量占计划总工作量的百分比等。

将实际进度数据与计划进度数据进行比较，可以确定建设工程实际执行状况与计划目标之间的差距。实际进度与计划进度的比较是建设工程进度监测分析的主要环节。常用的进度比较方法有横道图、S曲线、前锋线比较法。

（1）横道图比较法

横道图比较法是指将项目实施过程中检查实际进度收集到的数据，经加工整理后直接用横道线平行绘于原计划的横道线处，进行实际进度与计划进度的比较方法。采用横道图比较法，可以形象、直观地反映实际进度与计划进度的比较情况。

（2）S曲线比较法

S曲线比较法是以横坐标表示时间，纵坐标表示累计完成任务量，绘制一条按计划时间累计完成任务量的S曲线。然后将工程项目实施过程中各检查时间实际累计完成任务量的S曲线也绘制在同一坐标系中，进行实际进度与计划进度比较的一种方法。从整个工程项目实际进展全过程看，单位时间投入的资源量一般是开始和结束时较少，中间阶段较多。与其相对应，单位时间完成的任务量也呈同样的变化规律，而随工程进展累计完成的任务量则应呈S形变化。由于其形似英文字母"S"，因此而得名。

与横道图比较法一样，S曲线比较法也是在图上进行工程项目实际进度与计划进度的直观比较。在工程项目实施过程中，按照规定时间将检查收集到的实际累计完成任务量绘制在原计划S曲线图上，即可得到实际进度S曲线，通过比较实际进度S曲线和计划进度S曲线，就可得到工程偏差。

（3）前锋线比较法

前锋线比较法是通过绘制某检查时刻工程实际进度前锋线，进行工程实际进度与计划进度比较的方法，它主要适用于时标网络计划。所谓前锋线，是指在原时标网络计划上，从检查时刻的时标点出发，用点划线依次将各项工作实际进展位置点连接而成的折线。

前锋线比较法就是通过实际进度前锋线与原进度计划中各工作箭线交点的位置来判断工作实际进度与计划进度的偏差，进而判定该偏差对后续工作及总工期影响程度的一种方法。

5.2.2 进度计划的调整和应对措施

1. 进度计划的调整方法

当实际进度偏差影响到后续工作、总工期而需要调整进度计划时，其调整方法主要有两种。

（1）改变某些工作间的逻辑关系

当工程项目实施中产生的进度偏差影响到总工期，且有关工作的逻辑关系允许改变时，可以改变关键线路和超过计划工期的非关键线路上的有关工作之间的逻辑关系，达到缩短工期的目的。例如，将顺序进行的工作改为平行作业、搭接作业以及分段组织流水作业等，都可以有效地缩短工期。

（2）缩短某些工作的持续时间

这种方法不改变工程项目中各项工作之间的逻辑关系，而是通过采取增加资源投入、提高劳动效率等措施来缩短某些工作的持续时间，使工程进度加快，以保证按计划工期完成该工程项目。这些被压缩持续时间的工作是位于关键线路和超过计划工期的非关键线路上的工作。同时，这些工作又是其持续时间可被压缩的工作。

2. 影响进度的因素和应对措施

管道类和厂站类工程进度影响因素和应对措施见表 5-3、表 5-4。

管道类工程进度影响因素和应对措施表　　　　表 5-3

阶段	关键节点	影响进度的风险因素	后续影响	应对措施
报建报批阶段	项目立项核准（备案）	未及时取得立项批复	立项为项目启动的首要条件，必须立项完成后才能进行后续的工作	充分了解立项相关政策，提前准备资料，加强与相关单位沟通
报建报批阶段	规划选址意见书（建设工程规划许可证）	未及时取得规划选址批复； 规划选择不合理	（1）规划选址批复时间长，影响后续施工图设计的开展。 （2）规划选择不合理，可能会增加协调赔偿难度或施工难度，使施工工期增长	（1）充分了解规划相关政策，提前准备资料，加强与相关单位沟通。 （2）提前现场踏勘，多方论证与比选，确定最合理路由走向
设计阶段	勘察、测绘成果	（1）测绘、勘察成果交付不及时。 （2）勘察、测绘成果深度不足	（1）勘察、测绘成果是进行施工图设计的前提资料，无勘察测绘成果，无法进行施工图设计。 （2）成果深度不足需重新花费时间补测、补勘	（1）测绘、勘察成果技术要求由设计单位结合项目实际情况提出技术和深度要求。 （2）测绘、勘察成果出具后，及时提交设计单位审查、确认
设计阶段	管材、管件采购技术规格书	管材采购技术规格书提交不及时	无管材采购技术规格书就无法开展管材招标与采购工作，影响管道到货工期	一旦取得规划选址意见书，立即细化路由走向，确定技术方案，编制管材、管件采购技术规格书
设计阶段	施工图设计与会审	（1）施工图设计图纸交付不及时。 （2）设计质量不高、设计内容、深度不足，各专业之间出现设计矛盾，图纸的"缺、漏、碰、错"现象严重，导致施工过程中沟通联系单、变更单过多，影响工期	无施工图，就无法进行施工。 后续变更较多，容易造成停工等待变更	（1）加强与设计单位沟通，提前准备齐全设计基础资料。 （2）提前与设计单位制定图纸交付计划，及时跟踪设计进度。 （3）组织建设、监理、施工单位进行严格、认真的施工图审查，提前发现图纸问题、解决问题。 （4）优选实力强的设计单位
施工准备阶段	工程招标	（1）招标周期长。 （2）招标范围不全，存在遗漏工程	招标周期长，不能及时确定施工单位，施工无法按时开展； 招标范围不全，存在遗漏工程，需要对遗漏工程重新招标或单位选择，同时由于各专业工程间的逻辑制约关系，会导致停工或遗漏工程开工较晚	（1）熟悉招标流程与政策，施工图纸设计、会审完毕后，及时编制招标文件，进行招标。 （2）严格审查招标范围，不能遗漏工程

续表

阶段	关键节点	影响进度的风险因素	后续影响	应对措施
施工准备阶段	管材、管件招标与采购	管材、管件到货不及时	管材、管件不到货，无法开展布管与焊接工作	（1）熟悉招标流程与政策，技术规格书出具后，及时编制招标文件，进行招标。 （2）与供货单位约定清楚供货周期，并随时跟进进度，必要时，驻厂监造
施工准备阶段	施工许可证和质量监督手续办理	施工手续办理不及时	施工手续不齐全，不能开工	充分了解相关政策，提前准备资料，加强与相关单位沟通
施工阶段	作业带协调赔偿	（1）补偿标准不能及时确定，补偿费用不能及时下拨到产权单位。 （2）沿线赔偿标准不一致。 （3）农忙时节或重大节假日造成协调困难	（1）产权单位未收到赔偿，会阻止扫线进场。 （2）赔偿标准不一致，会导致后期产权单位知道后，发生阻工的可能。 （3）协调周期长，影响作业带扫线	（1）当地赔偿标准，加强与政府沟通，确定赔偿标准，并确保及时下拨给产权单位。 （2）加强与当地政府沟通，及时召开协调会，明确各项赔偿标准。 合理调整工期计划，尽可能避开麦收、秋收、春节等时间
施工阶段	布管与焊接	施工人员资质、资格、经验水平及人数不能满足施工要求	焊接质量不合格，造成返修；人员不足，不能按期完成	（1）在招标阶段，对施工人员资质、资格、经验、业绩等作出要求，施工人员进场前，核对其资质、资格、业绩，并组织焊工考试，检验其水平。 （2）精确统计施工前期的布管和焊接速度，测算现有施工力量和速度能否完成工期目标。若速度不能满足原定工期要求，经测算后，确定增加人员数量
施工阶段	重大穿跨越段手续办理与施工	重大穿跨越段（如穿越大型河流、铁路、高速公路等）手续办理周期长，施工难度大	重大穿跨越段手续办理周期长，施工难度大，若完成滞后，将影响全线的连通和通气	重大穿跨越段手续办理长，施工难度大，应合理制定工期计划，提前办理相关手续和提前启动施工，并作为工期控制的关键事项
竣工验收阶段	竣工资料汇总及整理	竣工资料汇总不及时	影响内部和外部竣工验收，影响投产	要求施工单位边施工，边收集整理竣工资料，要求在施工过程中一旦完成某一阶段（项）工程，即收集、整理相关资料，严禁后补

续表

阶段	关键节点	影响进度的风险因素	后续影响	应对措施
竣工验收阶段	安全、环保、特监、质监等验收	验收不及时	合规性手续办理不及时,影响投产时间	充分了解相关政策,提前准备资料,加强与相关单位沟通,及时报检

厂站类工程进度影响因素和应对措施表 表 5-4

阶段	关键节点	影响进度的风险因素	后续影响	应对措施
报建报批阶段	项目立项核准(备案)	未及时取得立项批复	立项为项目启动的首要条件,必须立项完成后才能进行后续的工作	充分了解立项相关政策,提前准备资料,加强与相关单位沟通
报建报批阶段	土地使用权(出让或划拨)	未及时取得土地使用权	土地是厂站项目的重中之重,没有土地,后续设计和施工工作就无法开展	(1)根据当地规划情况,与当地规划、土地相关部门沟通,进行现场踏勘和调研,提前确定合适地块。 (2)充分了解土地出让(划拨)流程、政策,加强与政府相关部门沟通,准备资料
报建报批阶段	建设工程规划许可证	未及时取得建设工程规划许可证	建设工程规划许可证是对总部布置、总图规划条件和建筑风貌等的批复和确认,不能取得许可,就无法开展施工图设计工作	(1)充分了解规划相关政策,提前准备资料,加强与相关单位沟通。 (2)一旦取得土地使用权,即进行总图、建筑等方案设计,组卷报批
设计阶段	勘察、测绘成果	(1)测绘、勘察成果交付不及时。 (2)勘察、测绘成果深度不足	(1)勘察、测绘成果是进行施工图设计的前提资料,无勘察测绘成果,无法进行施工图设计。 (2)成果深度不足需重新花费时间补测、补勘	(1)测绘、勘察成果技术要求由设计单位结合项目实际情况提出技术和深度要求。 (2)测绘、勘察成果出具后,及时提交设计单位审查、确认
设计阶段	设备采购技术规格书	技术规格书提交不及时	无设备采购技术规格书就无法开展设备招标与采购工作,就无法提供施工设计所需的基础资料,无法开展施工图设计	一旦取得土地使用权,立即确定总图、工艺技术方案,编制设备采购技术规格书

续表

阶段	关键节点	影响进度的风险因素	后续影响	应对措施
设计阶段	施工图设计与会审	(1) 施工图设计图纸交付不及时。 (2) 设计质量不高、设计内容、深度不足，各专业之间出现设计矛盾，图纸的"缺、漏、碰、错"现象严重，导致施工过程中沟通联系单、变更单过多，影响工期	无施工图，就无法进行施工。 后续变更较多，容易造成停工等待变更	(1) 加强与设计单位沟通，提前准备齐全设计基础资料。 (2) 提前与设计单位制定图纸交付计划，及时跟踪设计进度。 (3) 组织建设、监理、施工单位进行严格、认真的施工图审查，提前发现图纸问题、解决问题。 (4) 优选实力强的设计单位
施工准备阶段	主要设备招标与采购	主要设备到货不及时	主要设备不到货，主体安装工程就无法启动，设备相关配管、电议等配套工程就无法启动	(1) 熟悉招标流程与政策，技术规格书出具后，及时编制招标文件，进行招标。 (2) 与供货单位约定清楚供货周期，并随时跟进进度，必要时，驻厂监造
施工准备阶段	施工工程招标	招标周期长；招标范围不全，存在遗漏工程	(1) 招标周期长，不能及时确定施工单位，施工无法按时开展。 (2) 招标范围不全，存在遗漏工程，需要对遗漏工程重新招标或单位选择，同时由于各专业工程间的逻辑制约关系，会导致停工或遗漏工程开工较晚	(1) 熟悉招标流程与政策，施工图纸设计、会审完毕后，及时编制招标文件，进行招标。 (2) 严格审查招标范围，不能遗漏工程
施工准备阶段	工艺管材管件、电仪设备、给水排水、消防设备招标与采购	到货不及时	相关管件和设备不到货，无法开展相关专业施工工作	(1) 熟悉招标流程与政策，施工图设计图纸出具后，及时编制招标文件，进行招标。 (2) 与供货单位约定清楚供货周期，并随时跟进进度
施工准备阶段	施工许可证和质量监督手续办理	施工手续办理不及时	施工手续不齐全，不能开工	充分了解相关政策，提前准备资料，加强与相关单位沟通
施工阶段	工艺设备基础施工	工艺设备基础施工完成不及时	工艺设备基础施工完成不及时，设备就无法就位安装，就无法开展工艺管道安装和配套电仪等施工	

续表

阶段	关键节点	影响进度的风险因素	后续影响	应对措施
施工阶段	工艺设备、管道安装	(1)施工人员资质、资格、经验水平及人数不能满足施工要求。 (2)工艺安装专业与土建、电仪等专业作业面冲突，导致误工或停工	工艺设备、管道安装是安装工程的主专业，其工程量最大，工期最长，是影响施工阶段工期的主要因素。其工期延误，会影响整个工期进度。	(1)在招标阶段，对施工人员资质、资格、经验、业绩等作出要求，施工人员进场前，核对其资质、资格、业绩，并组织焊工考试，检验其水平。 (2)精确统计施工前期的配管和焊接速度，测算现有施工力量和速度能否完成工期目标。若速度不能满足原定工期要求，经测算后，确定增加人员数量。 (3)加强各专业施工班组之间的协调，合理安排工作界面，减少彼此间的影响和冲突，保证各专业班组间顺序合理搭接
竣工验收阶段	竣工资料汇总及整理	竣工资料汇总不及时	影响内部和外部竣工验收，影响投产	要求施工单位边施工，边收集整理竣工资料，要求在施工过程中一旦完成某一阶段(项)工程，即收集、整理相关资料，严禁后补
竣工验收阶段	安全、环保、特监、质监等验收	验收不及时	合规性手续办理不及时，影响投产时间	充分了解相关政策，提前准备资料，加强与相关单位沟通，及时报检

5.3 进度管理实践

为加强进度控制，争取早日投产发挥效益，在燃气项目工程的进度管理实践中，可采用"两表、一灯、一会"的进度控制措施，具体如下。

1. 两表：整体计划表和工作销项表

整体计划表：编制项目整体计划表，列明本项目建设全过程各阶段的工作计划安排，作为项目整体进度的管理基础。

工作销项表：对照整体计划表，编制具体工作销项表，对各项工作落实到人、落实到具体时间，做到事事有人做，事事按计划推进，超计划原因注明清楚。燃气管道工程及厂站工程常用销项表见表5-5、表5-6。

管道类工程工期销项表

表 5-5

阶段	主要节点或事项	开始时间	结束时间	持续时间	负责人	督办人	是否完成	工作成果	完成日期	超计划时间	超计划原因
报建报批阶段	项目立项核准（备案）										
	规划选址意见书（建设工程规划许可证）										
	环评										
	安全预评价										
	节能登记										
	施工图审查或备案										
设计阶段	测绘、勘察、设计、监理单位招标										
	勘察、测绘成果										
	施工图设计与会审										
	管件采购技术规格书										
	施工图预算及招标控制价编制与审核										
施工准备阶段	施工单位招标										
	管材、管件招标与采购										
	监理、无损检测单位招标										
	施工许可证和质量监督手续办理										
施工阶段	作业带协调赔偿										
	放线与焊接										
	布管与焊接										
	开挖与回填										
	试压、清扫、干燥										
	重大穿跨越段手续办理与施工										
竣工验收阶段	竣工资料汇总及整理										
	工程竣工预验收										
	安全、环保、特监、质监等验收										
	工程试运行										
	竣工验收										

表 5-6

厂站类工程工期销项表

阶段	主要节点或事项	开始时间	结束时间	持续时间	负责人	督办人	是否完成	工作成果	完成日期	超计划时间	超计划原因
报建报批阶段	建设用地选址意见书和用地预审意见书										
	项目立项核准（备案）										
	建设用地规划许可证										
	土地使用权（出让或划拨）										
	环评										
	安全预评价										
	节能登记										
	建设工程规划许可证										
	消防、建筑、防雷等施工图审查或备案										
设计阶段	测绘、勘察、设计、监理单位招标										
	勘察、测绘成果										
	设备采购技术规格书										
	施工图设计与会审										
施工准备阶段	主要设备招标与采购										
	施工图预算及招标控制价编制										
	施工招标文件编制与审核										
	施工工程招标										

207

续表

阶段	主要节点或事项	开始时间	结束时间	持续时间	负责人	督办人	是否完成	工作成果	完成日期	超计划时间	超计划原因
施工准备阶段	工艺管材管件、电仪设备、给水排水、消防设备招标与采购										
	无损单位招标										
	施工许可证和质量监督手续办理										
	"三通一平"和临时设施										
施工阶段	工艺设备基础施工										
	辅助用房等建筑施工										
	工艺设备、管道安装										
	电气仪表安装										
	消防系统安装										
	给水排水系统安装										
	场地硬化、围墙施工										
	绿化施工										
竣工验收阶段	竣工资料汇总及整理										
	工程竣工预验收										
	消防、防雷、安全、环保、特监、质监等验收										
	工程试运行										
	竣工验收										

2. 红黄灯预警机制

根据项目整体计划表及动态的工作销项表，结合相关因素，整体判断该项工程进度是否按期推进，并定期公布各项目的推进进度，对进度偏差计划较大的项目，根据情况分别出具黄灯及红灯预警。其中，绿灯代表按计划推进；黄灯代表实际进度稍微晚于计划，给予提醒；红灯代表实际进度严重晚于计划，给予警示。

红黄灯预警表格示例表格见表 5-7。

红黄灯预警表 表 5-7

序号	项目名称	计划开始日期	计划竣工日期	预警				
				第 2 周	第 4 周	第 6 周	……	第 N 周
1	项目 1			●（绿）	●（黄）	●（红）		●（绿）
2	项目 2							
3	项目 3							
……	……							
n	项目 n							

3. 工程进度专项会议

根据项目情况，定期组织、召开工程进度专项会议，根据进度计划表和工作销项表，分析项目实际进度，并对晚于进度计划的项目给予红黄灯预警，对工程推进情况进行动态督导。

第6章 城镇燃气工程成本管理

燃气工程项目成本控制主要以单个燃气项目为管控对象，以项目负责人为中心，对每个燃气工程项目从现场查勘、设计出图、施工图预算、工程交底、工程签证、工程结算各个环节进行全过程成本管控，合理控制工程造价成本，以实现工程建设经济效益的最大化。

（1）工程成本管控有助于提升企业建设效益，燃气企业应在保证工程质量和安全的前提下，对工程施工成本的各种耗费进行科学、规范、准确地核算管理，尽量减少各种成本的消耗，合理控制成本，拓宽利润获取空间。

（2）工程成本管控有助于企业进行成本预测分析与控制

通过对工程成本中产生的各种消耗按照一定的方法进行整理、分类、归集，发现成本管理中的现状与规律，可以为企业工程成本的预测、分析、控制、监管提供参考依据，对企业的经营决策具有一定的导向作用。

（3）工程成本管控有助于提高工程质量水平

燃气工程质量是项目管理的核心之一。通过对工程成本的管理，能够及时发现工程施工过程中存在的问题，加强工程管控成本有助于提高工程质量水平和项目获利水平，从而推动企业实施成本精细化管理。

（4）工程成本管控有助于完善竣工决算审计

通过工程量、材料价格、取费标准、定额套用，现场签证、变更费用及其他费用的资料审核，来对施工单位报送的竣工工程造价复核、修正、审定，对建设工程造价做最后的确认和批准。通过工程审计，一般能核减 10％～18％，对成本管控起到一定的作用。

本章主要从建设单位的角度进行分析，并重点讲述管控的具体操作方法。

全过程成本控制具体措施如下。

6.1 计划立项阶段成本控制

每个建设项目在上报计划立项时必须同时附上投资估算，原则上投资估算必须在方案设计基础上编制，如遇工程紧急立项或年度汇总立项，工程项目未能及时进行方案设计，应给予专项说明，待方案设计（或直接施工图设计）完成后应重新调整。场站工程必须充分考虑现场场坪、基础加固、山坡开挖加固等项目，且预留二次装修费用（含空调、家具等）；如遇新工艺，无法准确进行市场询价，且该部分设备材料价格占比巨大（达总投资30％或以上），应按暂定价计取，并给予专项说明。

计划立项阶段投资估算作为立项投资审核依据，原则上是建设项目封顶投资（如为暂定金额或有暂定价，封顶投资额为调整后的金额）。在工程项目完成施工图纸会审、招标、清标后，应根据清标结果，重新调整计划立项投资，调整后的投资额如超出原投资估算20％的要重新办理立项审批。

6.2 施工图设计阶段成本控制

施工图设计结算的成本控制措施主要是限额设计和推行设计图纸标准化。

1. 设计图纸标准化

高（次高）压管线工程施工图应包括（根据工程需要选项）：管线区域位置图、管线平面布置图、管线纵断面图、管线（在各种路段下的）横断面图、阀室建筑图、阀室结构图、阀室工艺图、阀室电气图（供电、照明、防雷接地、阀门远程控制与发包人现有调度中心信号对接）、特殊穿跨越管线工程图、电化学保护装置图、局部详图、非标设备图、特殊穿跨越工程结构图、管道基础或设备基础图，另外，涉及水土保持措施的设计平面图、剖面图、结构设计或施工大样图，以及本工程涉及的各种施工措施（如顶管工作坑、顶管接收坑、导向钻引管坑、障碍物穿越保护等等）详图，沿线各种市政设施数量的清点。

高（次高、中）压场站工程施工图应包括（根据工程需要选项）：场站区域位置图、总图、竖向布置图、管线综合图、工艺流程图、工艺管道平面布置图、设备平面布置图、设备与管道安装连接详图、非标设备图、单体建筑物的建筑专业与结构专业设计图、设备与管线基础图、给水排水专业设计图、电气照明专业设计图、供暖通风专业设计图、仪表自控专业设计图（监控系统、就地控制系统、远传控制系统及信号与发包人现有调度中心信号对接）、消防系统设计图、防雷系统设计图，并提出自控功能软、硬件基本配置，负责场站及阀室等的控制系统的施工图设计。

基建装饰工程施工图应包括（根据工程需要选项）：基坑支护、总平面图、建筑、结构、幕墙、电气、给水排水、空调、消防、园林、绿化、装饰、智能化、路口、市政给水排水接口、市政接电等平面图、尺寸图、材质图、放线索引图、立面图、剖面图、系统图、大样图、详图。

施工图还应包括主要材料及设备表和技术规格书、主要经济技术指标、工程造价概算书及参考工期。

标准化设计由设计管理部门负责落实，对相关类同的场站、营业点等工程项目进行标准化设计。要求各项目外观色调、装饰线条、建筑材料的选用、内部装饰的格调、使用功能的划分等标准化。

建筑、装饰、水电材料品牌库的建立：由工程部门负责落实，针对基建、装饰、场站等建筑项目，制定统一的材料品牌库，包括涂料、瓷砖、电线、电缆、套管、顶棚、插座开关、灯具、木板、各类水泵龙头等，每种材料选定3个基本档次的品牌，预算部门在招标时把品牌库列入招标文件内作为邀约，要求投标单位必须在品牌库内选定施工材料。

2. 限额设计

在重大工程中试推行限额设计。预算部门根据方案设计编制投资估算，其中建安费部分与设计单位商定作为限额设计的考核指标，完工时根据结算结果（施工图纸部分＋变更部分）对设计单位进行考量奖惩。

变更工程量（按金额计算）的考核：推行工程变更工程量考核。根据结算结果，工程变更工程量调整额度占比施工合同情况进行考量奖惩。

除装饰和零星工程外，全部建设工程要求施工图设计前必须进行勘察测量，有必要时工程建设部门应委派工程师和监理工程师（如有）对勘察测量工作进行现场监督管理，并对完成量进行签认，设计合同结算时按签认量进行结算。

3. 加强施工图纸会审

（1）现场核查会审：由工程部门组织，监理单位、设计单位、设计管理部门、预算部门参与，对重大工程现场实地核查，核对施工图纸与现场是否吻合，施工图纸是否具备施工可行性，特别对管线公路穿越、场站边坡、地基处理等施工方法的操作性核实，形成审核意见，要求设计单位按此修改。

（2）图纸质量会审

重大工程由设计管理部门组织，工程部门、预算部门、监理单位、设计单位、计价中介机构参与，对施工图纸参数、深度等设计质量进行审核，形成审核意见，要求设计单位按此修改；其他工程由建设部门会同监理单位直接与设计单位核对，根据核对结果要求设计单位按此修改。

6.3 招标投标阶段成本控制

招标文件编制完成后，建设单位应组织公司工程部门、设计管理部门、安全技术部门、财务部门等（各部门根据标的需要参加）针对招标文件中的招标范围、评审内容、计价原则、付款条件、质量验收、安全责任等条款进行会审，并形成会议纪要，作为公司招标文件审批附件。

标底编制前施工图纸应进行图纸会审，未经会审的图纸不得作为标底编制的依据，没有进行图纸设计的零星工程，由工程部门组织进行现场核量并出具签认的工程量确认单，预算部门按此编制标底；重大工程或需要特殊施工措施的工程项目，工程部门应组织编制专项施工方案，将有关施工措施详细叙述，预算部门将有关措施费用列入标底内。标底完成编制后，应组织公司工程部门针对标底中的项目特征、项目构成、取费原则、信息价、措施费计算、工程量计算等进行会审，并形成会议纪要，作为公司标底审批附件。

重大工程项目在确定中标单位后，预算部门应组织中标单位结合施工图纸对标底详细核查，提出标底漏项、漏算问题，根据招标文件规定进行调整，并会同工程部门进行会审，并形成会议纪要；一般工程项目的清标工作，由预算部门组织，结果送工程部门知会。由预算部门结合清标结果，对合同价外漏算、漏项、增减项目等根据招标文件计价原则做出补充预算，如补充预算调整幅度在合同价±20%以上，或金额超过100万元时，应签订补充协议，根据主合同付款条款进行修改。

6.4 施工阶段成本控制

在施工阶段成本控制的关键在于设计变更和现场签证的严格把关。所有工程在合同签订后的实施过程中，鼓励优化设计、优化施工方案以提高工程质量、缩短工期、节约工程成本。严禁未经批准擅自变更并施工的行为。

6.4.1 设计变更管理

变更主要是指：（1）项目规划功能调整或其他原因引起设计方案变更、施工方案变更等；（2）重要材料或设备变更、建设内容或规模调整、建设标准变化、施工现场与设计不符、施工环境变化引起的变更等；（3）法律法规、政策等因素引起的其他变更。

在变更的管理方面各单位既要分工明确，又要通力合作。

监理单位负责召集相关各方处理工程设计变更申请，管理变更工程的实施，建立工程设计变更台账，随时供建设单位查阅，并将经批准的变更文件分发至有关单位并存档；协助建设单位审核提交的设计变更预算。

设计单位应参加工程设计变更的审查和特殊情况下工程设计变更处理，提出设计方意见；负责提供工程设计变更的设计文件或服务，并派设计代表参与处理工程设计变更事务。

施工单位是工程设计变更的实施主体，负责填报《工程设计变更申报（审核）表》，提供相关附件（包括费用估算、工期影响计算等），配合变更审批工作并提出工程设计变更实施方案；依据工程设计变更令，实施变更工程；收到工程设计变更后在合同规定时间内提出工程设计变更预算，报送监理单位。

建设单位：对工程设计变更实行管理，对工程成本实行动态管理，项目组负责人是工程设计变更审批的总负责人；专业工程师是工程设计变更审批的第一责任人，在兼顾造价评审的同时，负责对工程设计变更的技术评审、综合评审提出审批意见，负责按规定督促完成工程设计变更审批程序；预算工程师负责对工程设计变更造价评审提出审批意见。项目负责人负责填报《工程设计变更审批表》，按审批权限将工程设计变更申报审批表及有关附件上报部门负责人、公司领导审批。

工程变更审批实行事前控制、事后监督的动态管理；工程设计变更审批应包括技术评审、造价审核、综合审批。技术评审是指对工程设计变更引起的合同工期、质量、进度等要素进行评审，评定工程设计变更是否满足技术上可行、可靠，不降低工程质量标准，满足使用功能要求和安全储备，对竣工后的使用和管理无不良影响；尽可能对工期、施工条件无不良影响并保证工程连续施工。造价审核是指根据合同约定，对工程设计变更所引起的工程量及价格的增减进行审核，评定工程设计变更是否增加工程投资及其经济合理性，评估工程设计变更对合同总价、工程结算价、项目总投资的影响。变更项目的工程量计算规则、合同单价及新增单价计算按原合同规定执行。综合审批是指在技术评审及造价审核的基础上，根据合同约定，综合考虑合同工程目标的各方面因素，对工程设计变更进行审批决策。

工程设计变更在具备工程设计变更联系单、完成公司申报审批程序、监理工程师签发《工程设计变更令》后方为有效。

工程设计变更审批时，首先由建设单位、监理单位、设计单位、承包单位各方现场代表等对工程设计变更进行洽商，由项目负责人督促变更提出方填写"工程设计变更联系单"；根据工程设计变更联系单，设计单位提出工程设计变更设计文件，承包单位负责填报"工程设计变更申报（审核）表"及其附件，报送监理单位；总监理工程师负责组织相关人员对工程设计变更进行技术评审、造价评审和综合评审，形成评审意见，评审意见经总监理工程师签字认可后，报建设单位审批。建设单位项目负责人检查变更资料的完整性，检查工程设计变更联系单、设计变更预算、设计变更文件、现场照片或其他资料齐全后，根据审批权限上报审批，然后由监理单位将经建设单位审批后的"工程设计变更申报（审核）表"发给设计单位，由设计单位发出设计变更文件；设计单位将工程设计变更文件（定稿）送至监理单位签收，并由总监签发《工程设计变更指令》给各有关单位签收；承包单位在收到《工程设计变更令》后，应立即遵照变更指令进行施工，并在限定期限内提出详细工程设计变更预算报送监理单位；监理单位相关人员对工程设计变更预算进行初步审核后报建设单位，建设单位组织审核并按程序审批确认；工程设计变更预算经审批且工程设计变更实施完成后，可根据施工合同支付管理办法进行计量支付工作；经批准后的工程设计变更，建设单位应按合同的有关规定执行。

表 6-1 是工程设计变更联系单，表 6-2 是工程设计变更申报（审核）表，表 6-3是工程设计变更审批表（样本），表 6-4 是工程设计变更指令，表 6-5 是设计变更比选方案（范本），表 6-6 是工程设计变更管理台账。

工程设计变更联系单

表 6-1

编号：施工合同编号

主送		抄送	
工程名称			
工程编号		施工日期	
变更主要原因及内容：			
变更提出方： 施工位置，桩号： 原施工方法： 拟变更为：　　　　施工方法： 变更主要原因：			
承包单位： 年　　月　　日		监理单位： 年　　月　　日	
建设单位： 年　　月　　日		设计单位： 年　　月　　日	

注：各单位联系人签字并加盖公章。

工程设计变更申报（审核）表 **表 6-2**

编号：施工合同编号

工程名称		合同金额	

致： （监理机构）

由于 原因，提出

工程设计变更，变更金额估计 元，工期影响 天，请予批准。

申请单位（章）： 负责人签名及日期：

附件（相关文件及编号）：□设计变更： □签证： □其他：

□变更金额估价 □工程量计算书

监理公司意见（章）：

附件：□变更金额估价 □工程量计算书 □其他：

监理预算工程师审核变更估计金额： 元

（本合同累计变更估算金额 元）

变更分类：☑设计类 □管理类 □施工类 □业主类

监理工程师签名及日期： 监理预算工程师签名及日期：

总监签名及日期：

建设单位意见：

项目负责人签名及日期：

工程设计变更审批表（样本） **表 6-3**

工程名称		合同金额（万元）	
变更编号		本次变更估算金额（万元）	
累计变更估算金额（万元）			
项目负责人意见		预算工程师意见	
建设部门负责人意见		预算部负责人意见	
分管领导意见			
相关领导意见			
公司总经理意见			

注：（1）本表一式五份，建设单位二份，监理、承包单位、设计各一份（可复印）。

（2）本工程设计变更审批表估算金额，最终价格应按照施工合同规定执行。

工程设计变更指令 表 6-4

工程名称		合同编号	
变更提出方	□建设单位　□设计　□监理　□承包单位		

　　致：　　　　　　　　　　　　　　（承包单位）

现决定依据附件对本项目作变更，请予实施。根据合同，对本次变更涉及的费用及工期改变，按如下第__条执行。

　　（1）本次变更，建设单位不对承包单位做任何费用及工期补偿；承包单位若对此持有异议，需在接到本变更指令后 3 日内以书面形式向监理工程师提出；

　　（2）本次变更，建设单位不对承包单位做任何费用补偿；承包单位需在接到本变更指令后 3 日内以书面形式将变更引起的工期及相关计算书报监理工程师审批；

　　（3）本次变更引起的费用及工期变化，将暂依据附件《工程设计变更费用估算表》进行补偿，但具体结算价格按施工合同规定执行，承包单位若对此持有异议，需在接到本变更指令后 3 日内以书面形式向监理工程师提出；

　　（4）对本次变更引起的费用及工期变化，承包单位需在接到本变更指令后 3 日内报监理工程师审批。

专业监理工程师：

总监理工程师：

日　　　　期：　　　年　月　日

附件：□建设单位通知　□设计变更通知　□工程设计变更申报审批表　□工程设计变更估算表

□其他相关文件及编号：

变更说明：

附注：本表一式五份，建设单位二份、监理工程师、承包单位、设计各一份（复印件）。

表 6-5

设计变更比选方案（范本）

天然气高压工程____标段____段管线设计方案比选说明

（1）_____标段当前进展情况：

（2）_____标段目前存在的施工难点：（附现场照片）

（3）该段施工难点的解决方案：为解决此段施工难题，加快施工进度，节省总体投资（工程费用加理赔费用）。我司会同监理单位、设计单位和承包单位曾多次查看现场，同时多次组织专项讨论会，根据现场的实际情况，设计单位____提出____施工方案。（附变更后简图）。

（4）设计方案比选：依据设计院的设计方案，现从安全、投资和进度等方面对原大开挖设计方案和新提出的定向钻设计方案进行综合比较

1）原_____方案：

①

②

③

⋮

⑥ 结论：该方案。

2）_____方案：

①

②

③

④ 结论：

各方案造价汇总对比表

（单位：元）

方案及造价	合同造价	理赔及措施费用	总造价	比原合同造价增减费用	比原总造价增减费用
原设计方案					
新方案		0		增_____	减_____

（5）方案比选结论

_____公司

年　　月　　日

表 6-6

工程设计变更管理台账

项目名称：

填报时间：

序号	申请时间	申请表编号	变更金额估算（元）			审核时间	核准变更预算（元）	类别			
			承包单位申报	监理审核	业主审核			施工类	业主类	管理类	设计类

6.4.2　签证管理

现场签证是指为确保工程顺利实施，在施工合同承包施工过程中发生的除施工图纸、设计变更外所确定的零星工程内容。

监理单位在建设单位授权范围内综合处理工程现场签证事务，按规定督促承包单位及时申报工程现场签证。接纳、审核签证，签署审核意见，报建设单位按权限审批，建立工程现场签证台账，随时供建设单位查阅，并将经审批的签证单分发至有关单位并存档；协助建设单位审核提交的签证预算。承包单位是工程签证的实施主体，负责及时填报"现场签证（申报）表（范本）"（表 6-7）、"现场签证（审核）表（范本）"（表 6-8），并提供相关附件（包括预算单、工期影响计算、变化前后照片及有关涉及的会议纪要、设计变更等），配合监理单位、建设单位审核签证。建设单位对工程现场签证实行审批管理，对工程成本实行动态管理。项目责人是工程现场签证审批的总负责人；专业工程师是工程现场签证审批的第一责任人，对现场工程发生量提出审批意见，负责按规定督促监理单位、承包单位及时完成工程审批程序；预算工程师负责对签证造价提出审批意见。项目负责人负责填报"现场签证审批表（范本）"（表 6-9），按审批权限将审批表及有关附件上报公司审批。

《现场签证（申报）表（范本）》《现场签证（审核）表（范本）》及其附件应包括以下主要内容：

（1）现场签证内容应包括签证的原因或依据、内容及所确认工程量（必要时应提供计算式、示意图和现场签证部位的照片）；签证单的项目名称、内容、工程量、时间地点、发生预算外费用的原因必须清楚准确，不得涂改；

（2）预算估价：签证引起的工程量及合同价款的增减。编制签证预算书，预算书内应清晰列明增加部分和核减部分，并标注说明单价是合同工程量清单单价，还是新增单价；若是合同单价，应注明在清单中的序号；若为新增单价，应附综合单价分析表，并说明下浮比例；

（3）工期影响：签证对工期等相关工作的影响；

（4）必要的附图、工程量计算书及相关资料等。

现场签证（申报）表（范本）　　　　　　　　表 6-7

工程名称：　　　　　　　　　　　　　　　　　　　签证编号

施工部位	_____管沟石方凿岩机凿除	施工日期	
签证原因			

签证内容：

　　_____处管沟开挖遇石方（普坚石），石方管沟长度_____m，施工方法采用凿岩机凿除，凿岩机凿除岩石断面示意图：

凿岩机凿除岩石断面示意图

凿岩机凿除工程量为：$V=$

（签章）：

项目经理：

年　　月　　日

说明：（1）本表一式三份，建设单位、监理、承包单位各持一份，现场签证（申报）表只作申报用，签证结算依据见现场签证（审核）表；

　　　（2）签证编号为：签证简称＋合同编号＋三位数的流水号。

现场签证（审核）表（范本）　　　　　　　　表 6-8

工程名称：　　　　　　　　　　　　　　　　　　　　签证编号：

施工部位	＿＿＿＿处管沟石方凿岩机凿除	施工日期	
监理审核量			
业主确认量			

承包单位（签章）： 项目经理： 　　　年　月　日	监理单位（签章）： 监理工程师： 总监理工程师： 　　　年　月　日	建设单位（签章）： 现场代表： 项目负责人： 　　　年　月　日

说明：（1）本表一式三份，建设单位、监理、承包单位各持一份；

　　　（2）签证编号为：签证简称＋合同编号＋三位数的流水号。

现场签证审批表（范本）　　　　　　　表 6-9

工程名称		合同金额（万元）	
签证编号		本次签证估算金额（万元）	
累计签证估算金额（万元）			
项目负责人意见		预算工程师意见	
工程部负责人意见		预算部负责人意见	
分管领导意见			
相关领导意见			
总经理意见			

（1）本审批表为建设单位内部审核用表，估算金额是审批的参考依据，不作为付款和结算依据。

（2）每个签证单必须具有"现场签证（申报）表""现场签证（审核）表""现场签证审批表""签证预算书"、签证发生前后照片，按权限审批。

（3）项目负责人应严格要求承包单位及时上报签证，并负责及时和按权限审批完成后方可在签证（审核）单上会签及盖公章。

6.4.3 工程量确认管理

工程量确认主要用来对于合同内已包含工作清单，图纸无法详细反映，需要根据现场实际的发生进行确认的工程量，例如在燃气管沟的石方开挖部分，工程量清单编制是预估工程量，施工阶段需要根据现场实际发生量进行确认，采用工程量确认的方式。主要采用以下管控方式。

（1）工程量确认需要由监理单位和建设单位项目负责人现场确认，并附有相关资料，照片应有带标尺明确其长度、高度等信息，应注明具体位置、标高、尺寸、数量、材料等参数，并标明提交日期、事项发生日期或完成日期：并附相应部位照片、录像、示意图、计算式、造价估算（在原合同造价基础上增减造价）等内容，并建立动态台账，与标底预估量进行对比；

（2）在整个工程实施完成后，施工单位应将工程量确认单单独装订成册、编号报审，实际工程量调减时也应签署确认单，核销合同部分费用，严禁对竣工图纸中能体现的工程量进行重复确认；

（3）项目负责人负责按照确认单编号将该项目所有工程量确认申报及审核资料整理并填报"工程量确认（汇总）审批表模板"，将审批表及有关附件上报审批。

表 6-10 是工程量确认申报表模板，表 6-11 是工程量确认审核表模板，表 6-12是工程量确认（汇总）审批表模板。

工程量确认申报表模板　　　　　　　　　　　　表 6-10

工程量确认编号：

施工合同号：

工程名称			
施工部位		施工日期	
工程量确认原因			

工程量确认内容：

施工单位（盖章）：

项目负责人（签字）：

说明：（1）本表一式三份，建设单位、监理、承包单位各执一份；

（2）本申报表仅为申报用途。

工程量确认审核表模板　　表 6-11

工程量确认编号：

工程名称			
施工部位		施工日期	
监理审核量			
业主确认量			
承包单位（签章）： 项目经理：	监理单位（签章）： 监理工程师： 总监理工程师：		建设单位（签章）： 现场负责人： 部门负责人：

说明：本表一式三份，建设单位、监理、承包单位各持一份。

工程量确认（汇总）审批表模板 表 6-12

工程名称		合同金额（万元）	
本项目确认单数量及估算金额	确认单 1	估算金额（万元）	
	确认单 2	估算金额（万元）	
	确认单 3	估算金额（万元）	
	确认单总数量 个	总估算金额（万元）	
施工合同号			
项目负责人意见			
工程部门负责人意见			
预算工程师意见			
成本管理部门负责人意见			
分管领导意见			

说明：本审批表为内部审核用表，不作为结算依据。

6.4.4 工程作业面附着物理赔管理

随着社会经济发展，理赔成本在燃气建设，尤其是管线类的项目的建设成本中占有相当大的比例，特别是在发达城市内进行管线建设，理赔成本为20％～25％，因此，理赔过程中的管理显得更加重要，规范开展工程作业面附着物理赔工作，确保该工作合法、合理、高效进行。

工程作业面附着物理赔工作是指工程建设过程中，损坏和占用绿化带、混凝土路面、人行道板、路缘石、林地、果园、菜地、鱼塘以及穿越高速公路、省级公路、建（构）筑物拆迁等，按相关权属人要求需要进行赔偿的工作。建设工程作业面附着物理赔，原则上只对所损坏实物进行责任赔付。在工程施工过程中，出现需要理赔作业面附着物的事项后，理赔工作责任主体单位应及时与权属人协调，由权属人向理赔工作责任主体单位提出赔偿量及赔偿金额，理赔工作责任主体单位收到权属人的索赔资料后，应通知监理单位、建设单位共同对其真实性进行审核，与权属人进行初步谈判，制定"现场谈判记录（范本）"（表 6-13）（根据谈判情况可进行多轮谈判，且每次谈判均形成谈判记录），谈判结果确定后，由工程部门填写"理赔事项审批表"（表 6-14，附现场照片），将该表及有关索赔资料上报审批。建设单位应针对每个单独的工程建立"建设工程作业面附着物理赔工作动态统计表"（表 6-15），随时跟踪，并与原投资计划进行比较，实行动态管理。

现场谈判记录（范本）　　　　　　　　　　　　　　　表 6-13

工程名称		谈判时间	
理赔事项 （含理赔工程量）			
权属单位			
索赔总金额			
初步 谈判结果			
谈判人员签认			

理赔事项审批表　　　　　　　　　　　　表 6-14

工程名称		工程地址	
工程规模		工程属性	
权属单位			
承包单位			
索赔总金额			
权属单位 索赔项目 工程量及 造价情况			
监理单位意见			
工程部意见		预算部意见	
分管副总经理意见		公司总经理意见	

表 6-15

建设工程作业面面附着物理赔工作动态统计表

序号	桩号	长度	合同编号	理赔事项（合同名称）	收款单位	合同金额（元）	已付金额（元）	未付金额（元）	经手人	完成时间	备注

6.5 进度款支付的控制管理

进度款支付的控制管理是施工阶段中成本控制的重要环节，为保证在施工阶段做到按期支付，主要在合同条款对进度款的支付条件、支付时间、支付比例等进行详细约定，在报送时制定标准的申请和审核表格，通过监理和建设单位现场管理人员对已完成工程量的确认、造价管理人员对价格的严格审核后支付进度款，避免多付、超付等现象。

基本流程为：

（1）由施工单位根据当期完成工程量上报付款申请资料，包括"工程款支付申请表"（表6-16）、"工程款支付申请（核准）表"（表6-17）、"工程支付款汇总表"（表6-18）、"申请付款明细表"（表6-19），首先由监理单位进行审核，其中现场监理核实"申请付款明细表"中的具体工程量，监理单位造价人员审核付款金额，由总监理工程师审核后，"工程款支付申请（核准）表"签署意见，并出具"工程款支付证书"（表6-20）。

（2）经监理单位审核后的资料提交建设单位，由建设单位现场负责人及造价人员分别对工程量和价格进行复核，并签署复核数据和支付意见，财务部门根据建设单位支付意见完成最终支付。质保金支付需按合同提供运行使用单位对质保期内有关工程质量的意见，并出具"质保期工程质量及使用情况确认表"（表6-21）。

工程款支付申请表　　　　　　　　　　　表 6-16

工程名称：

致：_____监理有限公司 我方已完成了_____项目____的施工工作。按施工合同的规定，建设单位应在_____年___月___日前支付该项工程款共（大写）_____（小写：____元），现报上_____工程付款申请表，请予以审查并开具工程款支付证书。 附件： （1）工程量清单 （2）计算方法   承包单位（章）_____ 项目经理 _____ 日　　　期 _____

工程款支付申请（核准）表 表 6-17

工程名称： 合同号：

致：_____监理有限公司

　　我方于_____期间已完成了_____的工作，根据施工合同的约定，现申请支付本期的工程款额为（大写）_____ ，（小写）_____ ，请予核准。

序号	名 称	金额（元）	备注
1	累计已完成的工程价款		
2	累计已实际支付的工程价款		
3	本月完成的工程价款		
4	本月应增加和扣减的变更金额		
5	本月应抵扣的预付款		
6	本月应扣减的质保金		
7	本月应增加和扣减的其他金额		
8	本月实际应支付的工程价款		

承包单位（章）_____

项目经理 _____

日　　期 _____

监理单位审核意见：

□与实际施工情况不相符，修改意见见附件。

□与实际施工情况相符，具体金额由造价工程师复核。

　　专业监理工程师：　　　总监理工程师：

　　　日期：

监理单位造价工程师复核意见：

　　你方提出的支付申请经复核，本期间已完成工程款额为（大写）_____，（小写）____ 元，本期间应支付金额为（大写）_____，（小写）_____元。

　　造价工程师：

　　日期：

建设单位意见：

□不同意。

□同意，支付时间为本表签发后的 15 天内。

工程部门：

成本管理部门：

日期：

审计意见：

全过程审计人员：

日期：

注：（1）在选择栏中的"□"内作标识"√"。

　　（2）本表一式四份，由承包人填报，监理人、造价咨询单位、承包人、发包人各存一份。

工程支付款汇总表

表 6-18

单位（子单位）工程名称：　　　　　　　　　　合同号：

施工单位申请

合同总价 A	前期累计完成工程金额 B	前期累计已付金额 C	本期完成工程金额 D	本期应扣金额 E	本期应增加其他项目费 H	本期应付金额 F=D−E+H	本期累计支付比率 G=(C+D−E+H)/A
	—	—					

施工单位（公章）：
项目经理：
日期：　　年　月　日

监理工程师审核

合同总价 A	前期累计完成工程金额 B	前期累计已付金额 C	本期完成工程金额 D	本期应扣金额 E	本期应增加其他项目费 H	本期应付金额 F=D−E+H	本期累计支付比率 G=(C+D−E+H)/A
	—	—					

专业监理工程师：
日期：　　年　月　日

总监理工程师（盖章）：
日期：　　年　月　日

建设单位项目负责人：（公章）
日期：　　年　月　日

月申请付款明细表

表 6-19

合同名称：　　　　　　合同编号：　　　　　　承包商：

　　　　年　　月申请付款金额：　　　　　　合同金额：

序号	工程项目	单位	合同价			截至上期核准金额合计		承包商本期申请		监理审核		建设单位审核		截止本期末累计完成		完成(%)
			工程量 A	单价(元) B	合同价(元) C=A×B	数量 D	价值(元) E=B×D	数量 F	价值(元) G=B×F	数量 H	价值(元) I=B×H	数量 J	价值(元) K=B×J	数量 L	价值(元) M=B×L	
小计																
合计																

工程款支付证书

表 6-20

工程名称：

　　致：_____

　　根据施工合同的规定，经审核承包单位的付款申请和报表，并扣除有关款项，同意本期支付工程款共（大写）_____（小写：_____元）。请按施工合同规定及时付款。

　　其中：

　　（1）承包单位申报款为：_____元。

　　（2）经审核承包单位应得款为：_____元。

　　（3）本期应扣款为：_____元。

　　（4）本期应付款为：_____元。

　　附件：

　　（1）承包单位的工程付款申请表及附件；

　　（2）项目监理机构审查记录。

　　项目监理机构：_____

　　总监理工程师：_____

　　日　　　期：_____年___月___日

质保期工程质量及使用情况确认表 表 6-21

项目名称		合同编号	
合同保质期			
施工单位			
使用单位			
建设单位			
施工单位工程质量及使用情况	该项目在质保期期间未出现质量问题，使用情况良好。请建设单位及使用单位确认。 　　　　　　施工单位签字： 　　　　　　施工单位盖章： 　　　　　　　　　　年　　　月　　　日		
建设单位工程质量及使用情况	该项目在质保期期间未出现施工质量问题，请使用单位确认。 　　　　　　建设单位签字： 　　　　　　建设单位盖章： 　　　　　　　　　　年　　　月　　　日		
使用单位意见	该项目在质保期期间未发现因施工质量导致的使用问题，发现问题已整改完毕，可正常使用。 　　　　　　使用单位签字： 　　　　　　使用单位盖章： 　　　　　　　　　　年　　　月　　　日		

6.6　工程结算阶段的成本控制措施

建设工程结算以每个合同为结算对象，包括施工和咨询服务（设计、监理、勘察、环评、安评等与建设工程相关的）工程合同，合同标的完成且验收合格后均应按合同规定及时办理结算；合同标的完成且验收合格后，建设单位项目负责人应按合同规定向承包单位发出"工程结算通知书"，催促承包单位按合同要求及时办理结算，承包单位根据合同约定向建设单位业务部门提交完整的结算资料进入结算程序。合同条款（包括招标文件合同要约）应对结算原则、结算书编制格式、结算资料及送审时间有明确的规定，并对未按合同时限要求报送完整结算资料行为有相应处罚条款。

所有工程施工合同的结算均可采用施工图部分＋标底漏（多）算部分＋标底漏（增）项部分＋工程变更部分＋工程签证部分＋材料调差＋信息价调差；工程规模小、工期短的工程施工合同可以采用竣工图部分＋签证部分＋材料调差＋信息价调差，但竣工图应有建设单位、监理单位、设计单位签字盖章确认；工程咨询服务暂定价合同可采用合同＋工程量确认单；对于无法编制施工图的零星施工合同可采用工程量确认单的形式。

工程验收合格后，承包单位在合同规定的时间内编制工程结算，结算资料中属于建设单位保存的，由建设单位业务部门收集并移交承包单位，由承包单位统一装订，按要求装订成册后，送监理单位审查；监理单位在规定的时间内对结算资料的完整性、有效性、真实性全面审查，如资料符合结算要求，项目总监理工程师在工程结算书资料总封面签署同意送审意见并加盖公章，送建设单位项目负责人；如资料不符合结算要求，应立即退回承包单位进行整改直至符合要求。建设单位项目负责人收到监理单位上报的结算资料，在规定时间内完成对结算资料的审核，并在"结算申请审批表"签署送审意见，报部门负责人审批后送预算部门；预算部门预算工程师收到工程部门送达的结算资料，在规定时间内完成对结算资料的审核，如有缺漏，则退回项目负责人督促承包单位完善；如资料齐整，签署"工程结算送审审批表"，正式进入项目结算程序，按规定时限严格督促、跟踪相关单位完成项目结算。为避免审核周期无限延长，提高审核效率，不同类别工程根据实际情况应在各环节进行审核时限限制。对于未按合同约定和相关要求提交结算资料的可发出催办工程结算事宜的法律顾问函。

表 6-22 是工程结算通知书，表 6-23 是工程量确认单，表 6-24 是结算资料清单，表 6-25 是工程结算送审审批表，表 6-26 是被审核单位承诺书，表 6-27 是甲供材料核算表，表 6-28 是工程合同付款明细账，表 6-29 是工程咨询服务成果文件资料清单验收表，表 6-30 是工程服务合同履约价格确认单（包干类）。

表 6-22

工程结算通知书

致：_____（承包单位）

现____工程已于年月日竣工，具备了结算条件，请贵公司按《_____合同》条款要求准备完整的结算资料，按规定的计价条款、本着实事求是的原则，于____年____月____日之前报送结算资料，报送的结算资料内容不得弄虚作假、高估冒算。

（1）如贵公司未能于____年____月____日之前报送完整的结算资料，将按工期延误处理，每延误 1 个日历天，贵公司必须按合同工期延误处罚条款赔偿我司损失____元/日历天；

（2）如贵公司未能于____年____月____日（竣工后 180 个日历天）之前报送完整的结算资料，我司将按贵公司已收取之工程款结算，不再向贵司继续支付除保修金外的任何工程款项；

（3）如贵公司报送的结算金额超出最终审定结算金额 20％时，我司将按不良记录处理；

（4）如贵公司出现上述延期报送结算、超报结算金额等行为，在后续工程招标、定标等工作中，我司将作为承包商关键考核条款，不再邀请贵公司为投标单位、不推荐贵公司为中标候选单位。

特此通知。

公司名称（盖章）：

年　　月　　日

工程量确认单 表 6-23

承包单位：　　　　　　　　　　　　　　　　　　　　　　　　合同编号：

（工程）合同名称			
合同价格（元）		确认单编号：	合同编号：
发生日期		确认日期	
确 认 内 容	根据合同计价原则，以下工程量经监理及业主确认后作为结算依据： （1） （2） （3） （4） （5） （6） （7） （8） （9） （10）		
	承包单位： 项目经理： 年　　月　　日	监理单位： 项目总监： 年　　月　　日	建设单位： 项目负责人签认： 年　　月　　日

本工程量确认单适用范围：

（1）适用于工程咨询服务暂定价合同；

（2）适用于无法编制施工图纸的零星施工合同。

结算资料清单 表 6-24

序号	资料名称	原件	复印件	必须资料
一、工程施工类合同须提供的结算资料				
1	承包单位营业执照及资质证书（盖承包单位公章）	□	■	
2	企业法定代表人证明书和授权委托书	■	□	
3	工程结算申请审批表（经建设单位签章审批）	■	□	
4	承诺书（对资料完整性的承诺）	■	□	
5	施工图纸及交底纪要（含施工图纸电子文档）	■	□	
6	招标文件及标底（报建工程盖备案章、非报建工程加盖建设单位公章）	□	■	
7	投标文件（盖承包单位公章）	□	■	
8	中标通知书或发包请示等发包依据（盖建设单位公章）	□	■	
9	建设工程招标投标程序完成证明书（盖建设单位公章）	□	■	
10	施工组织设计文件及监理批复意见（盖承包单位公章）	□	■	
11	施工许可证（报建工程盖承包单位公章）	□	■	
12	建设工程开工报告（经建设单位、监理单位签章审批）	□	■	
13	施工合同及补充协议书（盖承包单位公章）	□	■	
14	工程变更资料（变更台账；每个变更应有联系单、变更审批表、变更图纸或通知单、变更令、变更预算书；如单项变更超过 50 万元，须有经政府主管部门备案的回执，所有资料加盖承包单位公章）	□	■	
15	工程签证资料（签证台账；每个签证应有现场签证申报表、现场签证审核单、现场签证审批表、施工前后变化照片、签证预算书，所有资料盖承包单位公章）	□	■	
16	甲供材料核算表（经建设单位建设部门、材料供应部门及预算部，监理单位签字确认，盖承包单位公章）	□	■	
17	竣工图纸（经设计、监理、建设单位签字盖章确认）	■	□	
18	竣工报告（或工程验收证书，盖承包单位公章）	□	■	
19	建设工程造价咨询服务合同（盖建设单位公章）	□	■	
20	竣工结算书（含计价电子文档）	■	□	
21	工程量计算书	■	□	
22	三维工程量计算模型（建筑类工程）	□	□	
23	项目付款明细账（盖承包单位公章）	■	□	
24	送审结算价相对合同价增减 10% 以上的，承包单位应附书面分析报告，详细说明工程量增减、设计变更、工程签证、合同条款变更、索赔及其他原因	■	□	
25	项目建设情况报告书（由项目负责人编写及签字确认，主要为项目的工程概况以及工程实施过程存在的问题及改进措施，遗留问题对结算的建议及提示意见）	■	□	

序号	资料名称	原件	复印件	必须资料
26	经工程所在地街道办事处以及建设、监理、承包单位共同确认的劳务工工资结清证明	■	□	
27	其他相关资料			
二、设计及咨询类合同须提供的结算资料				
1	承包单位营业执照及资质证书（盖承包单位公章）	□	■	
2	企业法定代表人及授权委托书	■	□	
3	项目结算申请审批表（经建设单位签章审批）	■	□	
4	承诺书（原件，对资料完整性的承诺）	■	□	
5	设计成果文件验收及移交表（盖建设单位公章）	□	■	
6	招标文件及标底（报建工程盖备案章、非报建工程加盖建设单位公章）	□	■	
7	投标文件（盖承包单位公章）	□	■	
8	中标通知书或发包请示等发包依据（盖建设单位公章）	□	■	
9	承包合同及补充协议（盖承包单位公章）	□	■	
10	如有合同外新增工作量或合同承包范围变更，则必须有经建设单位（工程管理部门和设计管理部门）联合签字确认的工作量确认单（盖建设单位公章）	□	■	
11	项目结算书（含计价电子文档）	■	□	
12	项目付款明细账（盖承包单位公章）	■	□	
13	设计成果质量情况报告书，由建设单位工程管理部门项目负责人编写及签字确认，主要为设计成果文件的质量是否达到合同要求、工作进度是否满足合同规定要求作简要概述，以及遗留问题对结算的建议及提示意见	■	□	
14	其他与结算相关的资料	□	□	
三、监理类合同须提供的结算资料				
1	监理单位营业执照及资质证书（盖承包单位公章）	□	■	
2	企业法定代表人证明书和授权委托书	■	□	
3	项目结算申请审批表（经建设单位签章审批）	■	□	
4	承诺书（对资料完整性的承诺）	■	□	
5	招标文件及标底（报建工程盖备案章、非报建工程加盖建设单位公章）	□	■	
6	承包合同及补充协议书（盖承包单位公章）	□	■	
7	如有合同外新增工作量或合同承包范围变更，则必须有经建设单位工程管理部门签字确认的工作量确认单（复印件加盖建设单位公章）	□	■	
8	施工合同结算书（以工程施工结算价作为结算计费基础项目盖建设单位公章）	□	■	

序号	资料名称	原件	复印件	必须资料
9	项目结算书（含计价电子文档）	■	□	
10	项目付款明细账（盖承包单位公章）	■	□	
11	监理服务质量情况报告书，由建设单位工程管理部门项目负责人编写及签字确认，主要为监理服务工作质量是否达到合同要求、工作进度是否满足合同规定要求作简要概述，以及遗留问题对结算的建议及提示意见	■	□	
12	其他与结算相关的资料	□	□	
四、中压工程结算资料清单				
（一）建设单位需提交的资料				
1	被审计单位承诺书（附资料交接清单）	■	□	
2	燃气工程结算书及其电子文件	■	□	
3	燃气管道工程建设任务书（盖建设单位公章）	□	■	
4	施工合同（盖建设单位公章）	□	■	
5	监理合同（盖建设单位公章）	□	■	
6	设计合同（盖建设单位公章）	□	■	
7	审图费（盖建设单位公章）	□	■	
8	赔偿费（路面修复、盖建设单位公章）	□	■	
9	安全监督费（盖建设单位公章）	□	■	
10	项目立项文件（盖建设单位公章）	□	■	
11	建设项目竣工决算表	■	□	
12	超预算报告	■	□	
13	燃气工程供气认可备案证明书（若有，盖建设单位公章）	□	■	
14	环评、水保、防洪费（盖建设单位公章）	□	■	
（二）承包单位报送的结算资料				
1	被审计单位承诺书（附资料交接清单）	■	□	
2	燃气工程（建安费部分）结算书及其电子文件	■	□	
3	预算书及其电子文件（盖承包单位公章）	□	■	
4	超预算报告	■	□	
5	建筑规划许可证（若有，盖承包单位公章）	□	■	
6	地质勘探报告（若有，盖承包单位公章）	□	■	
7	施工许可证（若有，盖承包单位公章）	□	■	
8	营业执照和资质证明（盖承包单位公章）	□	■	
9	中标通知书和抽签资料（若有，盖承包单位公章）	□	■	
10	图纸会审纪要（盖承包单位公章）	□	■	
11	施工组织设计方案（盖承包单位公章）	□	■	
12	非开挖工程施工方案（若有，盖承包单位公章）	□	■	
13	设计变更或现场签证单或工程量确认单	■	□	
14	施工过程形象记录（包括焊接检验报告、隐蔽、吊装记录，盖承包单位公章）	□	■	
15	开工、竣工报告（工期如有延期，需提供延期报告，盖承包单位公章）	□	■	
16	竣工验收质量合格文件（盖承包单位公章）	□	■	
17	工程移交使用表（盖承包单位公章）	□	■	
18	规划验收测量报告（盖承包单位公章）	□	■	
19	施工图、竣工图及其电子文件	■	□	
20	档案移交证明（代建单位和集团档案室，盖承包单位公章）	□	■	
21	档案移交证明（城建档案移交书，盖承包单位公章）	□	■	
22	建设单位自购设备材料明细表及汇总表（专用物资，盖承包单位公章）	□	■	
23	设备材料结算价差调整依据文件、证明（若有，盖承包单位公章）	□	■	

工程结算送审审批表 表 6-25

建设单位（盖章）：

工程名称	
合同名称	
承包单位	
工程规模	
送审价格	_____元
合同（含补充协议）价格_____元	_____元
合同编号（含补充协议）	_____元
项目情况（项目负责人填写）	(1) 工程规模（面积、管径、长度、工艺参数）： (2) 合同工期： 　　实际工期： 　　如延期，是否有审批：□ 是；□ 否 (3) 验收日期： (4) 结算资料是否按合同规定完整：□ 是；□ 否 　　如果未完整，尚缺以下资料： (5) 是否有影响结算结果的异常情况：□ 是； 　　□ 否 　　如有，请结算人员注意以下事项：
项目负责人意见	
预算工程师意见	
工程部门负责人意见	
预算部负责人意见	
分管领导意见	

表 6-26

被审核单位承诺书
（由承包单位提供）

_____公司：

　　我单位已按合同要求，在_____年_____月_____日向贵司提供了建设项目的结算资料，并郑重承诺如下：

　　（1）我单位所提供的项目资料是真实、完整的。

　　（2）我单位对所提供的项目资料的真实性负完全责任。

　　（3）如确有个别资料因故无法提供，我单位已提交了有关情况的说明。

　　（4）我司接受贵司按我单位所提供资料之审核结果。

　　附：资料交接清单

经办人（签字）：

单位负责人（签字）：

承诺单位（盖章）：

年　　　月　　　日

甲供材料核算表

表 6-27

工程名称：
承包单位（盖章）：

序号	设备材料名称	规格、型号	单位	承包单位填列		监理审核竣工图量	材料管理员复核领用量	工程建设部填列				备注
				实际领用量	竣工图量（不计损耗）			合理损耗量	理论使用量（计合理损耗）	实际使用量	承包单位赔偿量	
				A	B	B'	A'	C	$D=B'+C$	$E=A'$	$F=E-D$	

承包单位项目负责人：　　　　　监理单位总监理工程师：　　　　　建设部门项目负责人：
安技部材料管理员：　　　　　　预算工程师：

备注：（1）承包单位填报设备材料名称、规格型号、单位、领用出库量和竣工图量等栏目；工程建设部项目负责人负责填写其中的合理损耗量、理论使用量（计合理损耗）、实际使用量（计合理损耗）、实际使用量和承包单位赔偿量等栏目。
　　　（2）监理审核竣工图量；材料管理员复核领用量；预算工程师负责审核合理损耗量、理论使用量、实际使用量和承包单位赔偿量等栏目。

工程合同付款明细账   表 6-28

工程名称	
承包单位	
合同编号	
合同价格（元）	
预付款（元）	
第一次付款（元）	
第二次付款（元）	
第三次付款（元）	
第 N 次付款（元）	
合计已付款（元）	
统计截止日期	
承包单位确认 （盖章）	
建设单位确认 （盖章）	

工程咨询服务成果文件资料清单验收表 表 6-29

合同名称/合同编号			
资料名称	成果资料数量	电子版 （份）	对方单位
资料清单	现对方单位已按合同要求完成，设计成果已存于资料室。所提交资料为以下项目的勘察设计资料（含地勘资料、方案、施工图）： （1） （2） （3） （4） （5） （6）		
业务单位	业务单位经办人	资料管理员	业务部门负责人

经办部门：   日期：

工程服务合同履约价格确认单（包干类） 表6-30

合同名称：合同编号：

承包单位：

归属工程：服务类别：

合同金额：_____ 结算方式：_____

结算金额：_____（大写）

业务部门意见：

（1）本合同已全部履行完毕；

（2）合同承包单位已按合同要求（期限、质量、数量）提交完整资料、并已归档。

成本管理部门意见：按合同约定，以合同价结算。

建设单位（盖章）：		
预算部门（签字）：	业务部门（签字）：	分管副总（签字）：
日期： 年 月 日		

法律顾问函（表6-31）。

关于催办工程结算事宜的法律顾问函　　　　　　　　　　　表6-31

_____公司：

根据贵司与_____建设单位于___年___月签订的《_____合同》（合同编号：_____，以下简称合同），由贵司承建_____工程项目，该工程项目已于___年___月___日通过竣工验收。根据合同第___条"_____"之约定，贵司应于___年___月___日前办理结算，但截至___年___月___日，贵司仍未按合同约定和相关要求提交上述文件。为推动工程结算工作进展，本人作为___公司的法律顾问，代表公司将相关事宜函告如下：

请贵司收到此函后于___年___月___日前，向_____公司提交竣工结算文件。若贵司未在规定时限内提交竣工结算文件，_____公司有权根据项目目前已支付的进度款作为最终结算金额，并视为贵司对此予以认可，因此造成的一切后果由贵司自负。

此函。

法律顾问：

___年___月___日

（联系人：　　　　　　　）

请给予签收：

_____公司（加盖公章）

联系人：_____　电话：

通过 EMS 向施工单位发函的注意事项

用清晰字迹在纸质快递单上填写相关内容，其中以下几点需特别注意：

（1）寄件人单位名称及地址应填写完整。

（2）收件人及联系方式填写施工单位公司法定代表人或施工合同等书面材料中约定的联系人的信息（法定代表人信息可在国家企业信用公示信息系统、企查查、天眼查等网站查询）。

（3）收件人单位名称应填全称，地址应填写完整。

（4）勾选"信函"，内件品名处写："《关于报送未结算项目清单的函》：请贵司务必于　　年　　月　　日前提交承接我司的已竣工未办理结算的工程项目清单。"

（5）勾选"实物返单"。务必与 EMS 快递员跟进回收实物返单。寄送后将快递单第三联寄件人存根联留存，在函件送达后登录 EMS 官网查询并截图保存函件寄送情况。

第7章 合同管理

燃气工程合同是承、发包方为明确双方权利和义务的协议，是承包方进行燃气工程建设的依据，是发包方对承包方工程价款结算、支付的依据；合同订立是工程进度、成本、质量、安全管理的依据，是维护发包方、承包方权益的重要法律依据，是防止和解决双方争议的有力依据。

合同管理全过程由洽谈、草拟、签订、生效开始，直至合同失效为止。不仅要重视签订前的管理，更要重视签订后的管理。凡涉及合同条款内容的各部门都要一起进行系统性管理，注重履约全过程的动态性情况变化，特别要掌握对自己不利的变化，及时对合同进行修改、变更、补充或中止和终止。

合同在编制过程中，要严格规范合同条款，尤其要明确承包方规定进城务工人员工资支付方式，督促承包方落实进城务工人员工资支付工作。进城务工人员工资保障工作历年来受到国家高度重视，为此国务院专门成立根治拖欠进城务工人员工资工作领导小组，监督、督促承包方做好进城务工人员工资保障工作事关公司的社会责任和社会形象；因此，在合同中约定承包方在进场施工前应在发包方进行实名制登记，以便发包方做好监督、督促承包方落实进城务工人员工资支付工作。要明确工程价款支付方式、支付时间、质保金比例、工程价款结算标准等相关条款，在施工合同条款中，应明确工程款支付条件、支付方式、支付时间、质保金比例等条款，例如承包方应提交完整的竣工资料、开具"三流一致"合法的增值税专用发票（可抵扣），剩余3%为质保金，质保期满一年无任何质量问题一次性支付。还应明确燃气工程设计变更工程签证范围、要求、审批流程相关条款，规避因可预见签证发生产生不必要的纠纷。

在合同履行过程中，要做好工程合同的全过程管理，建立健全工程合同管理机构，建立具备可操作性的工程合同管理制度，并严格执行、不断完善，做到合同管理有章可循，有理可依，工程合同管理制度应当包括：工程合同编制签署审批管理，合同分析、交底管理，合同履约管理，合同台账统计管理、工程合同存档管理等，应将工程合同管理与燃气工程施工的全过程管理、招标投标管理有机地结合到一块，贯穿于工程施工的全生命周期。

7.1 合同分析

承包人在签订合同后、履行和实施合同前有必要进行合同分析，分析合同中的漏洞，解释有争议的内容，使相关合同条文简单、明确、清晰；分析合同风险，发现可能隐藏着的风险，制定风险对策；明确合同事件和工程活动的具体要求（如工期、质量、费用等）和合同各方的责任关系，分解和落实合同中的任务；以便全面理解和执行合同。

合同分析是从合同执行的角度去分析、补充和解释合同的具体内容和要求，将合同目标和合同规定落实到合同实施的具体问题和具体时间上，用以指导具体工作，使合同能符合工程管理的需要，使工程按合同要求实施，为合同执行和控制确定依据。合同分析不同于招标投标过程中对招标文件的分析，其目的和侧重点都不同。

合同分析往往由企业的合同管理部门或项目中的合同管理人员负责。建设工程合同分析，在不同的时期，为了不同的目的，有不同的内容，通常有以下几个方面。

1. 合同的法律基础

即合同签订和实施的法律背景。通过分析，了解适用于合同的法律的基本情况（范围、特点等），用以指导整个合同实施和索赔工作。对合同中明示的法律应重点分析。

2. 承包人的主要任务

（1）承包人的总任务，即合同标的。承包人在设计、采购、制作、试验、运输、土建施工、安装、验收、试生产、缺陷责任期维修等方面的主要责任，施工现场的管理，给业主的管理人员提供生活和工作条件等责任。

（2）工作范围。通常由合同中的工程量清单、图纸、工程说明、技术规范所定义。工程范围的界限应很清楚，否则会影响工程变更和索赔，特别是固定总价合同。

在合同实施中，如果工程师指令的工程变更属于合同规定的工程范围，则承包人必须无条件执行；如果工程变更超过承包人应承担的风险范围，则可向业主提出工程变更的补偿要求。

（3）关于工程变更的规定。在合同实施过程中，变更程序非常重要，通常要做工程变更工作流程图，并交付相关的职能人员。工程变更的补偿范围，通常以合同金额一定的百分比表示。通常这个百分比越大，承包人的风险越大。

工程变更的索赔有效期，由合同具体规定，一般为 28 天，也有 14 天的。一般这个时间越短，对承包人管理水平的要求越高，对承包人越不利。

3. 发包人的责任

主要分析发包人（业主）的合作责任。其责任通常有如下几方面：

（1）业主雇用工程师并委托其在授权范围内履行业主的部分合同责任；

（2）业主和工程师有责任对平行的各承包人和供应商之间的责任界限作出划

分，对这方面的争执作出裁决，对他们的工作进行协调，并承担管理和协调失误造成的损失；

（3）及时作出承包人履行合同所必需的决策，如下达指令、履行各种批准手续、作出认可、答复请示，完成各种检查和验收手续等；

（4）提供施工条件，如及时提供设计资料、图纸、施工场地、道路等；

（5）按合同规定及时支付工程款，及时接收已完工程等。

4. 合同价格

对合同的价格，应重点分析合同所采用的计价方法及合同价格所包括的范围；工程量计量程序，工程款结算（包括进度付款、竣工结算、最终结算）方法和程序；合同价格的调整，即费用索赔的条件、价格调整方法，计价依据，索赔有效期规定；拖欠工程款的合同责任。

5. 施工工期

在实际工程中，工期拖延极为常见和频繁，而且对合同实施和索赔的影响很大，所以要特别重视。

6. 违约责任

如果合同一方未遵守合同规定，造成对方损失，应受到相应的合同处罚。通常分析：

（1）承包人不能按合同规定工期完成工程的违约金或承担业主损失的条款；

（2）由于管理上的疏忽造成对方人员和财产损失的赔偿条款；

（3）由于预谋或故意行为造成对方损失的处罚和赔偿条款等；

（4）由于承包人不履行或不能正确地履行合同责任，或出现严重违约时的处理规定；

（5）由于业主不履行或不能正确地履行合同责任，或出现严重违约时的处理规定，特别是对业主不及时支付工程款的处理规定。

7. 验收、移交和保修

验收包括许多内容，如材料和机械设备的现场验收、隐蔽工程验收、单项工程验收、全部工程竣工验收等。在合同分析中，应对重要的验收要求、时间、程序以及验收所带来的法律后果作说明。

竣工验收合格即办理移交。移交作为一个重要的合同事件，同时又是一个重要的法律概念。它表示：

（1）业主认可并接收工程，承包人工程施工任务的完结；

（2）工程所有权的转让；

（3）承包人工程照管责任的结束和业主工程照管责任的开始；

（4）保修责任的开始；

（5）合同规定的工程款支付条款有效。

8. 索赔程序和争执的解决

索赔程序决定着索赔的解决方法。这里要分析索赔的程序；争议的解决方式和程序；仲裁条款，包括仲裁所依据的法律、仲裁地点、方式和程序、仲裁结果的约束力等。

7.2 工 程 合 同 交 底

合同分析后，建设单位应向各层次管理者作"合同交底"，即由合同管理人员在对合同的主要内容进行分析、解释和说明的基础上，通过组织项目管理人员和各个工程相关人员学习合同条文和合同总体分析结果，使大家熟悉合同中的主要内容、规定、管理程序，了解合同双方的合同责任和工作范围，各种行为的法律后果等，使大家都树立全局观念，使各项工作协调一致，避免执行中的违约行为。

在传统的施工项目管理系统中，人们十分重视图纸交底工作，却不重视合同分析和合同交底工作，导致各个项目组和各个工程小组对项目的合同体系、合同基本内容不甚了解，影响了合同的履行。

项目负责人或合同管理人员应将各种任务或事件的责任分解，落实到具体的工作小组、人员。合同交底的目的和任务如下：

（1）对合同的主要内容达成一致理解；

（2）将各种合同事件的责任分解落实到各工程小组或相关人员；

（3）将工程项目和任务分解，明确其质量和技术要求以及实施的注意要点等；

（4）明确各项工作或各个工程的工期要求；

（5）明确成本目标和消耗标准；

（6）明确相关事件之间的逻辑关系；

（7）明确各个工程小组（分包人）之间的责任界限；

（8）明确完不成任务的影响和法律后果；

（9）明确合同有关各方（如业主、监理工程师）的责任和义务。

7.3 施工合同实施的控制

在工程实施的过程中建设单位要对合同的履行情况进行跟踪与控制，并加强工程变更管理，保证合同的顺利履行。

1. 施工合同跟踪

合同签订以后，合同中各项任务的执行要落实到具体的项目负责人或具体的项目参与人员身上，对合同的履行情况进行跟踪、监督和控制，确保合同义务的完全履行。

对承包方主体资格进行严格审查。

为规范燃气工程施工管理、预防施工过程中质量、安全相关事故的发生，加强工程成本的过程管理，减少因承包方履约能力而造成的不必要的损失，发包方要做好施工单位的资质审查和验证，并要求登记备案、收存加盖单位公章的相关文件，例如施工资质、法人授权委托书（原件）等。

施工合同跟踪有两个方面的含义。一是合同管理职能部门对合同履行情况进行的跟踪、监督和检查，二是合同执行者（项目负责人或项目参与人）本身对合同计划的执行情况进行的跟踪、检查与对比。在合同实施过程中二者缺一不可。

对合同执行者而言，应该掌握合同跟踪的以下方面。

（1）合同跟踪的依据

合同跟踪的重要依据是合同以及依据合同而编制的各种计划文件；其次还要依据各种实际工程文件如原始记录、报表、验收报告等；另外，还要依据管理人员对现场情况的直观了解，如现场巡视、交谈、会议、质量检查等。

（2）合同跟踪的对象

1）承包人的任务

① 工程施工的质量，包括材料、构件、制品和设备等的质量，以及施工或安装质量，是否符合合同要求等；

② 工程进度，是否在预定期限内施工，工期有无延长，延长的原因是什么等；

③ 工程是否按合同要求完成全部施工任务，有无合同规定以外的施工任务等；

④ 成本的增加和减少。

2）业主和其委托的工程师的工作

① 业主是否及时、完整地提供了工程施工的实施条件，如场地、图纸、资料等；

② 业主和工程师是否及时给予了指令、答复和确认等；

③ 业主是否及时并足额地支付了应付的工程款项。

2. 合同实施的偏差分析

建设单位应建立项目合同台账，项目合同台账应包含合同编号、合同名称、项目名称、合同金额、乙方单位名称，合同类型、已付金额，预付款金额、合同是否约定预付款抵扣，预付款是否已抵扣，合同是否约定提供保函，保函金额，保函有效期，营业执照有效期，资质有效期等内容。

通过合同跟踪，可能会发现合同实施中存在着偏差，即工程实施实际情况偏离了工程计划和工程目标，应该及时分析原因，采取措施，纠正偏差，避免损失。

合同实施偏差分析的内容包括以下几个方面。

（1）产生偏差的原因分析

通过对合同执行实际情况与实施计划的对比分析，不仅可以发现合同实施的偏差，而且可以探索引起差异的原因。原因分析可以采用鱼刺图、因果关系分析图（表）、成本量差、价差、效率差分析等方法定性或定量地进行。

（2）合同实施偏差的责任分析

即分析产生合同偏差的原因是由谁引起的，应该由谁承担责任。

责任分析必须以合同为依据，按合同规定落实双方的责任。

（3）合同实施趋势分析

针对合同实施偏差情况，可以采取不同的措施，应分析在不同措施下合同执行的结果与趋势，包括：

1）最终的工程状况，包括总工期的延误、总成本的超支、质量标准、所能达到的生产能力（或功能要求）等；

2）承包商将承担什么样的后果，如被罚款、被清算，甚至被起诉，对承包商资信、企业形象、经营战略的影响等；

3）最终工程经济效益（利润）水平。

3. 合同实施偏差处理

根据合同实施偏差分析的结果，要求承包商应该采取相应的调整措施，调整措施可以分为：

（1）组织措施，如增加人员投入，调整人员安排，调整工作流程和工作计划等；

（2）技术措施，如变更技术方案，采用新的高效率的施工方案等；

（3）经济措施，如增加投入，采取经济激励措施等；

（4）合同措施，如进行合同变更，签订附加协议，采取索赔手段等。

7.4 合同管理台账

建设项目合同管理台账见表 7-1。

建设项目合同管理台账（样表）　　　表 7-1

序号	项目编号	项目名称	合同编号	合同名称	合同类型	合同签订日期	合同金额（元）	对方单位	合同动态金额（公式＝合同金额＋现场签证调整总金额＋设计变更调整总金额＋工程量调整总金额）	付款情况		开竣工日期		工期情况	结算情况	备注
										支付金额（元）	支付比例	开工日期	竣工日期			
1																
2																

7.5　合同方管理

7.5.1　承包商管理

为了加强工程项目承包商管理，应当建立承包商履约考核评价和奖惩体系，定期对承包商履约情况进行评价，并根据履约情况评价实施奖惩。

履约考核评价是对承包商所承包项目实施情况、效果及项目组织实施关键指标所进行的考核，主要包括工程组织、质量管理、安全及文明施工管理、造价管理、进度管理、诚信履约情况等内容。燃气工程建设承包商履约情况考核表见表 7-2。

根据评价结果可采取限期整改、停工、经济赔偿（或者支付违约金）或终止合同等措施；承包商履约情况优秀的，可给予项目奖金等奖励。

对于长期合作的、履约情况不好的承包商可以采取"暂停承包资格""观察使用""取消承包资格"等措施。

燃气工程建设承包商履约情况考核表　　　表 7-2

序号	扣分项	分值	扣分	检查情况/扣分原因	备注
	一、工程组织				
1	无施工组织设计或专项施工方案	3			
2	施工组织设计或专项施工方案未按程序审批或审批程序不符合要求	1			
3	未有效实施技术交底或交底记录不齐全	1			
4	项目经理部管理人员不具备相应职业资格、配备不到位或未能有效履职	3			
5	项目的主要管理人员与中标文件不相符、未经批准更换项目经理或频繁更换项目主要管理人员	1			
6	拒绝监督检查或者提供虚假情况	3			

序号	扣分项	分值	扣分	检查情况/扣分原因	备注
	二、质量管理				
1	施工现场质量责任制建立不健全或未有效实施	3			
2	特殊作业人员未取得作业证书或有效上岗证明文件	3			
3	主要施工机具不符合施工要求	3			
4	使用已淘汰或明令禁止的施工材料或偷工减料、弄虚作假	3			
5	违反工程设计文件、技术指导文件或规定工序组织施工	1			
6	隐蔽工程的质量检查未按要求记录或记录不齐全或隐蔽验收记录不齐全即计入下一道工序	1			
7	未按规定进行检测或检测不合格未及时处理就进入下一工序施工	1			
8	施工图设计文件变更、洽商不符合程序，或者记录不完整的	1			
9	对工程监理中发现的问题不及时整改或拒不整改	3			
10	未按检测要求进行送检、检测或伪造检测报告	3			
11	发生质量缺陷、质量问题未及时处理	3			
12	发生质量事故未及时上报	5			
13	运营期内发生质量问题	5			
	三、安全及文明施工管理				
1	未编制安全技术措施、施工现场临时用电方案、应急预案等	3			
2	危险性较大的分部分项工程未按规定编制专项施工方案	3			
3	专项施工方案未经施工单位技术负责人、总监理工程师签字后实施	3			
4	未根据不同施工阶段和周围环境及季节、气候变化，在施工现场采取相应的安全施工措施的	3			
5	安全防护用具、消防器材、机械设备和施工机具未配置或无专人管理，或未实施机械设备、施工机具"一机一档"的档案管理制度	1			
6	使用国家明令淘汰、禁止使用的危及施工安全的工艺、设备、材料	1			
7	安全防护用具、机械设备、施工机具及配件在进入施工现场前未经查验或者查验不合格即投入使用	1			
8	施工前未对有关安全施工的技术要求作出详细说明的，或未按规定落实对班组、作业人员进行安全技术交底工作	3			

续表

序号	扣分项	分值	扣分	检查情况/扣分原因	备注
9	危险性较大的分部分项工程施工时无专职安全生产管理人员现场监督	3			
10	未对所承建的工程进行定期和专项安全检查，或检查记录不齐全或检查记录弄虚作假	1			
11	未按规定设置"五牌一图"	1			
12	施工现场区域划分不符合安全性要求	1			
13	未在施工现场的危险部位设置明显的安全警示标志	1			
14	施工现场未实行封闭围挡；或未按规定设置围墙、围挡封闭，围挡材质、高度不符合要求	1			
15	复杂路段无交通疏导措施或未按交通疏导措施实施	1			
16	施工现场暂时停工，未做好现场安全防护	1			
17	未按照国家有关消防安全规定在施工现场配置消防器材或消防要求消防安全配置	1			
18	材料堆放不标准，无防火、防晒、防雨等防护措施	1			
19	未做到工完场清，施工现场脏乱差	1			
20	施工现场无防扬尘措施，无降水排水措施，无防泥浆、污水外流或防堵塞下水道和雨水沟措施	1			
21	加工场、设备防护棚设置不符合要求	1			
22	高处作业未经审批或审批程序不符合相关规定或不按照审批方案组织实施	3			
23	高处作业人员不按要求使用安全带	3			
24	高空作业设备安装使用符合相关要求且过程记录齐全（吊篮、脚手架等）	1			
25	施工用电未按要求进行线路铺设，电线乱拉乱接，随意拖地，配电箱使用不符合要求	1			
26	特种作业人员、监护人员无证上岗	3			
27	不听从甲方、监理人员指挥，违章作业	5			
28	对安全文明施工隐患问题拒不整改或整改效果不到位、不完整的	5			
四、造价管理					
1	工程变更申报、审批不符合合同要求，申报不及时，存在弄虚作假	5			
2	不按合同规定编制竣工结算或工程结算报送不及时	3			
3	工程结算造价成果文件存在非技术性错误或送审核减率超过10%	3			

续表

序号	扣分项	分值	扣分	检查情况/扣分原因	备注
4	未经审批不按施工图施工，竣工图与现场实际不符	1			
5	未按合同规定的计价方式进行计价，篡改相关计价原则	5			
五、进度管理					
1	施工组织设计方案中未编制项目进度计划或进度计划不合理、不翔实，难以满足项目需求	3			
2	未编制项目进度控制措施	1			
3	未有效履行项目进度计划及控制措施或进度偏差未及时纠正，施工资源组织难以支撑进度计划	3			
4	未按月提供施工月报或月报内容粗糙不翔实	1			
5	施工过程记录与工程进度实际不吻合	1			
6	经多次催促，签证变更仍未及时申报，或施工完成后未及时移交	3			
六、诚信履约					
1	响应甲方管理需求不积极	3			
2	收到有效投诉	3			
3	拖欠分包方工程款或拖欠工人工资	5			
4	拒绝承接或消极实施委托项目	5			
5	缺席重要会议或培训	3			
6	被责令整改拒不整改或整改不及时	3			
7	违反集团或国家相关廉洁从业规定	5			
8	不良行为被新闻媒体报道或政府职能部门处罚	5			
是否存在"一般不满足项"		是/否			
是否存在"较重不满足项"		是/否			
改进建议					
得分					

备注：依据施工实际按项扣分，即扣分＝$\sum$分值×发生次数

被考核承包商：

考核周期：

考核人员：

考核单位负责人：

考核单位（盖章）

7.5.2　监理单位管理

监理单位是代表建设单位对工程实施质量进行管理的组织者和指挥者，应严

257

格履行对工程质量、进度、造价的控制，对合同、信息的管理及对工程建设各方关系的协调，并履行建设工程安全生产管理法定职责，从而达到工程建设的综合效益。

开工前，监理单位应根据燃气建设工程计划及其特点，按现行国家标准《建设工程监理规范》GB/T 50319 要求编制监理规划和监理实施细则。

在开工前，监理人员应熟悉施工合同、设计文件，并对图纸中存在的问题提出书面审查意见和建议。监理人员应参加图纸会审和设计技术交底会；审查施工单位报送的施工组织设计（方案），工程开工报审表及相关资料。

在施工过程中，监理单位应每周主持召开监理例会并根据需要及时组织专题会议，解决施工过程中的各种专项问题。

质量管理上，监理人员应及时对施工单位报送的施工测量放线成果进行复检和确认；对工程材料、设备进行进场验收，对隐蔽工程及时进行现场检查，对未经监理人员验收或验收不合格的工序，监理人员应拒绝签字确认，并要求施工单位严禁进行下一道工序的施工；对施工过程中出现的质量缺陷或安全隐患，应及时下达监理通知，要求施工单位整改，并检查整改结果；如发现施工存在重大质量、安全隐患，应及时采取相应措施并下达工程暂停令，要求施工单位停工整改。整改完毕并经监理人员复查，符合规定要求后，应及时签署工程复工令。工程项目的关键部位，关键工序施工需设旁站监理人员。

进度管理上，监理工程师应对施工单位报送的施工进度计划进行审批，并对进度计划实施情况检查、分析。当发现实际进度滞后于计划进度时，应签发监理通知单指令施工单位采取调整措施；因监理单位导致的工期延误，应由其承担相应损失。

成本管理上，监理人员应对施工单位所填报的工程量清单进行现场审核，未经监理人员验收合格的工程量，或不符合施工合同规定的工程量，监理人员应拒绝计量确认。监理单位应严格控制签证，并对签证原因、工程量进行审核；监理人员应及时收集、整理有关工程费用的原始资料，为处理费用索赔提供证据；并会同有关各方按施工合同约定，处理因工程暂停引起的与工期、费用有关的问题。

安全管理方面，监理单位应根据法律法规、工程建设强制性标准，履行建设工程安全生产管理的监理职责。监理人员应审查施工单位安全生产规章制度的建立情况，督促施工单位严格落实安全保障措施，并应审查施工单位安全生产许可证及施工单位项目经理、专职安全生产管理人员和特种作业人员的资格，同时应核查施工机械和设施的安全许可验收手续，监理人员在巡视检查过程中，应重点检查施工单位是否严格按照批准后的施工组织设计（方案）施工，发现未按批准后的施工组织设计（方案）实施的，应立即签发监理通知责令整改；施工单位拒不整改的，应及时向有关部门报告。

工程竣工验收管理，监理单位应督促施工单位按时上交竣工资料，及时审查施工单位提交的竣工验收报审表及竣工资料，监理单位应编写工程质量评估报告，监理单位应参加由业主组织的竣工验收，并提供相关监理资料。对验收中提出的整改问题，监理单位应督促施工单位进行整改。工程质量验收合格后，监理会同参加验收的各方签署竣工验收报告。

建设单位应对监理公司派驻监理人员进行合规性、适岗性审查，包括监理工作经验、职业资格证、工程管理及工程技术水平；对监理人员进行考核，考核包括工作责任心、出勤、投资控制、质量控制等。

监理单位需要更换监理人员的，应提前通知建设单位工程管理部门，通知中应载明继任监理人员的注册执业资格、管理经验等资料。未经建设单位同意，监理单位不得擅自更换监理人员。监理单位擅自更换监理人员的，应按照合同条款的约定承担违约责任；监理单位在合同责任期内，不按监理合同履行监理职责，造成恶劣影响或经济损失的，应要求监理单位更换监理人员直至索赔。

建设单位应对工程监理单位进行检查考核，参照"工程咨询服务承包商履约考核表"（表7-3），对工程监理单位的监理工作质量、控制效果及管理水平根据其符合程度进行评核。为鼓励创新和执行，可设置额外加分项。也可设置重要质量安全事故一票否决，并和合作事宜挂钩。

工程咨询服务承包商履约考核表　　　　　　　　表7-3

项目名称：　　　　　　　　　　　　　　　　　　　　监理单位：

	项目	审核内容及要求	满分	符合程度	得分
1	项目监理机构	及时将项目监理机构的组织形式、人员构成及总监任命书面通知甲方			
		驻场监理机构规模符合监理合同的约定和工程需求			
		总监理工程师资格符合要求，同时担任其他项目总监理工程师时，应书面告知甲方，且不得超过三个项目，明确约定驻场时间，调换总监理工程师等主要监理人员时，应征得甲方同意			
		总监理工程师不能常驻时应委托授权总监理工程师代表，总监理工程师代表授权委托书符合要求，总监理工程师代表资格符合要求、常驻现场			
		专业监理工程师、监理员比例适当，资格符合要求			
		监理人员掌握所监理工程的基本情况，熟悉适用的主要规范、标准，熟悉有关工程技术标准，具备一般的工程监理技术知识			
		其他			
		小计：			

续表

项目		审核内容及要求	满分	符合程度	得分
2	监理设施与资料管理	有适宜的监理办公场所和办公设施，监理交通设施安全且能满足工作需求			
		常规检测设备和工器具齐全，按要求定期检定所配计量器具			
		有与工程监理相关的标准规范和技术标准，版本正确			
		专人管理监理文件资料，合理分类，目录清晰，摆放整齐，组卷、装订及归档符合相关规定			
		及时、准确、完整地收集、整理、编制、传递监理文件资料			
		其他			
		小计：			
3	监理规划及实施细则	监理规划编审程序符合规范，在第一次工地会议前报送甲方，实施中需要调整时，修订程序符合要求			
		监理规划有明确的监理范围、目标和工作依据，以及监理岗位职责和人员进场计划，有具体的监理工作制度、内容、程序、方法和措施			
		"四新"工程和专业性较强、危险性较大的分部分项工程，应编制相应的监理实施细则			
		监理实施细则编审程序符合要求			
		监理细则有明确的编制依据、工程特点和监理工作流程，有具体的监理工作要点、监理工作方法及措施			
		监理细则应对旁站监理有明确要求，或编制具体的旁站方案			
		监理规划和细则所确定的控制项目符合工程质量监控项目清单的要求，并应具有针对性和可操作性			
		结合工序施工情况和监理实际工作开展情况，适当记录平行检验和旁站监理情况			
		其他			
		小计：			
4	开工前监理工作	参加甲方组织的第一次工地会议，会议纪要确定监理例会的主要参加人员、周期、地点及主要议题			
		审查设计单位、施工单位（含分包单位）资质符合要求，有效复印件备案			
		审查施工单位有关管理人员、特种作业人员资质符合要求，有效复印件备案			
		审查设计图符合出图管理要求，并参加图纸会审、设计交底，提出恰当意见			
		审查施工组织设计和专项施工方案，针对实际、符合规范、总监理工程师签认，督促做好施工前的安全技术交底			

续表

项目		审核内容及要求	满分	符合程度	得分
4	开工前监理工作	审查施工机具是否符合要求，实际状况安全、完好，质量证明文件齐全，特种设备的定期检验手续完备			
		组织施工单位金属管道、PE焊接作业人员进行必要的实际操作考试			
		审查施工单位报送的开工报审表及相关资料，签署意见，总监理工程师签发开工令			
		其他			
		小计：			
5	监理例会	定期召开监理例会（结合工程情况，至少每2周一次），由总监或其授权的专业监理工程师主持			
		监理例会应回顾上次会议决议的落实情况，讨论各方提出的问题并形成本次会议的决议			
		会议纪要及时，内容符合要求（至少应包括HSE、进度、质量等方面），签到、会签、发放记录齐全			
		其他			
		小计：			
6	监理日志	记录天气和施工环境，记录施工进展情况和监理工作情况，存在的问题及协调解决情况，问题处理闭环			
		每项工程有完整的监理日志，有记录人签字			
		总监及时审阅监理日志并签字确认			
		其他			
		小计：			
7	监理月报/周报	及时提交监理月报/周报，内容符合要求，总监理工程师签发			
		说明监理工作情况，包括质量、进度、安全和造价控制以及监理工作统计，并做相应分析			
		说明本月/周工程实施的主要问题分析及处理情况，下月/下周监理工作重点，需要甲方关注和配合的内容			
		其他			
		小计：			
8	进度控制	审查施工进度计划符合合同工期约定，阶段性施工进度计划满足总进度控制目标的要求			
		审查主要工程项目无遗漏，施工顺序安排符合施工工艺要求，监理签署施工进度计划报审意见			
		检查和记录实际进度情况，并与计划作对比分析，实际进度与计划偏离时，督促施工单位采取相应措施			
		其他			
		小计：			

续表

项目		审核内容及要求	满分	符合程度	得分
9	造价控制及合同管理	熟悉工程建设合同的内容，对合同的履行情况进行监督，能够依据合同处理工程相关事宜			
		专业监理工程师及时、准确计量工程量，验收不合格或不符合施工合同约定的工程部位，不进行工程计量			
		发生工程变更后，按规定的程序及时处理工程变更，对变化较大的重要工程内容需要增补合同或重签新合同，变更后的工程需重新按程序进行交底			
		专业监理工程师审查施工单位提交的工程款支付申请，提出支付审查意见，并按有关工程结算规定及施工合同约定对竣工结算进行审查			
		总监理工程师按程序签发工程款支付证书，并按程序签发竣工结算文件和最终的工程款支付证书			
		做好防止索赔及按正确的程序及时处理工程索赔，并按规定公平地处理好合同争议的调解工作			
		其他			
		小计：			
10	安全监控	检查所有进场施工人员接受过有关安全培训（如承包商安全手册、工作许可证制度培训等）			
		掌握施工人员变动和安全培训跟进情况，动态管理			
		监督施工单位遵守甲方所辖的限制区域、危险划分区域的特殊安全要求			
		检查施工单位现场安全防范措施的落实情况，有对施工现场的日常安全检查并记录			
		施工单位拒不整改或者不停工，及时向甲方和有关主管部门报告			
		其他			
		小计：			
11	竣工阶段监理工作	审查施工单位提交的工程竣工验收报审表及竣工资料、竣工图符合工程资料管理要求			
		组织工程预验收，验收合格的，总监理工程师签发竣工验收报审表			
		工程质量评估报告的内容和编审程序符合要求			
		参加甲方组织的竣工验收，对验收中提出的问题，督促施工单位及时整改，总监理工程师签署竣工验收意见			
		督促施工单位与甲方签署质量保修书			
		其他			
		小计：			

项目		审核内容及要求	满分	符合程度	得分
12	廉洁诚信项	单位资质和人员资格真实有效			
		监理资料记录和数据真实有效			
		无其他不诚信内容			
		无利用职权吃、拿、卡、要			
		无收受贿赂或礼品			
		合计:			
				小计:	

7.5.3 约谈

约谈是指建设单位对工程项目参与单位在项目开展过程中相关问题进行警示提醒、告诫，督促整改的约见谈话。

当发生一定级别的责任事故；工程质量、安全等不符合相关要求；施工管理、配备未达到合同等相关要求或其他需要约谈的情形时，建设方（甲方）根据管理需要发起约谈通知或约谈函件。

约谈时，约谈方应说明约谈事由和目的，约谈对象就约谈事项进行汇报说明，约谈方可就有关问题进行询问，并提出整改要求和工作建议，约谈对象按约谈方提出的要求和建议落实问题的整改或工作改进，约谈结束后，约谈方形成约谈记录，各参与方签字，传达执行。约谈方应督促约谈对象在约定期限内将整改落实情况书面上报约谈方。约谈对象未按约谈决定事项进行改进或整改的，将按合同规定处理。表 7-4 为约谈记录表模板。

约谈记录表模板　　　　　　　　　　　　　　　表 7-4

_____建设工程约谈记录表			
约谈单位			
被约单位		被约谈人/职务	
约谈时间		约谈地点	
主持人		记录人	
约谈事由			
约谈记录			
约谈单位	签名		
被约谈单位	签名		
监理单位	签名		
其他单位	签名		

第 8 章 信息化在城镇燃气
工程管理中的应用

信息化则是指以现代信息技术为手段，以开发和利用信息资源为对象，以改造的生产、管理和营销等业务流程为主要内容、以提升的经济效益和竞争力为目标的动态发展过程。

信息是现代企业最重要的资源之一。为了充分发挥信息资源的作用，需要对信息资源进行整体规划和集成化管理，以实现信息共享和信息资源的有效利用。企业信息化的目的是提高企业的竞争能力，提高经济效益和保证持续发展，信息化本身不是目的，是实现目的的手段。

工程管理信息化指的是工程管理信息资源的开发和利用，以及信息技术在工程管理中的开发和应用，工程管理信息化有利于提高建设工程项目的经济效益和社会效益，以达到为项目建设增值的目的。对于工程建设，信息化系统不是目的，是实现工程建设质量、成本、进度、安全等目标的手段。通过信息化的工具实现上述目标，对整个工程建设从前期论证直到工程决算的全过程物料、质量、进度、成本管理就显得必不可少。

目前，燃气行业工程建设领域，主要信息化手段有工程一体化、工程现场管理移动系统、完整性系统，BIM 技术、AI 技术等信息化手段，以工程现场为核心构建工程各参加方的平台，聚焦于工程质量，进度、协同，解决现场施工数据采集、各方协同及数据统计分析。通过对工程内容的监管、关键工序的数据采集可控化管理，减少安全质量隐患，优化工程管理体系。全过程实时共享、监控、处置工程中出现的质量问题。工程现场管理移动端与 PC 端工程成本管理结合进行了业务一体化管理，对施工预算进行管理，管控工程变更，优化结算环节，对成本进行分析。

8.1 基于信息化的成本管理

成本控制不是单纯的限制与监督，而是创造条件，着眼于成本的事前监督与过程控制，从提高科学管理水平来入手。

8.1.1　基于地理信息系统（GIS）、建筑信息模型技术（BIM）的设计阶段成本管理

工程项目前期的成本控制的措施的核心是工程前期勘探工作准确性，实现设计方案优化。通过加强工程的勘探工作、强化勘探的科学性来提高成本控制的质量，为工程设计奠定基础。设计过程则以价值工程为依据，实现设计方案的优化。通过应用价值工程能使设计人员精确的了解客户需求，强化设计人员重视投资决策估算及设计阶段造价控制意识，充分考虑与吸收各个方面的意见与建议，实现设计的科学特征，使工程项目各个功能更加合理化，逐步实现以提高工程造价效益为目的，正确处理技术先进和经济合理两者间的对立统一关系有效控制成本，实现节约工程资源优化配置的目的。以下介绍两种分别适合线性工程项目和站类工程项目的可视化设计技术。

1. 基于地理信息系统（GIS）的高压管道工程设计

GIS 是地理信息系统（Geographic Information System）的简称，是一种具有信息系统空间专业形式的数据管理系统。由于高压管道工程项目具有征迁难度大、线路长、地质条件复杂等特点，设计难度较大。从设计施工到运行维护，中间大部分环节都存在大量的模糊地带，各种各样的管理问题层出不穷，如设计图纸与现场不符造成大量设计变更、红线不明晰、工程进度难以控制等。

而利用地理信息系统的，加载高精度地图、红线、地质、自然保护区、行政区划、国土空间规划、耕地保护矢量数据等业务数据，可实现多种来源，各种专业的数据的高效整合，让设计人员能非常直观地了解工程现场实际情况，从而可明显增强设计的精确性、准确性，在后续施工时可大幅减少现场工程变更，使得预算得到有效控制（图 8-1）。

图 8-1　基于 GIS 的管线设计

2. 基于 BIM 技术的场站工程设计

BIM 是建筑信息模型（Building Information Modeling）的简称，BIM 发端于建筑设计领域，其真正目的立足于建筑全生命周期，考虑上下游应用的连接与信息的流通，燃气厂站相比大型化工厂、复杂建筑物的复杂性要低很多，且从 BIM 为全生命周期的应用理念来看，利用 BIM 建立起燃气厂站从设计、施工到运行的全生命周期的信息传递是可行且效益明显的。

利用 BIM，从概念方案到深化设计，再到初步设计、施工图设计，整个设计流程可以整合到一个软件内部进行，减少在不同软件之间异步操作导致的设计问题。灵活多样的可视化表现方式，使设计方案得到快速、全方位的展示，给方案的讨论、审阅、表现带来极大的便利。而最为核心的是设计、建设、运行全流程数据的打通、留存，为厂站的全生命周期的增值带来效益（图 8-2）。

图 8-2　基于 BIM 的场站设计

8.1.2　利用信息化建立工程成本核算体系

成本核算主要以会计核算为基础，以货币为计算单位。成本核算是成本管理工作的重要组成部分，它是将企业在生产经营过程中发生的各种耗费按照一定的对象进行分配和归集，以计算总成本和单位成本。成本核算的正确与否，直接影响企业的成本预测、计划、分析、考核和改进等控制工作，同时也对企业的成本决策和经营决策的正确与否产生重大影响。成本核算过程是对企业生产经营过程中各种耗费如实反映的过程，也是为更好地实施成本管理进行成本信息反馈的过程，因此，成本核算对企业成本计划的实施、成本水平的控制和目标成本的实现起着至关重要的作用。

1. 物料标准化

工程项目使用的物资种类繁多，管理具有高度复杂性，导致在物料采购及使用流转过程中效率较低，容易造成管理漏洞。在此背景下，建立设备材料标准化数据库,以指导设计、招标、采购等,不仅可有效降低实际使用物料的数量,也能够明显降低物料流转的难度,有效提高各方需求计划报送的完整性和准确性,降低各专方管理难度,提升物资计划和领退管理的效率效益。

首先,制定物料分类标准。物料分类标准是物料数据编制的依据。物料分类要以物料自然属性为第一分类原则,并兼顾企业管理要求与实用性相结合原则。在确定物料分类标准的过程中,参照国家和行业相关标准,结合企业物料特性进行科学分类,确定合理的分类层级,并对每个类别所包含的内容进行明确的定义,最终形成分类标准。分类要适应物资集中采购的管理需求,适应信息化建设集成、整合、应用一体化的管理要求,做到实用、方便。

其次,建立物料定义标准描述规则设计。为保证物料数据描述规范统一,在物资分类及特征项体系下制定更加细化的描述规则,即标准描述规则,有效杜绝归类错误、一物多码等问题,减少人工干预工作量。对于通用性、标准化程度较高的物资,推荐采用信息化模板的方式在管理系统中固化标准描述规则,提高管理效率。

最后,依托 ERP 系统,形成闭环业务流程。将物料数据管理流程在 ERP 系统中进行功能固化,使各业务环节衔接有序,提高单据流传效率,实现业务全流程可追溯。最终实现搭建统一的物料数据管理平台。将物料分类标准、物料描述模板等物料数据标准化管理的标准、规范和流程在系统中固化,可有效提高物料数据管理质量和效率。通过编制统一规范的物料数据代码库,最大限度地减少代码的重码、错码现象,为企业各部门、各系统提供高质量、高效的信息化标准数据支撑,推动企业信息系统的深度集成、数据共享和深化应用。

2. 工程服务标准化

工程服务标准化的思路与物料标准化类似,首先建立标准的服务分类,将数量庞大且计算规则多样的人工费、机械费、措施费,从相关定额体系内梳理加工,形成适合自有管理体系的标准化服务数据库,依托 ERP 系统搭建统一的服务数据管理平台,支持全业务流程的数据应用。管道安装工程服务标准分类示例如表 8-1 所示。

管道安装工程服务标准分类示例 表 8-1

编码	服务本分类	编码	服务本分类
80	清单	8006	探伤
8001	土建	8007	阴极保护
8002	非开挖	8008	其他
8003	管道安装	8009	勘察设计
8004	设备安装	8010	监理
8005	防腐	8011	监督检查

3. 核算体系标准化

做好计算成本工作，首先要建立健全原始记录；建立并严格执行材料的计量、检验、领发料、盘点、退库等制度；建立健全原材料、燃料、动力、工时等消耗定额；严格遵守各项制度规定，并根据具体情况确定成本核算的组织方式。

其次建立标准、适合企业管理维度的核算要素。要素决定了费用归集的维度，是后续进行工程成本分析、费用分析的基础。应根据企业生产类型的特点和对成本管理的要求，确定成本计算对象和成本项目。通过成本核算，可以检查、监督和考核预算和成本计划的执行情况，反映成本水平，对成本控制的绩效以及成本管理水平进行检查和测量，评价成本管理体系的有效性，研究在何处可以降低成本，进行持续改进。

最终，依托信息化管理系统，将企业工程标准核算体系在系统建立，将实际工程所发生的成本按照标准化核算体系入账及分析，为管理提供指导性意见和建议，表8-2为某企业工程核算要素示例。

某企业工程核算要素示例　　　　　　　　　　表8-2

要素编码	要素名称	要素类型	要素方向
01	项目成本	成本	借
0101	主材费	成本	借
0102	土建费	成本	借
0103	安装费（不含土建）	成本	借
0104	安装费（含土建）	成本	借
0105	阴极保护费	成本	借
0106	防腐费	成本	借
0107	探伤费	成本	借
0108	非开挖费	成本	借
0110	勘察设计费	成本	借
0111	监理费	成本	借
0112	监督检查费	成本	借
0113	土地费	成本	借
0114	工程赔偿费	成本	借
0115	不可预见费	成本	借
0117	电仪工程安装费	成本	借
0116	其他费	成本	借
011601	人工及其他管理成本	成本	借
011602	其他：测绘费	成本	借
011603	其他：报批报建费	成本	借
011604	其他：间接费用分摊	成本	借
011605	其他：其他费	成本	借

8.1.3 基于工程一体化管理系统的工程预、结算管理

1. 项目预算管理

编制预算是控制工程成本的有效方法，预算的信息化管理通过利用信息系统平台实现全面预算的高效化、管理体系的标准化，可以将标准化的物料与标准化的服务以及整个核算体系内置于系统内，从而使预算的作用完全发挥；利用信息系统对施工材料、设备、人力消耗的费用进行实时管控，可以分布式地将每个涉及费用的环节细化到每个具体的流程，因此对于预算的执行可以更加快捷和明确地掌控，可利用信息系统对于材料出库、进度款、材料结算、合同结算、无合同费用结算等材料、人工费进行控制。通过预算管理信息系统和业务系统、费用系统、财务系统进行集成，能够指导预算项目在预算周期内的活动，并且对预算实施情况进行实时检查和分析，对业务目标达成和业务实现情况起到约束作用，从而有效实现预算控制，图 8-3 为预算控制系统流程。

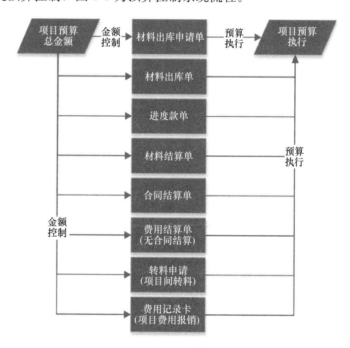

图 8-3 预算控制系统流程

对于工程项目，在实际执行过程中，最易出现预算执行偏差的一般为材料的领退和针对额外工程量的工程签证，因此，更加要使用好信息化管理工具对其重点管控。

2. 工程项目结算管理

工程项目结算管理包括材料结算和服务结算。材料结算是指工程项目施工结束后，针对甲供的工程物料领用量和实际用量之间的差异，进行退库或扣款清算

的过程。而服务结算是针对该项目所发生的工程施工、监理、监督检查、设计等服务所进行的各项费用成本结算。一般材料结算应该在项目服务结算之前完成。

通过工程信息化系统的使用，可使材料结算与每一笔的费用结算按项目实施实际情况归集到项目内，并实时对预算执行情况进行回写和统计分析，可有效防止预算超支、费用重复结算等问题。每一笔在项目上领用的物料都可以在材料结算时自动汇总，形成工程项目物料领用清单，只需要将实际使用量录入系统就可形成差异，从而进一步决定是退还还是扣款。

图 8-4 是某企业通过工程管理系统进行材料结算的过程，系统可自动汇总项目的物料领用量，制单时按时填入实际用量后形成差异量，且可自动根据材料核算单据算出差异价格。

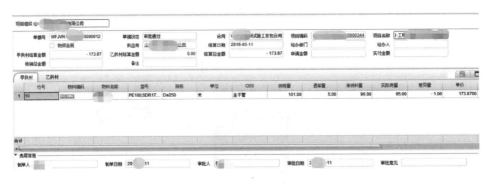

图 8-4 某企业材料结算系统

工程施工费、监理费、设计费等服务费用的结算，应严格使用标准化的服务清单申报，自动归集到项目内，并按照标准化的核算体系进行分类，在项目关账后，可形成项目工程费用成本汇总及明细。对于审定的结果，应借助工程信息化平台，形成结算文件的可追溯查询的依据。同时，付款的流程也应在平台内发起，形成每笔费用支出可追溯明细。以此来规范各方的工程款申领、审批过程。

8.1.4 基于项目管理系统的工程物料管理

工程建设项目施工过程中，工程物料的费用占整个项目成本可达 70%，控制好工程物料物资是有效控制工程项目整体成本的关键。物料管理主要内容包括采购需求计划、采购过程管理、催交监造（催交检验监造动态）、物流运输（采购运输、报关、核销退税、发票等）、仓储（设备开箱检查、到货入库、领用出库，库存管理等）、物资消耗和对账核销（物资成本归集）等管理过程，同时实现对采购合同和物资收发、核销的全过程管理。

通过管理系统进行材料预算总量、采购合同评审签订、月度计划需求量、材料领用、材料消耗、材料成本归集、材料节约数量或超用数量与预算总量对比分析及预警等材料全过程管理，另通过内部物资调剂和调拨系统、项目前端（移动）材料采集，实现材料数据采集自动化管理，从源头采购到材料出库实现全流程管控。通过系统闭环操作，避免材料管理中间环节出现漏洞。通过系统中业务单据流转，项目自开工的材料消耗结存情况一目了然。通过结合当前项目进度，快速分析当前项目进度下材料消耗的合理性及材料计划节约情况。统一材料编码，材料库的标准化，实现公司内材料数据的唯一性，标准项目材料的名称规格，提升材料管理效能。通过实时掌握材料消耗情况，与施工进度比对，进一步防范承包方超领材料风险。建立良好的供方生态体系，降低采购询价成本与风险成本。多视角供方的履约能力分析，提高资源利用效率。以预算控制/总计划为基础，实现对采购范围、数量、价格的有效监管，量价对比，降低采购成本。实时掌握物资库存情况，合理采购，去库存降低资金占用成本。物料领用后形成项目成本执行项目预算，可实时监控项目预算执行情况。

通过系统对材料的预算—采购—出库—使用进行管理，可实现物料从源头到结尾的可追溯、可控制。对于预算内的材料，系统在采购、出库环节可不做过多管控，对于预算外的材料，需根据超预算的金额审批到不同负责人。施工单位领料时也需要在系统中填写领取的具体材料和数量，并凭相关甲方审批通过后的电子领料单到仓库领料。仓库通过核验系统中领料单的规格型号及数量，供货给供应商，并由供应商进行无纸化签收，签收后的材料即从甲方仓库转移至工程上的施工单位仓库里。领用的物料也将回写至预算执行情况中，与预算进行实时对比分析，从而实现对物料的实时控制。

8.1.5　基于工程移动应用系统的工程签证管理

工程签证会使预算的执行出现偏差，因此通过系统管理工具保证签证真实、及时、审核过程及时、有效是极为重要的。通过信息化管理手段，尽量减少工程现场签证费，应注意以下几个方面。

（1）现场签证应当通过移动端系统内线上记录，并严格按金额额度预置审批程序，严格审批。

（2）移动端在填写现场签证单时要开启地理位置定位功能，单据记录以及照片都应有不可修改的包含时间、地点、项目信息的自动水印，内容填写要翔实。

（3）凡合同内有规定的项目不得签证。

（4）现场签证要及时，在施工中随发生随进行签证，应当做到一次一签证，一事一签证，及时处理。

（5）甲乙双方代表应认真对待现场签证工作，提高责任感，遇到问题双方协商解决，及时签证，及时处理。

某企业线上审批的签证记录示例如图 8-5 所示，移动端制单时自动记录了地理位置，照片均须现场拍摄无法选择相册，且自动产生了不可编辑的水印，签证分类已标准化预置，可自动判断审批路径。最终通过审核的工程签证在工程款支付时合并支付，形成项目成本，回写到预算执行。

签证记录

项目组织	佛山市顺德工程有限公司	单据编码	XO□□□792
项目编码	S□□□	项目名称	大□□□□□市政管迁改工程
签证类别	5000-10000(含)元以下	预估金额	7,500	申请时间	2020□□□
供应商	四川□□□□□□有限公司	地理位置	广东省佛山□□区同兴路43号靠近嘉誉国际
签证内容	设计燃气管道CD段定向钻施工，管道预制长度为390m，预制管道摆放在大良汽车站门口口人行道上，人行道总长度约150米，因同兴路路口无法封闭进行摆管预制，故采用三接一的方法进行回拖施工，因此产生吊车台班。1. 吊车台班:50T吊车　2台　工作时间:早10:00至次日凌晨02:30　　　吊车台班:8小时一个台班，共计台班:2台吊车x1.5个台班=3个台班。

相关照片

图 8-5　工程签证

8.2　进　度　管　理

8.2.1　形象进度

工程形象进度是表明工程活动进度的主要指标之一，它用文字或结合数字，简明扼要地反映工程实际达到的形象部位，借以表明该工程的总进度。形象进度，虽有人为判别因素大、过度依赖填报人员经验等问题，但作为工程进度管理最为易用、直观的进度表达方式，仍然被广泛应用（图 8-6）。在信息化管理平台内，应当建立适于填报颗粒度的形象进度汇报模板，对不同的任务合理设置不同的权重，形成标准化的填报格式，以便能尽量准确地显示整个项目的进度。在实际填报方面，通过移动端直达一线，让一线员工填报任务末级实际施工的进度，逐级汇总上来，形成项目的总进度，以便能准确反映项目实际进度。对于一线员工填报的数据，应辅以现场照片、视频等，并完善审核流程，防止虚报。

8.2.2 指标进度

工程指标进度是指通过定义工程项目实质性的进度指标和指标数量来衡量项目的总工程量，在填报进度时客观地填报指标数量的完成值，来更为客观地反映工程项目进度的一种方法。相比工程形象进度，指标进度定义和填报的都是实际具体的工程量，如完成敷设的管道长度、焊接的焊口数量等硬性指标，所以对项目进度的衡量更显客观。

特别是针对高压管道工程，指标进度尤其适用。如定义指标为焊接焊口数，指标计划为 100 个，那么在填报时只可填报实际焊接完成的数量，在衡量指标进度时就客观且公正。在实际信息化系统的应用过程中，通过在系统内预先定义项目的指标和指标计划量，再通过移动端让一线施工人员填报完成量，可较好地管控项目的实际进度，有效降低了人为的判断，图 8-7 为系统指标进度填报。

图 8-6 形象进度-关键里程碑

图 8-7 系统指标进度填报

8.3　质　量　管　理

8.3.1　全过程质量管理体系的建立

建立工程质量全过程控制体系，并利用信息化工具落地执行是工程质量管理的两大板块。前者是基础，后者是目的。

首先，要按照相应国家标准、行业标准、企业标准、管理需要以及工程的实际特点，建立工程质量控制点和现场执行记录要求。对于一线员工来说，工程质量标准体系复杂、技术门槛较高，为将质量控制体系能顺利落地到一线员工，在结合工程实际设计质量体系时，应当深入浅出、易于理解、注重执行，并做出图形化、形象化指导体系，多使用图片、图表展现方式，尽量避免大段的文字说明。

使用信息化工具落地执行时，要着重考虑系统易用性，应当将庞杂的质量理论管理体系深入浅出地在系统内配置，并简洁地提示，使得交付给一线员工所使用的系统简单易用，多使用简洁的语言、简单拍照功能，抓住工程质量核心控制点并留以图像资料。要避免理想化，避免使用系统工具管人的思维，要将信息化系统定义为管理工具，而非管理本身。

表 8-3 是某企业建立并在系统内配置的高压管道施工质量控制清单表，可在手机端作为检查、自检表格使用，为建设方、监理方、施工方提供全时移动记录功能。

高压管道施工质量控制清单表　　　　　　　　表 8-3

检查标准名称	检查标准分类
施工单位仓库管理巡查表	仓库巡查
开工条件检查	平行检验
钢管、管件及附属材料进场检查	平行检验
阀门进场检查	平行检验
材料保管	平行检验
交接桩、测量放线及作业带清理	平行检验
沟槽开挖	平行检验
阀室/井砌筑	平行检验
沟槽回填	平行检验
桩墩工程及管道标识、警示牌	平行检验
线路保护工程	平行检验
地貌修复	平行检验
堆放与布管	平行检验

续表

检查标准名称	检查标准分类
钢管组对与焊接	平行检验
管道下沟敷设	平行检验
定向钻施工	平行检验
顶管施工	平行检验
钢管防腐补口及补伤	平行检验
牺牲阳极阴极保护工程	平行检验
外加电流阴极保护工程	平行检验
焊工考试记录	旁站记录
穿越地下管道、线缆	旁站记录
钢管连头	旁站记录
焊缝返修	旁站记录
阀门单体试验	旁站记录
绝缘接头单体试验	旁站记录
阀门安装	旁站记录
绝缘接头安装	旁站记录
管道防腐层完整性检测	旁站记录
清管及测量直径	旁站记录
强度试验	旁站记录
严密性试验	旁站记录
管道干燥	旁站记录
开工条件检查	施工记录
焊工考试记录	施工记录
钢管、钢管件及附属材料进场检查	施工记录
阀门进场检查	施工记录
材料保管	施工记录
交接桩、测量放线及作业带清理	施工记录
沟槽开挖	施工记录
阀室/井砌筑	施工记录
沟槽回填	施工记录
桩墩工程及管道标识、警示牌	施工记录
穿越地下管道、线缆	施工记录
线路保护工程	施工记录
地貌修复	施工记录
堆放与布管	施工记录
钢管组对与焊接	施工记录
钢管连头	施工记录

检查标准名称	检查标准分类
焊缝返修	施工记录
管道下沟敷设	施工记录
阀门单体试验	施工记录
绝缘接头单体试验	施工记录
阀门安装	施工记录
绝缘接头安装	施工记录
定向钻施工	施工记录
顶管施工	施工记录
钢管防腐补口及补伤	施工记录
牺牲阳极阴极保护工程	施工记录
外加电流阴极保护工程	施工记录
管道防腐层完整性检测	施工记录
清管及测量直径	施工记录
强度试验	施工记录
严密性试验	施工记录
管道干燥	施工记录
HSE 巡查	质量安全巡查
沟槽开挖巡查	质量安全巡查
堆放与布管巡查	质量安全巡查
钢管组对与焊接巡查	质量安全巡查

8.3.2　施工方施工质量管理

对于施工方来说，利用信息化工具设置质量控制点，向一线员工如施工员、质检员、焊工等开放应用，取得现场的一手真实资料永久留存，并尽可能实现竣工资料电子化，是施工方系统化质量管理的落地手段。以下为某企业使用信息化工具，进行施工方质量自控的控制点落地执行的典型案例。

1. 施工记录

依据上述系统化的检查标准，规定了针对燃气高压管道工程从开工前的焊工考试到试验验收的，需要进行施工自检自控的工序，要求施工方在现场依据工序、批次对工程质量完善自检。在每个工序的检查表内，规定了哪些关键检查项需要实时拍照记录或记录测量数据，使用方应按照标准的要求进行拍照记录，使得在现场施工的一手资料能够永久记录（图 8-8～图 8-10）。

2. 焊接后焊口防腐操作

高压燃气管道的焊接工艺、方法以及焊接后焊口无损检测等一直是关注的重点，且越来越普遍使用的自动化焊接技术都较好地保证了焊接的质量。同时高压

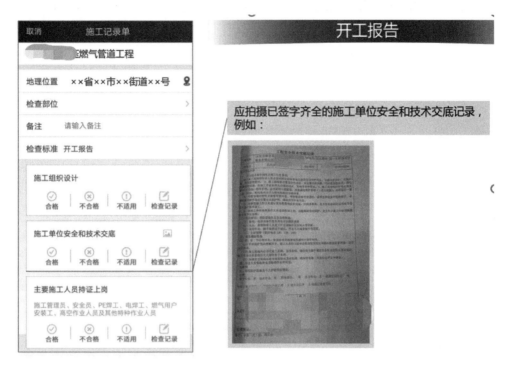

图 8-8 施工记录-开工报告

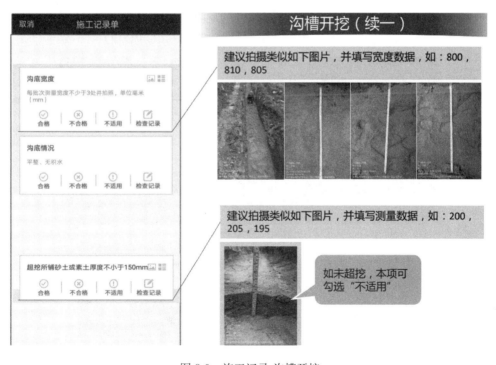

图 8-9 施工记录-沟槽开挖

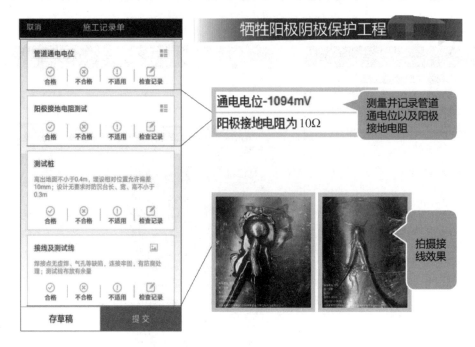

图 8-10　施工记录-阴极保护检查

燃气管道普遍使用 3PE 防腐的钢管，也保证了管体本身的防腐质量。因此在现场补口的焊口，其除锈、防腐质量极为重要，其中的除锈质量又是重中之重，成为影响高压燃气管道施工质量的核心控制点。基于此，使用移动化的信息系统对每个焊口的机械喷丸除锈的效果进行 100% 的现场拍照，以此来控制每个焊口的除锈质量，从而控制焊口防腐质量，图 8-11 为高压管道防腐补口。

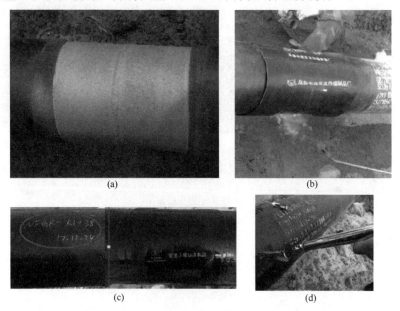

图 8-11　高压管道防腐补口

（a）除锈效果；（b）搭接；（c）补口外观；（d）剥离试验（如有）

3. 材料追溯

工程材料的质量是工程质量控制的关键，需要从多个环节建立质量保证体系，利用系统管理包括材料的来源、材质、性能及质量情况等数据，从而保证材料的可追溯性。通过系统，从材料的预订、入库、出库、施工、运行进行全生命周期管理。对于材料的追溯，需为材料添加唯一的追溯码，并对材料的最终使用情况进行记录和留存。材料的唯一追溯码可以采用规格＋型号＋生产批次＋流水号的形式编制，为了工程现场输入方便可采用条形码或二维码技术，并要求施工人员 100％对材料的使用情况进行扫描追溯码记录，图 8-12 为焊接记录拍照。

图 8-12　焊接记录拍照

4. 管道位置信息

管道位置信息对于管道日后维护有着重要的作用，所有的管道位置信息应存放在 GIS 系统中，并及时对管道信息进行维护和更新（图 8-13）。对于采用开挖方式敷设的管道，应在覆土前采用 RTK 对管道进行精准定位。对于采用非开挖方式敷设的管道，应采用陀螺仪对管道进行定位（图 8-14）。将采集到的地理信息数据手绘进 GIS 耗时费力，采用智能测绘系统可打通 RTK 测量与GIS 系统，将测量的数据一键同步至 GIS 中，GIS 相关人员只需复核并补充数据即可。

系统数据的存放位置与数据的敏感程度相关，需根据数据自身的重要程度划

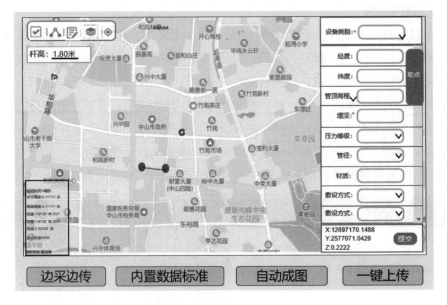

图 8-13　智慧管网采集系统

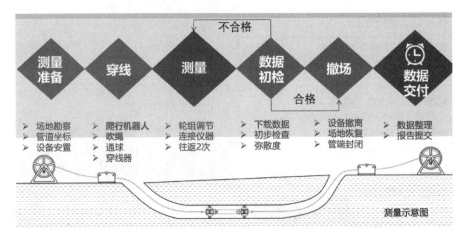

图 8-14　陀螺仪管道定位

分等级，进而确定数据储存的位置。对于关键数据，如管道地理信息、材料采购价格、人工费、材料结算、应收应付管理、供应商信息等于财务、供应链相关的涉及企业经营的重要数据，应存放在企业的安全场所，做好备份，并按规定时限保存。

8.3.3　监理方施工监督质量管理

1. 旁站记录

监理制度是保证工程质量，切实提高工程的实效的重要手段，也是法律赋予监理的重要职责。监理单位接受建设单位委托，代表建设单位对工程建设过程中的有关工程质量、安全、投资、进度等各项工作进行有效监控，对建设单位负责。如何实现此目标成了监理实施过程中的一个重点。利用信息化系统对于监理旁站记录进行管理，应首先明确需要100%旁站监理的工序（表8-4）。

需100%旁站监理的工序 表8-4

序号	旁站工序	序号	旁站工序
1	埋地阀门安装	6	强度试验
2	调压设备安装	7	严密性试验
3	绝缘接头（法兰）安装	8	定向钻施工
4	钢管连头	9	顶管施工
5	清管、吹扫		

通过信息化系统，监理需在工程现场完成旁站工作，并在现场拍照留存。确保了旁站的完整性、及时性和真实性，切实提升了旁站的执行情况和工程的质量（图8-15、图8-16）。

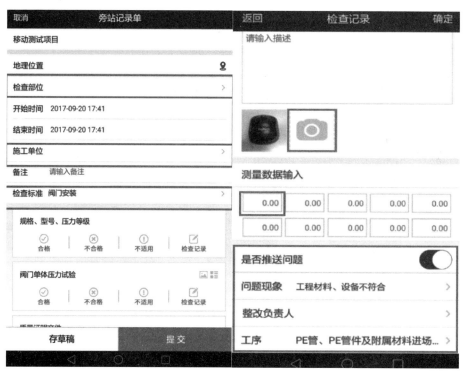

图8-15 利用APP现场进行旁站记录

2. 平行检验记录

平行检验是受建设单位的委托，在施工单位自检的基础上，按照一定的比例，对工程项目进行独立检查和验收。对同一批检验项目的性能在规定的时间里进行的二次检查验收。高压燃气工程施工平行检验工序见表8-5，APP现场平行检验记录单如图8-17所示，PC端平行检验记录展示及打印如图8-18所示。

旁站记录

业务单元	▓▓▓▓▓	单据编码	XZJV--XMJC▓▓▓▓
项目编码	XZJV-CEAB2021000030	项目名称	县尚高压专线（罗村~和泉）天然气管道工程（二标）
检查标准	钢管连头-高压	检查部位	k7+000～k8+000
开始时间	2022-01-10 15:30:00	完成时间	2022-01-10 17:35:00
施工单位	江▓▓▓▓▓▓有限公司	合格率(%)	100.00
地理信息	▓▓▓▓▓区柳泉镇永兴孵化场	制单时间	2022-01-10 17:55:57
制单人	江苏卓为-孙长周	备注	k7+B05+1L

检查内容

序号	检查项名称	检查项描述	要求拍照	要求测量	检查记录	检查结果	测量数据	是否适用
GYPZ009	对口角度及错边量	不可强力组对	是	否	组对时未强力组对，错边量符合要求	合格	————	是
GYPZ010	管道坡口角度		否	否	坡口角度符合要求	合格	————	是
GYPZ011	除锈质量	喷砂除锈不低于Sa2.5级，与对比卡对比拍照	是	否	————		————	否
GYPZ012	焊缝外观质量		是	否	————	合格	0.9;19;16	是
GYPZ013	焊缝内部质量	无损检测	否	否	————		————	否
GYPZ014	防腐补口质量	电火花检漏、防腐层粘结力不小于50N/cm	是	否	————		————	否
GYPZ015	其他	符合钢管焊接相关要求，避免用管件连头	否	否	————		————	否

检查照片

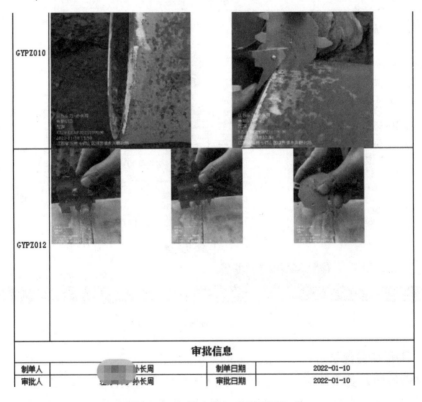

GYPZ010

GYPZ012

审批信息

制单人	▓▓▓▓孙长周	制单日期	2022-01-10
审批人	▓▓▓▓孙长周	审批日期	2022-01-10

图 8-16　PC 端旁站记录展示及打印

高压燃气工程施工平行检验工序

表 8-5

序号	平行检验工序	序号	平行检验工序
1	开工条件检查	11	地貌修复
2	钢管、管件及附属材料进场检查	12	堆放与布管
3	阀门进场检查	13	钢管组对与焊接
4	材料保管	14	管道下沟敷设
5	交接桩、测量放线及作业带清理	15	定向钻施工
6	沟槽开挖	16	顶管施工
7	阀室/井砌筑	17	钢管防腐补口及补伤
8	沟槽回填	18	牺牲阳极阴极保护工程
9	桩墩工程及管道标识、警示牌	19	外加电流阴极保护工程
10	线路保护工程		

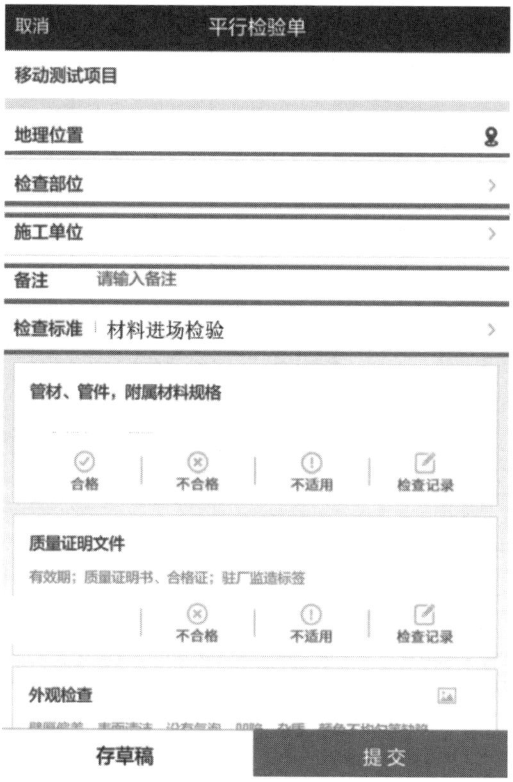

图 8-17　APP 现场平行检验记录单

3. 现场巡视记录及质量问题的闭环管理

监理人员对工程项目进行 HSE 巡查时，应使用 APP 记录，并使用系统内统一制定的巡查表。巡查时，应按检查表的要求对现场进行拍照、测量和记录，照片应能反映检查表的要求。监理人员到达现场都应对现场施工安全环境进行评估，对项目现场进行 HSE 巡查并在系统内记录。监理人员在工程现场巡查、平

平行检验

业务单元	▓▓▓燃气有限公司	单据编码	X▓▓▓▓C2020007633
项目编码	▓▓▓2020000192	项目名称	▓▓▓▓公司宁宿检高速公路北侧（江卯镇至双沟段）▓▓（高压管道工程二标段
检查标准	钢管组对与焊接-高压	检查部位	高压焊接
施工单位	河北▓▓装工程有限公司	合格率(%)	90.91
地理信息	▓▓▓▓▓▓▓▓	制单时间	2020-09-10　16:31:34
制单人	▓▓▓▓	备注	

检查内容

序号	检查项名称	检查项描述	要求拍照	要求测量	检查记录	检查结果	测量数据	是否适用
GYPJ065	焊接环境	温度、湿度、风力等符合要求	否	否	————	合格	————	是
GYPJ066	焊接规程/焊接工艺卡		是	否		合格	————	是
GYPJ067	焊接设备及工器具	焊机、对口器、内外壁打磨工具等	是	否		合格		是
GYPJ068	焊材外观检查与保护	规格核对、表面清洁无缺陷、保持干燥、拍焊材保护箱	是	否		合格		是
GYPJ069	内壁及管端清洁、坡口质量	管端20mm范围清洁干净，无缺陷；坡口符合焊接规程/焊接工艺卡的要求	是	否		合格		是
GYPJ070	环焊缝间距	环焊缝间距不应小于管道的公称直径，且不得小于0.5m	否	否		合格		是
GYPJ071	管材焊缝错开间距	对接接口任何位置不得有十字型焊缝，两管口螺旋焊缝或直缝间距错开应大于或等于100mm	否	否		合格	————	是

图 8-18　PC 端平行检验记录展示及打印

行检验过程中发现的质量安全问题，应使用 APP 拍照记录，并正确选择问题现象及描述问题后，发送给施工单位整改。待施工单位反馈整改结果后，不符合整改要求的，应驳回施工单位继续整改。待问题整改完成后，通过质量问题验收关闭问题，形成闭环管理（图 8-19）。

图 8-19　质量问题闭环管理

8.3.4　建设方对工程质量的监督

1. 焊接底片数字化技术及数字化底片 AI 缺陷识别技术

焊接质量是影响燃气管道工程的主要因素，焊接缺陷和问题会带来极大的危害，如减少焊缝的承载面积，削弱了静力拉伸强度；发生应力集中和脆化现象，易产生裂纹并扩展；易穿透管壁，发生泄漏，影响致密性，留下隐患。焊缝射线底片是检测焊缝质量的重要文件，高压燃气工程焊缝要求拍摄射线底片，数据量巨大，完全通过人工进行缺陷识别效率低、耗时长、人力成本高。通过对焊缝底片进行数字化，形成焊缝底片大数据及焊缝底片数字化管理系统，进而建立图像自动识别的 AI 缺陷识别与分析模型，可快速对焊接质量进行判断，进而确保工程质量。这项技术首先需要将焊接底片数字化，在数字化基础上再进行 AI 缺陷识别训练。

（1）焊接底片数字化

使用工业射线检测工业胶片数字化系统对底片进行数字化，并对颜色、分辨率、扫描精度等提出要求。由于底片数据量巨大，可采用云存储等新技术储存相关数字化底片，可减少相关存储设备购买及后期维护成本（图 8-20）。

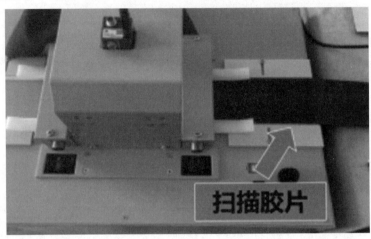

图 8-20　焊接底片数字化

（2）焊接缺陷 AI 识别

焊接缺陷 AI 识别训练，需首先确定焊接缺陷的分类。根据现行行业标准《石油天然气钢质管道无损检测》SY/T 4109，对以下 8 种焊接缺陷进行 AI 训练（表 8-6、图 8-21）。

AI 识别焊接拍照底片缺陷类型　　　　　　　表 8-6

焊接缺陷分类							
圆形缺欠	条形缺欠	裂纹	未融合	未焊透	内凹	内咬边	烧穿

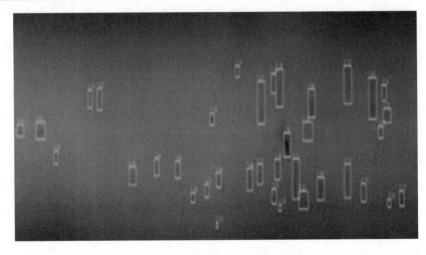

图 8-21　焊接缺陷 AI 识别结果

2. 重点施工工序现场视频布控及 AI 安全预警技术

随着视频设备的发展与 AI 技术的发展，视频硬件公司在配套的软件中越来越多应用了 AI 识别技术。通常 AI 布控球采用边缘计算方式，可在布控球端对施工行为进行识别，并将识别结果传输回远程终端（图 8-22）。

图 8-22　AI 布控球

但目前 AI 施工行为识别多为通用工程技术，如安全帽识别、工作服识别、人员跌倒识别、反光衣识别、人员闯入识别、皮肤裸露识别、抽烟识别、打电话识别、烟雾火焰识别等。对于高压燃气工程建设的专业施工技术的 AI 行为识别还较少，是未来 AI 施工行为识别的重点发展方向（图 8-23、图 8-24）。

图 8-23　AI 识别人员未穿着工作服

图 8-24　AI 识别人员抽烟

8.4　基于完整性管理的工程建设数据收集

管道完整性是指管道处于安全可靠的服役状态，主要包括管道在结构和功能上是完整的，管道处于风险受控状态。管道完整性管理（Pipeline Integrity Management）是管道公司面对不断变化的因素，对油气管道运行中面临的风险因素进行识别和评价，通过监测、检测、检验等各种方式，获取与专业管理相结合的管道完整性的信息，制定相应的风险控制对策，不断改善识别到的不利影响因素，从而将管道运行的风险水平控制在合理的、可接受的范围内，最终达到持续改进、减少和预防管道事故发生、经济合理地保证管道安全运行的目的，图 8-25 为管道完整性管理关键活动分解。

管网完整性管理应具备以下管理要素（表 8-7）。

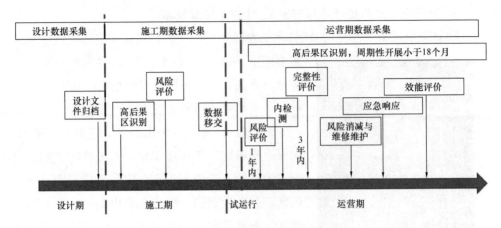

图 8-25　管道完整性管理关键活动分解

管网完整性管理要素清单　　　　　　　　　　表 8-7

序号	完整性管理要素
1	设备设施完整性计划管理程序
2	设备设施管理与技术培训程序
3	设备设施完整性沟通管理程序
4	设备设施完整性文件和记录管理程序
5	设备设施完整性信息管理程序
6	设备设施完整性风险管理程序
7	设备设施适用法律法规和其他要求管理程序
8	设备设施变更管理程序
9	生命周期完整性关键活动管理程序
10	工具、机具和器具管理程序
11	设备设施抢维修管理程序
12	提前介入工作管理程序
13	隐蔽设备设施质量控制管理程序
14	禁用和闲置设备设施管理程序
15	在役设备设施管理程序
16	检查审查管理程序
17	设备设施完整性监视和测量管理程序
18	设备设施失效、事件（事故）和不符合管理程序
19	设备设施完整性专项审核程序
20	设备设施完整性专项管理评审程序
21	设备设施新技术应用管理程序
22	设备设施延长设计使用年限管理程序
23	设备设施完整性意见反馈管理程序
24	设备设施完整性体系持续改进管理程序

　　高压管道完整性管理应结合 GIS、SCADA、OPSS、EAM 等信息化系统进行管理，并建立完整性管理失效数据库，形成统一的数据管理标准。完整性管理数据应高度集成、集中存储、多数据源、充分共享，数据之关联性好，有利于分析广度和深度，评价数据较丰富，易于综合评定风险。建立长效、高效的完整性管理机制必须保障所有支撑数据的完整性，它是科学地实施完整性管理的基础（图 8-26、图 8-27）。

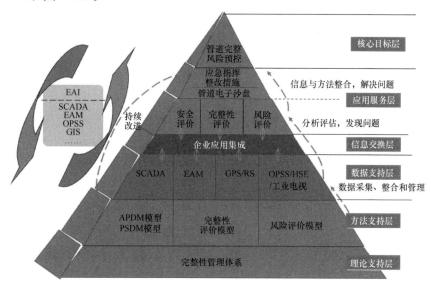

图 8-26　管网完整性管理模型搭建

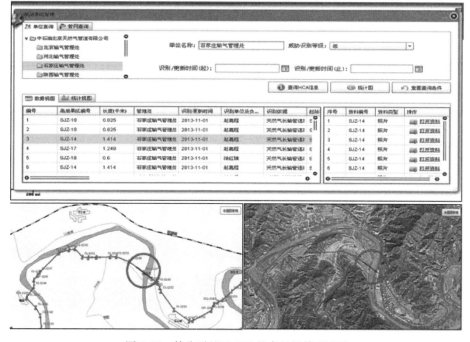

图 8-27　某公司基于 GIS 的完整性管理系统

附　　录

附录1：有关第三方施工燃气管道设施
保护法律法规条文汇总

1. 法律

(1)《中华人民共和国刑法》

第一百一十八条　破坏电力、燃气或者其他易燃易爆设备，危害公共安全，尚未造成严重后果的，处三年以上十年以下有期徒刑。

第一百一十九条　破坏交通工具、交通设施、电力设备、燃气设备、易燃易爆设备，造成严重后果的，处十年以上有期徒刑、无期徒刑或者死刑。

过失犯前款罪的，处三年以上七年以下有期徒刑；情节较轻的，处三年以下有期徒刑或者拘役。

(2)《中华人民共和国建筑法》

第四十条　建设单位应当向建筑施工企业提供与施工现场相关的地下管线资料，建筑施工企业应当采取措施加以保护。

第四十二条　有下列情形之一的，建设单位应当按照国家有关规定办理申请批准手续：

（一）需要临时占用规划批准范围以外场地的；

（二）可能损坏道路、管线、电力、邮电通信等公共设施的；

（三）需要临时停水、停电、中断道路交通的；

（四）需要进行爆破作业的；

（五）法律、法规规定需要办理报批手续的其他情形。

2. 行政法规

(1)《城镇燃气管理条例》

第三十三条　县级以上地方人民政府燃气管理部门应当会同城乡规划等有关部门按照国家有关标准和规定划定燃气设施保护范围，并向社会公布。

在燃气设施保护范围内，禁止从事下列危及燃气设施安全的活动：

（一）建设占压地下燃气管线的建筑物、构筑物或者其他设施；

（二）进行爆破、取土等作业或者动用明火；

（三）倾倒、排放腐蚀性物质；

（四）放置易燃易爆危险物品或者种植深根植物；

（五）其他危及燃气设施安全的活动。

第三十四条　在燃气设施保护范围内，有关单位从事敷设管道、打桩、顶进、挖掘、钻探等可能影响燃气设施安全活动的，应当与燃气经营者共同制定燃气设施保护方案，并采取相应的安全保护措施。

第三十六条　任何单位和个人不得侵占、毁损、擅自拆除或者移动燃气设施，不得毁损、覆盖、涂改、擅自拆除或者移动燃气设施安全警示标志。

任何单位和个人发现有可能危及燃气设施和安全警示标志的行为，有权予以劝阻、制止；经劝阻、制止无效的，应当立即告知燃气经营者或者向燃气管理部门、安全生产监督管理部门和公安机关报告。

第三十七条　新建、扩建、改建建设工程，不得影响燃气设施安全。

建设单位在开工前，应当查明建设工程施工范围内地下燃气管线的相关情况；燃气管理部门以及其他有关部门和单位应当及时提供相关资料。

建设工程施工范围内有地下燃气管线等重要燃气设施的，建设单位应当会同施工单位与管道燃气经营者共同制定燃气设施保护方案。建设单位、施工单位应当采取相应的安全保护措施，确保燃气设施运行安全；管道燃气经营者应当派专业人员进行现场指导。法律、法规另有规定的，依照有关法律、法规的规定执行。

第五十条　违反本条例规定，在燃气设施保护范围内从事下列活动之一的，由燃气管理部门责令停止违法行为，限期恢复原状或者采取其他补救措施，对单位处 5 万元以上 10 万元以下罚款，对个人处 5000 元以上 5 万元以下罚款；造成损失的，依法承担赔偿责任；构成犯罪的，依法追究刑事责任：

（一）进行爆破、取土等作业或者动用明火的；

（二）倾倒、排放腐蚀性物质的；

（三）放置易燃易爆物品或者种植深根植物的；

（四）未与燃气经营者共同制定燃气设施保护方案，采取相应的安全保护措施，从事敷设管道、打桩、顶进、挖掘、钻探等可能影响燃气设施安全活动的。

违反本条例规定，在燃气设施保护范围内建设占压地下燃气管线的建筑物、构筑物或者其他设施的，依照有关城乡规划的法律、行政法规的规定进行处罚。

第五十一条　违反本条例规定，侵占、毁损、擅自拆除、移动燃气设施或者擅自改动市政燃气设施的，由燃气管理部门责令限期改正，恢复原状或者采取其他补救措施，对单位处 5 万元以上 10 万元以下罚款，对个人处 5000 元以上 5 万元以下罚款；造成损失的，依法承担赔偿责任；构成犯罪的，依法追究刑事责任。

违反本条例规定，毁损、覆盖、涂改、擅自拆除或者移动燃气设施安全警示标志的，由燃气管理部门责令限期改正，恢复原状，可以处5000元以下罚款。

第五十二条　违反本条例规定，建设工程施工范围内有地下燃气管线等重要燃气设施，建设单位未会同施工单位与管道燃气经营者共同制定燃气设施保护方案，或者建设单位、施工单位未采取相应的安全保护措施的，由燃气管理部门责令改正，处1万元以上10万元以下罚款；造成损失的，依法承担赔偿责任；构成犯罪的，依法追究刑事责任。

（2）《建设工程安全生产管理条例》

第三十条　施工单位对因建设工程施工可能造成损害的毗邻建筑物、构筑物和地下管线等，应当采取专项防护措施。

施工单位应当遵守有关环境保护法律、法规的规定，在施工现场采取措施，防止或者减少粉尘、废气、废水、固体废物、噪声、振动和施工照明对人和环境的危害和污染。

在城市市区内的建设工程，施工单位应当对施工现场实行封闭围挡。

第六十四条　违反本条例的规定，施工单位有下列行为之一的，责令限期改正；逾期未改正的，责令停业整顿，并处5万元以上10万元以下的罚款；造成重大安全事故，构成犯罪的，对直接责任人员，依照刑法有关规定追究刑事责任：

（一）施工前未对有关安全施工的技术要求作出详细说明的；

（二）未根据不同施工阶段和周围环境及季节、气候的变化，在施工现场采取相应的安全施工措施，或者在城市市区内的建设工程的施工现场未实行封闭围挡的；

（三）在尚未竣工的建筑物内设置员工集体宿舍的；

（四）施工现场临时搭建的建筑物不符合安全使用要求的；

（五）未对因建设工程施工可能造成损害的毗邻建筑物、构筑物和地下管线等采取专项防护措施的。

施工单位有前款规定第（四）项、第（五）项行为，造成损失的，依法承担赔偿责任。

3. 地方法规

（1）《广东省燃气管理条例》

第三十二条　县级以上人民政府燃气行政主管部门应当会同城乡规划等有关部门，按照国家有关标准和规定划定燃气设施保护范围，并依法向社会公布。

燃气经营企业应当按照国家标准和规范，在燃气设施所在地、地下燃气管道上方和重要燃气设施上设置明显的安全警示标志。

任何单位和个人不得毁损、覆盖、涂改、擅自拆除或者移动燃气设施安全警示标志。

第三十三条　在燃气设施保护范围内，禁止从事下列危及燃气设施安全的活动：

（一）建设占压地下燃气管线的建筑物、构筑物或者其他设施；

（二）进行爆破、钻探、取土等作业以及使用明火；

（三）倾倒、排放腐蚀性物质；

（四）堆放易燃易爆危险物品以及种植深根植物；

（五）其他危及燃气设施安全的行为。

第三十四条　在燃气设施保护范围内，从事下列活动的建设单位应当会同施工单位，与燃气经营企业共同制定燃气设施保护方案，并采取相应的安全保护措施：

（一）铺设管道；

（二）进行打桩、顶进、挖掘等作业；

（三）其他可能影响燃气设施安全的活动。

建设单位或者施工单位在建设工程开工前，应当查询施工地段的燃气设施竣工图，查清地下燃气设施铺设情况，必要时可以进行现场探测或者开挖。进行现场探测或者开挖的，应当采取相应的安全保护措施，燃气经营企业应当派专业技术人员进行现场指导。因建设工程施工对燃气经营企业造成损失的，由建设单位和施工单位依法承担赔偿责任。

第五十七条　违反本条例第三十三条规定，在燃气设施保护范围内从事危及燃气设施安全活动的，由燃气行政主管部门责令停止违法行为，限期恢复原状或者采取其他补救措施，对单位处五万元以上十万元以下罚款，对个人处五千元以上三万元以下罚款。

第五十八条　违反本条例第三十四条规定，建设单位未会同施工单位与燃气经营企业共同制定燃气设施保护方案，未查清地下燃气设施铺设情况擅自施工的，或者未采取相应的安全保护措施的，由燃气行政主管部门责令停止违法行为，限期恢复原状或者采取其他补救措施，并处五万元以上十万元以下罚款。

（2）《深圳市燃气条例》

第五十六条　燃气场站、输配设施及燃气设备应当设置符合国家规定的明显标志，任何组织和个人不得擅自涂改、移动、毁坏或者覆盖。

第五十七条　在规定的燃气管道及设施安全保护范围内禁止下列行为：

（一）进行机械开挖和爆破作业；

（二）倾倒、排放腐蚀性物质；

（三）修筑建筑物、构筑物和堆放物品；

（四）其他可能危害燃气管道及设施安全的行为。

第五十八条　任何组织和个人在进行地下施工作业之前，应当向城建档案管理机构或者管道燃气企业查询作业区域地下燃气管道埋设情况，城建档案管理机构或者管道燃气企业应当在接到查询要求后三个工作日内给予书面答复。对可能危及燃气管道及设施安全的，建设单位应当在开工三日前通知管道燃气企业。

第五十九条　在规定的燃气管道及设施安全控制范围内，建造建筑物、构筑物或者从事打桩、挖掘、顶进、爆破以及其他可能影响燃气管道及设施安全的作业的，建设单位应当会同施工单位与燃气企业签订燃气管道及设施保护协议，并由燃气企业指派技术人员进行安全保护指导。

建设单位未签订燃气管道及设施保护协议从事可能影响管道及设施安全的作业的，燃气企业有权予以制止并应当及时向主管部门报告。

第八十二条　违反本条例第五十七条规定，从事危害燃气设施安全的行为的，由主管部门责令立即停止并拆除，对单位处五万元以上十万元以下罚款，对个人处五千元以上五万元以下罚款；造成损失的，依法承担赔偿责任；构成犯罪的，依法追究刑事责任。

第八十三条　违反本条例第五十九条规定，未与燃气企业签订燃气管道及设施保护协议擅自进行施工作业的，由主管部门责令其停止作业，限期恢复原状或者采取其他补救措施，并处五万元以上十万元以下罚款。

4. 政府规章

(1)《深圳市燃气管道安全保护办法》

第二十二条　物业服务企业应当加强对物业服务区域内施工活动的巡查，发现有危害燃气管道安全的行为，应当及时制止并立即通知管道燃气企业。

物业服务企业应当配合主管部门和管道燃气企业开展燃气管道安全保护知识的宣传，配合主管部门和燃气管道安全管理机构进行燃气管道安全的监督检查。

第二十三条　燃气管道的安全保护范围为：

（一）城市次高压燃气管道管壁及设施外缘两侧 2 米以内的区域；

（二）城市高压燃气管道、天然气长输管道管壁及设施外缘两侧 5 米以内的区域。

市规划国土部门应当会同市主管部门划定燃气管道安全保护范围，并录入市地下管线综合信息管理系统。

第二十四条　任何单位和个人不得在燃气管道安全保护范围内实施下列危害燃气管道安全的行为：

（一）进行钻探、机械挖掘、爆破、取土等作业；

（二）修筑建筑物、构筑物；

（三）堆放重物、易燃易爆物品；

（四）倾倒、排放腐蚀性物质；

（五）种植深根植物；

（六）行驶重型车辆；

（七）法律、法规和规章禁止的其他危害燃气管道安全的行为。

第二十五条　燃气管道的安全控制范围为：

（一）城市中低压燃气管道管壁及设施外缘两侧 6 米以内的区域；

（二）城市次高压燃气管道管壁及设施外缘两侧 2 米以外 10 米以内的区域；

（三）城市高压燃气管道、天然气长输管道管壁及设施外缘两侧 5 米以外 50 米以内的区域。

第二十六条　在燃气管道安全保护范围内依法从事顶进等可能危害燃气管道安全的活动，或者在燃气管道安全控制范围内施工的（以下简称在燃气管道安全保护或者控制范围内从事活动），建设单位应当会同施工单位与管道燃气企业签订安全保护协议，制定燃气管道安全保护方案并采取安全防护措施。

市主管部门应当制定安全保护协议示范文本，明确建设单位、施工单位与管道燃气企业的权利和义务，发生燃气管道安全事故时的应对措施，发生协议纠纷时的救济措施等。

第三十二条　燃气管道工程建设单位和管道燃气企业应当按照有关法律、法规、规章、标准和技术规范的要求，设置燃气管道标识以及安全警示等标识。

管道燃气企业在运营中发现前款所述标识被移动、覆盖、拆除、涂改或者损毁的，应当立即采取措施予以恢复、修复或者重新设置。

第三十四条　凡涉及地下空间利用的建设项目，包括道路建设、地下管线建设、地质勘探、轨道交通建设、地下空间开发以及其他包括钻探、机械挖掘、爆破的施工活动，建设单位应当在施工前到规划国土部门通过市地下管线综合信息管理系统查询施工范围及施工影响范围内的燃气管道现状资料，并可以向管道燃气企业申请提供燃气管道现状资料，管道燃气企业应当及时提供。

第三十五条　在燃气管道安全保护或者控制范围内从事活动，建设单位、施工单位未能与管道燃气企业签订安全保护协议的，建设单位、施工单位可以向所在区主管部门提出申请，并提供下列材料：

（一）符合燃气管道安全和公共安全要求的施工作业方案；

（二）安全事故应急预案；

（三）施工作业人员具备燃气管道安全保护知识的证明材料；

（四）保障安全施工作业的设施、设备的材料。

区主管部门接到申请后，应当对申报材料进行形式审查，并组织建设单位、施工单位与管道燃气企业协商签订安全保护协议；经协商仍未能达成协议的，区主管部门应当从市燃气管道安全管理专家库中抽取 3 名专家组成专家小组进行安全评审，并根据评审结果作出是否批准作业的决定。

市燃气管道安全管理专家库由市主管部门负责组建。

第三十六条　燃气管道工程建设单位向主管部门或者交通运输、水务部门申请办理施工许可或者工程监管手续时，应当提交经查询的施工范围及施工影响范围内燃气管道现状资料。在燃气管道安全保护或者控制范围内从事活动还应当提交与管道燃气企业签订的安全保护协议。

未提交燃气管道现状资料或者安全保护协议的，主管部门或者交通运输、水务部门不予办理施工许可或者工程监管手续。

第三十七条　在燃气管道安全保护或者控制范围内从事活动的，施工单位应当在开工 3 日前将开工时间、施工范围书面通知管道燃气企业。

管道燃气企业收到通知后应当指派专业技术人员进行全程现场监督和指导。

第三十八条　在燃气管道安全保护或者控制范围内从事活动的，施工单位应当首先进行人工开挖，探查燃气管道的具体位置和情况。

施工单位在施工过程中发现燃气管道现状与查询结果不一致的，应当立即通知管道燃气企业并采取保护措施。管道燃气企业接到通知后应当及时组织修补测。

第三十九条　监理单位应当将施工现场燃气管道的安全保护工作作为施工安全监理的重要内容，督促施工单位履行安全保护义务。

监理单位应当委派监理工程师对施工行为进行旁站监理，对违反安全保护协议的施工行为应当立即制止，制止无效的应当及时报告建设单位；建设单位也无法制止的，监理单位应当及时报请主管部门依法处置。

第四十条　燃气管道工程与其他建设工程的相遇关系，依照有关法律、法规和规章的规定处理；没有相关规定的，由双方按照下列原则协商处理，并为对方提供必要的便利：

（一）后开工的建设工程服从先开工的或者已经建成的建设工程；

（二）同时开工的建设工程，后批准的建设工程服从先批准的建设工程。

后开工或者后批准的建设工程，应当符合先开工、已经建成或者先批准的建设工程的安全标准要求。需要先开工、已经建成或者先批准的建设工程改建、搬迁、预留通道、增加防护设施的，后开工或者后批准的建设工程一方应当承担由此增加的费用。

第四十四条　任何单位和个人违反本办法第二十四条规定，在燃气管道安全保护范围内实施危害燃气管道安全行为的，由主管部门责令停止违法行为或者责令限期改正，对个人处 5 千元罚款、对单位处 2 万元罚款；造成燃气管道损毁的，对个人处 2 万元罚款、对单位处 10 万元罚款；造成损失的，依法承担赔偿责任；涉嫌犯罪的，移送司法机关依法处理。

涉及违法建筑物、构筑物或者设施的，由主管部门移交规划土地监察机构依法处理。

第四十五条　任何单位和个人违反本办法第二十八条、第二十九条规定，阻挠、妨碍管道燃气企业对燃气管道进行巡查或者进行安全检查、维护、维修和更新的，由主管部门责令停止违法行为，对个人处 2000 元罚款，对单位处 5000 元罚款；涉嫌犯罪的，移送司法机关依法处理。

第四十六条　建设单位和施工单位违反本办法第二十六条规定，未与管道燃气企业签订安全保护协议擅自施工的，由主管部门责令停止作业，各处 3 万元罚款；造成燃气管道损毁的，各处 10 万元罚款；造成损失的，依法承担赔偿责任；涉嫌犯罪的，移送司法机关依法处理。

第四十七条　施工单位有下列行为之一，并造成燃气管道损毁的，由主管部门处 3 万元罚款；造成损失的，依法承担赔偿责任；涉嫌犯罪的，移送司法机关依法处理：

（一）违反本办法第三十七条第一款规定，未在开工 3 日前书面通知管道燃气企业的；

（二）违反本办法第三十八条第一款规定，未首先进行人工开挖的；

（三）违反本办法第三十八条第二款规定，未立即通知管道燃气企业并采取保护措施的。

第四十八条　对在燃气管道安全保护范围内从事危害燃气管道安全的行为，阻挠或者妨碍管道燃气企业对燃气管道进行巡查、安全检查、维护、维修和更新的行为，主管部门可以委托燃气管道安全管理机构给予行政处罚。

（2）《深圳市地下管线管理暂行办法》

第二十五条　新建、改建或者扩建道路时，应当同步规划安排在道路用地红线范围及建筑控制区内的给水、排水、燃气、热力、电力、通信等地下管线工程。

道路建设单位应当按照先地下、后地上的原则统筹道路工程和地下管线工程，履行下列职责：

（一）合理安排地下管线工程的建设工期；

（二）凡施工可能影响地下管线安全的，应当在施工前通知相应地下管线工程建设单位安排管线监护；

（三）督促、检查测绘机构在地下管线覆土前完成竣工测绘工作；

（四）收集相应地下管线的竣工测绘成果后汇总形成规划验收材料和竣工归档材料。

地下管线工程建设单位应当服从道路建设单位的统筹安排，并及时将地下管线竣工测绘成果移交道路建设单位。

第二十七条　地下管线工程施工作业过程中发现有地下管线现状资料中未标

明的地下管线的，建设单位应当立即停止相应施工，采取措施维护现场，并向规划国土部门报告。

规划国土部门接到报告后，应当在7个工作日内查核该管线的性质和权属。

查明地下管线权属后，权属单位不同意废弃的，规划国土部门应当责令测定坐标、标高及走向，补办竣工测绘报告。在接到补办竣工测绘报告通知后10个工作日内，地下管线权属单位应当将竣工测绘报告报规划国土部门备案并按规定移交城建档案管理机构。

第三十三条　禁止在地下管线安全保护范围内从事下列活动：

（一）建设与地下管线无关的建筑物、构筑物或者实施钻探、爆破、机械挖掘、种植深根植物等行为；

（二）损坏、占用、挪移地下管线及其附属设施；

（三）擅自移动、覆盖、涂改、拆除、损坏地下管线及其附属设施的安全警示标识；

（四）向地下管线内倾倒污水、建筑泥浆、排放腐蚀性液体或者气体；

（五）堆放易燃、易爆或者有腐蚀性的物质；

（六）擅自接驳地下管线；

（七）其他危及地下管线安全的行为。

第三十四条　凡涉及地下空间利用的建设项目，包括道路建设、地下管线建设、地质勘探、轨道交通建设、地下空间开发以及其他包含开挖、钻探、爆破的施工活动，建设单位应当在施工前取得施工范围及施工影响范围内的地下管线现状资料，并与相应的地下管线权属单位协商制定地下管线保护方案。

建设单位应当落实地下管线保护费用，督促施工单位落实地下管线保护措施。施工作业中损坏地下管线的，施工单位应当立即通知地下管线权属单位，采取防止事故扩大的应急措施并依法承担相应的责任。

第五十四条　违反本办法第二十五条第二款规定，道路建设单位未按规定通知地下管线工程建设单位进行管线监护造成管线破坏的，由负责地下管线工程施工许可或者监管手续的主管部门处10万元罚款，道路建设单位对由此造成的损坏承担修复、赔偿责任。

违反本办法第二十五条第三款规定，地下管线工程建设单位拒不服从道路建设单位统筹安排的，由负责地下管线工程施工许可或者监管的主管部门责令立即改正，处10万元罚款。

第五十六条　违反本办法第三十三条规定，有破坏地下管线行为的，由受损地下管线的行业主管部门责令停止违法行为，并依据相关法律、法规、规章予以行政处罚等处理。

相关法律、法规、规章未明确规定行政处罚等法律责任的，违法行为人应当承担疏通、维修责任以及相应的赔偿责任，由受损地下管线的行业主管部门对违法行为人处 2 万元罚款。

第五十七条　违反本办法第三十四条规定，建设单位未按照规定查明并取得施工地段的地下管线现状资料、制定地下管线保护方案而擅自组织施工的，或者不落实保护方案，损坏地下管线给他人造成损失的，除依法承担赔偿责任之外，由负责工程建设施工许可或者监管的主管部门责令限期改正，依法予以处理。

相关法律、法规和规章未明确规定行政处罚的，由负责建设施工许可或者监管的主管部门对违法行为人处 5 万元罚款。

5. 国务院有关规范性文件

《国务院办公厅关于加强城市地下管线建设管理的指导意见》

（八）严格规范建设行为。城市地下管线工程建设项目应履行基本建设程序，严格落实施工图设计文件审查、施工许可、工程质量安全监督与监理、竣工测量以及档案移交等制度。要落实施工安全管理制度，明确相关责任人，确保施工作业安全。对于可能损害地下管线的建设工程，管线单位要与建设单位签订保护协议，辨识危险因素，提出保护措施。对于可能涉及危险化学品管道的施工作业，建设单位施工前要召集有关单位，制定施工方案，明确安全责任，严格按照安全施工要求作业，严禁在情况不明时盲目进行地面开挖作业。对违规建设施工造成管线破坏的行为要依法追究责任。工程覆土前，建设单位应按照有关规定进行竣工测量，及时将测量成果报送城建档案管理部门，并对测量数据和测量图的真实、准确性负责。

附录 2：关于建设项目报建和竣工验收的法律法规

1. 《城市燃气管理办法》（建设部令第 62 号）

第六条　县级以上地方人民政府应当组织规划、城建等部门根据城市总体规划编制本地区燃气发展规划。

城市燃气新建、改建、扩建项目以及经营网点的布局要符合城市燃气发展规划，并经城市建设行政主管部门批准后，方可实施。

第十一条　燃气工程竣工后，应当由城市建设行政主管部门组织有关部门验收；未经验收或者验收不合格的，不得投入使用。

第十三条　确需改动燃气设施的，建设单位应当报经县级以上地方人民政府城市规划行政主管部门和城市建设行政主管部门批准。

2. 《建筑工程施工许可管理办法》

第二条　在中华人民共和国境内从事各类房屋建筑及其附属设施的建造、装修装饰和与其配套的线路、管道、设备的安装，以及城镇市政基础设施工程的施工，建设单位在开工前应当依照本办法的规定，向工程所在地的县级以上人民政府建设行政主管部门（以下简称发证机关）申请领取施工许可证。

工程投资额在 30 万元以下或者建筑面积在 300 平方米以下的建筑工程，可以不申请办理施工许可证。

第三条　本办法规定必须申请领取施工许可证的建筑工程未取得施工许可证的，一律不得开工。

3.《建设工程质量管理条例》

第十六条　建设单位收到建设工程竣工报告后，应当组织设计、施工、工程监理等有关单位进行竣工验收。

第四十九条　建设单位应当自建设工程竣工验收合格之日起 15 日内，将建设工程竣工验收报告和规划、公安消防、环保等部门出具的认可文件或者准许使用文件报建设行政主管部门或者其他有关部门备案。

建设行政主管部门或者其他有关部门发现建设单位在竣工验收过程中有违反国家有关建设工程质量管理规定行为的，责令停止使用，重新组织竣工验收。

第五十七条　违反本条例规定，建设单位未取得施工许可证或者开工报告未经批准，擅自施工的，责令停止施工，限期改正，处工程合同价款 1％以上 2％以下的罚款。

4.《中华人民共和国安全生产法》

第八十三条　生产经营单位有下列行为之一的，责令限期改正；逾期未改正的，责令停止建设或者停产停业整顿，可以并处五万元以下的罚款；造成严重后果，构成犯罪的，依照刑法有关规定追究刑事责任：

（一）矿山建设项目或者用于生产、储存危险物品的建设项目没有安全设施设计或者安全设施设计未按照规定报经有关部门审查同意的；

5.《城市燃气安全管理规定》

第八条　城市燃气厂（站）、输配设施等的选址，必须符合城市规划、消防安全等要求。在选址审查时，应当征求城市、劳动、公安消防部门的意见。

第十条　城市燃气工程的设计、施工，必须按照国家或主管部门有关安全的标准、规范、规定进行。审查燃气工程设计时，应当有城建、公安消防、劳动部门参加，并对燃气安全设施严格把关。

第十一条　城市燃气工程的施工必须保证质量，确保安全可靠。竣工验收时，应当组织城建、公安消防、劳动等有关部门及燃气安全方面的专家参加。凡验收不合格的，不准交付使用。

6.《中华人民共和国建筑法》

第七条　建筑工程开工前，建设单位应当按照国家有关规定向工程所在地县级以上人民政府建设行政主管部门申请领取施工许可证；但是，国务院建设行政主管部门确定的限额以下的小型工程除外。

按照国务院规定的权限和程序批准开工报告的建筑工程，不再领取施工许可证。

第四十二条 有下列情形之一的，建设单位应当按照国家有关规定办理申请批准手续：

（一）需要临时占用规划批准范围以外场地的；

（二）可能损坏道路、管线、电力、邮电通信等公共设施的；

（三）需要临时停水、停电、中断道路交通的；

附录3：房屋市政工程生产安全重大事故隐患判定标准（2022版）

住房和城乡建设部关于印发《房屋市政工程生产安全重大事故隐患判定标准（2022版）》的通知

建质规〔2022〕2号

各省、自治区住房和城乡建设厅，直辖市住房和城乡建设（管）委，新疆生产建设兵团住房和城乡建设局，山东省交通运输厅：

现将《房屋市政工程生产安全重大事故隐患判定标准（2022版）》（以下简称《判定标准》）印发给你们，请认真贯彻执行。

各级住房和城乡建设主管部门要把重大风险隐患当成事故来对待，将《判定标准》作为监管执法的重要依据，督促工程建设各方依法落实重大事故隐患排查治理主体责任，准确判定、及时消除各类重大事故隐患。要严格落实重大事故隐患排查治理挂牌督办等制度，着力从根本上消除事故隐患，牢牢守住安全生产底线。

住房和城乡建设部
2022年4月19日

第一条 为准确认定、及时消除房屋建筑和市政基础设施工程生产安全重大事故隐患，有效防范和遏制群死群伤事故发生，根据《中华人民共和国建筑法》《中华人民共和国安全生产法》《建设工程安全生产管理条例》等法律和行政法规，制定本标准。

第二条 本标准所称重大事故隐患，是指在房屋建筑和市政基础设施工程（以下简称房屋市政工程）施工过程中，存在的危害程度较大、可能导致群死群伤或造成重大经济损失的生产安全事故隐患。

第三条 本标准适用于判定新建、扩建、改建、拆除房屋市政工程的生产安全重大事故隐患。

县级及以上人民政府住房和城乡建设主管部门和施工安全监督机构在监督检查过程中可依照本标准判定房屋市政工程生产安全重大事故隐患。

第四条 施工安全管理有下列情形之一的，应判定为重大事故隐患：

（一）建筑施工企业未取得安全生产许可证擅自从事建筑施工活动；

（二）施工单位的主要负责人、项目负责人、专职安全生产管理人员未取得安全生产考核合格证书从事相关工作；

（三）建筑施工特种作业人员未取得特种作业人员操作资格证书上岗作业；

（四）危险性较大的分部分项工程未编制、未审核专项施工方案，或未按规定组织专家对"超过一定规模的危险性较大的分部分项工程范围"的专项施工方案进行论证。

第五条 基坑工程有下列情形之一的，应判定为重大事故隐患：

（一）对因基坑工程施工可能造成损害的毗邻重要建筑物、构筑物和地下管线等，未采取专项防护措施；

（二）基坑土方超挖且未采取有效措施；

（三）深基坑施工未进行第三方监测；

（四）有下列基坑坍塌风险预兆之一，且未及时处理：

1. 支护结构或周边建筑物变形值超过设计变形控制值；

2. 基坑侧壁出现大量漏水、流土；

3. 基坑底部出现管涌；

4. 桩间土流失孔洞深度超过桩径。

第六条 模板工程有下列情形之一的，应判定为重大事故隐患：

（一）模板工程的地基基础承载力和变形不满足设计要求；

（二）模板支架承受的施工荷载超过设计值；

（三）模板支架拆除及滑模、爬模爬升时，混凝土强度未达到设计或规范要求。

第七条 脚手架工程有下列情形之一的，应判定为重大事故隐患：

（一）脚手架工程的地基基础承载力和变形不满足设计要求；

（二）未设置连墙件或连墙件整层缺失；

（三）附着式升降脚手架未经验收合格即投入使用；

（四）附着式升降脚手架的防倾覆、防坠落或同步升降控制装置不符合设计要求、失效、被人为拆除破坏；

（五）附着式升降脚手架使用过程中架体悬臂高度大于架体高度的 2/5 或大

于6m。

第八条　起重机械及吊装工程有下列情形之一的，应判定为重大事故隐患：

（一）塔式起重机、施工升降机、物料提升机等起重机械设备未经验收合格即投入使用，或未按规定办理使用登记；

（二）塔式起重机独立起升高度、附着间距和最高附着以上的最大悬高及垂直度不符合规范要求；

（三）施工升降机附着间距和最高附着以上的最大悬高及垂直度不符合规范要求；

（四）起重机械安装、拆卸、顶升加节以及附着前未对结构件、顶升机构和附着装置以及高强度螺栓、销轴、定位板等连接件及安全装置进行检查；

（五）建筑起重机械的安全装置不齐全、失效或者被违规拆除、破坏；

（六）施工升降机防坠安全器超过定期检验有效期，标准节连接螺栓缺失或失效；

（七）建筑起重机械的地基基础承载力和变形不满足设计要求。

第九条　高处作业有下列情形之一的，应判定为重大事故隐患：

（一）钢结构、网架安装用支撑结构地基基础承载力和变形不满足设计要求，钢结构、网架安装用支撑结构未按设计要求设置防倾覆装置；

（二）单榀钢桁架（屋架）安装时未采取防失稳措施；

（三）悬挑式操作平台的搁置点、拉结点、支撑点未设置在稳定的主体结构上，且未做可靠连接。

第十条　施工临时用电方面，特殊作业环境（隧道、人防工程，高温、有导电灰尘、比较潮湿等作业环境）照明未按规定使用安全电压的，应判定为重大事故隐患。

第十一条　有限空间作业有下列情形之一的，应判定为重大事故隐患：

（一）有限空间作业未履行"作业审批制度"，未对施工人员进行专项安全教育培训，未执行"先通风、再检测、后作业"原则；

（二）有限空间作业时现场未有专人负责监护工作。

第十二条　拆除工程方面，拆除施工作业顺序不符合规范和施工方案要求的，应判定为重大事故隐患。

第十三条　暗挖工程有下列情形之一的，应判定为重大事故隐患：

（一）作业面带水施工未采取相关措施，或地下水控制措施失效且继续施工；

（二）施工时出现涌水、涌沙、局部坍塌，支护结构扭曲变形或出现裂缝，且有不断增大趋势，未及时采取措施。

第十四条　使用危害程度较大、可能导致群死群伤或造成重大经济损失的施工工艺、设备和材料，应判定为重大事故隐患。

第十五条　其他严重违反房屋市政工程安全生产法律法规、部门规章及强制性标准，且存在危害程度较大、可能导致群死群伤或造成重大经济损失的现实危险，应判定为重大事故隐患。

第十六条　本标准自发布之日起执行。

附录4：危险性较大的分部分项工程安全管理规定

危险性较大的分部分项工程安全管理规定

（2018年3月8日中华人民共和国住房和城乡建设部令
第37号公布　自2018年6月1日起施行）

第一章　总　　则

第一条　为加强对房屋建筑和市政基础设施工程中危险性较大的分部分项工程安全管理，有效防范生产安全事故，依据《中华人民共和国建筑法》《中华人民共和国安全生产法》《建设工程安全生产管理条例》等法律法规，制定本规定。

第二条　本规定适用于房屋建筑和市政基础设施工程中危险性较大的分部分项工程安全管理。

第三条　本规定所称危险性较大的分部分项工程（以下简称"危大工程"），是指房屋建筑和市政基础设施工程在施工过程中，容易导致人员群死群伤或者造成重大经济损失的分部分项工程。

危大工程及超过一定规模的危大工程范围由国务院住房城乡建设主管部门制定。

省级住房城乡建设主管部门可以结合本地区实际情况，补充本地区危大工程范围。

第四条　国务院住房城乡建设主管部门负责全国危大工程安全管理的指导监督。

县级以上地方人民政府住房城乡建设主管部门负责本行政区域内危大工程的安全监督管理。

第二章　前　期　保　障

第五条　建设单位应当依法提供真实、准确、完整的工程地质、水文地质和工程周边环境等资料。

第六条　勘察单位应当根据工程实际及工程周边环境资料，在勘察文件中说明地质条件可能造成的工程风险。

设计单位应当在设计文件中注明涉及危大工程的重点部位和环节，提出保障工程周边环境安全和工程施工安全的意见，必要时进行专项设计。

第七条　建设单位应当组织勘察、设计等单位在施工招标文件中列出危大工程清单，要求施工单位在投标时补充完善危大工程清单并明确相应的安全管理措施。

第八条　建设单位应当按照施工合同约定及时支付危大工程施工技术措施费以及相应的安全防护文明施工措施费，保障危大工程施工安全。

第九条　建设单位在申请办理安全监督手续时，应当提交危大工程清单及其安全管理措施等资料。

第三章　专 项 施 工 方 案

第十条　施工单位应当在危大工程施工前组织工程技术人员编制专项施工方案。

实行施工总承包的，专项施工方案应当由施工总承包单位组织编制。危大工程实行分包的，专项施工方案可以由相关专业分包单位组织编制。

第十一条　专项施工方案应当由施工单位技术负责人审核签字、加盖单位公章，并由总监理工程师审查签字、加盖执业印章后方可实施。

危大工程实行分包并由分包单位编制专项施工方案的，专项施工方案应当由总承包单位技术负责人及分包单位技术负责人共同审核签字并加盖单位公章。

第十二条　对于超过一定规模的危大工程，施工单位应当组织召开专家论证会对专项施工方案进行论证。实行施工总承包的，由施工总承包单位组织召开专家论证会。专家论证前专项施工方案应当通过施工单位审核和总监理工程师审查。

专家应当从地方人民政府住房城乡建设主管部门建立的专家库中选取，符合专业要求且人数不得少于5名。与本工程有利害关系的人员不得以专家身份参加专家论证会。

第十三条　专家论证会后，应当形成论证报告，对专项施工方案提出通过、修改后通过或者不通过的一致意见。专家对论证报告负责并签字确认。

专项施工方案经论证需修改后通过的，施工单位应当根据论证报告修改完善后，重新履行本规定第十一条的程序。

专项施工方案经论证不通过的，施工单位修改后应当按照本规定的要求重新组织专家论证。

第四章　现 场 安 全 管 理

第十四条　施工单位应当在施工现场显著位置公告危大工程名称、施工时间和具体责任人员，并在危险区域设置安全警示标志。

第十五条　专项施工方案实施前，编制人员或者项目技术负责人应当向施工现场管理人员进行方案交底。

施工现场管理人员应当向作业人员进行安全技术交底，并由双方和项目专职安全生产管理人员共同签字确认。

第十六条　施工单位应当严格按照专项施工方案组织施工，不得擅自修改专项施工方案。

因规划调整、设计变更等原因确需调整的，修改后的专项施工方案应当按照本规定重新审核和论证。涉及资金或者工期调整的，建设单位应当按照约定予以调整。

第十七条　施工单位应当对危大工程施工作业人员进行登记，项目负责人应当在施工现场履职。

项目专职安全生产管理人员应当对专项施工方案实施情况进行现场监督，对未按照专项施工方案施工的，应当要求立即整改，并及时报告项目负责人，项目负责人应当及时组织限期整改。

施工单位应当按照规定对危大工程进行施工监测和安全巡视，发现危及人身安全的紧急情况，应当立即组织作业人员撤离危险区域。

第十八条　监理单位应当结合危大工程专项施工方案编制监理实施细则，并对危大工程施工实施专项巡视检查。

第十九条　监理单位发现施工单位未按照专项施工方案施工的，应当要求其进行整改；情节严重的，应当要求其暂停施工，并及时报告建设单位。施工单位拒不整改或者不停止施工的，监理单位应当及时报告建设单位和工程所在地住房城乡建设主管部门。

第二十条　对于按照规定需要进行第三方监测的危大工程，建设单位应当委托具有相应勘察资质的单位进行监测。

监测单位应当编制监测方案。监测方案由监测单位技术负责人审核签字并加盖单位公章，报送监理单位后方可实施。

监测单位应当按照监测方案开展监测，及时向建设单位报送监测成果，并对监测成果负责；发现异常时，及时向建设、设计、施工、监理单位报告，建设单位应当立即组织相关单位采取处置措施。

第二十一条　对于按照规定需要验收的危大工程，施工单位、监理单位应当组织相关人员进行验收。验收合格的，经施工单位项目技术负责人及总监理工程师签字确认后，方可进入下一道工序。

危大工程验收合格后，施工单位应当在施工现场明显位置设置验收标识牌，公示验收时间及责任人员。

第二十二条　危大工程发生险情或者事故时，施工单位应当立即采取应急处置措施，并报告工程所在地住房城乡建设主管部门。建设、勘察、设计、监理等单位应当配合施工单位开展应急抢险工作。

第二十三条　危大工程应急抢险结束后，建设单位应当组织勘察、设计、施工、监理等单位制定工程恢复方案，并对应急抢险工作进行后评估。

第二十四条　施工、监理单位应当建立危大工程安全管理档案。

施工单位应当将专项施工方案及审核、专家论证、交底、现场检查、验收及整改等相关资料纳入档案管理。

监理单位应当将监理实施细则、专项施工方案审查、专项巡视检查、验收及整改等相关资料纳入档案管理。

第五章　监　督　管　理

第二十五条　设区的市级以上地方人民政府住房城乡建设主管部门应当建立专家库，制定专家库管理制度，建立专家诚信档案，并向社会公布，接受社会监督。

第二十六条　县级以上地方人民政府住房城乡建设主管部门或者所属施工安全监督机构，应当根据监督工作计划对危大工程进行抽查。

县级以上地方人民政府住房城乡建设主管部门或者所属施工安全监督机构，可以通过政府购买技术服务方式，聘请具有专业技术能力的单位和人员对危大工程进行检查，所需费用向本级财政申请予以保障。

第二十七条　县级以上地方人民政府住房城乡建设主管部门或者所属施工安全监督机构，在监督抽查中发现危大工程存在安全隐患的，应当责令施工单位整改；重大安全事故隐患排除前或者排除过程中无法保证安全的，责令从危险区域内撤出作业人员或者暂时停止施工；对依法应当给予行政处罚的行为，应当依法作出行政处罚决定。

第二十八条　县级以上地方人民政府住房城乡建设主管部门应当将单位和个人的处罚信息纳入建筑施工安全生产不良信用记录。

第六章　法　律　责　任

第二十九条　建设单位有下列行为之一的，责令限期改正，并处 1 万元以上 3 万元以下的罚款；对直接负责的主管人员和其他直接责任人员处 1000 元以上 5000 元以下的罚款：

（一）未按照本规定提供工程周边环境等资料的；

（二）未按照本规定在招标文件中列出危大工程清单的；

（三）未按照施工合同约定及时支付危大工程施工技术措施费或者相应的安全防护文明施工措施费的；

（四）未按照本规定委托具有相应勘察资质的单位进行第三方监测的；

（五）未对第三方监测单位报告的异常情况组织采取处置措施的。

第三十条　勘察单位未在勘察文件中说明地质条件可能造成的工程风险的，责令限期改正，依照《建设工程安全生产管理条例》对单位进行处罚；对直接负责的主管人员和其他直接责任人员处 1000 元以上 5000 元以下的罚款。

第三十一条　设计单位未在设计文件中注明涉及危大工程的重点部位和环节，未提出保障工程周边环境安全和工程施工安全的意见的，责令限期改正，并处 1 万元以上 3 万元以下的罚款；对直接负责的主管人员和其他直接责任人员处 1000 元以上 5000 元以下的罚款。

第三十二条　施工单位未按照本规定编制并审核危大工程专项施工方案的，依照《建设工程安全生产管理条例》对单位进行处罚，并暂扣安全生产许可证 30 日；对直接负责的主管人员和其他直接责任人员处 1000 元以上 5000 元以下的罚款。

第三十三条　施工单位有下列行为之一的，依照《中华人民共和国安全生产法》《建设工程安全生产管理条例》对单位和相关责任人员进行处罚：

（一）未向施工现场管理人员和作业人员进行方案交底和安全技术交底的；

（二）未在施工现场显著位置公告危大工程，并在危险区域设置安全警示标志的；

（三）项目专职安全生产管理人员未对专项施工方案实施情况进行现场监督的。

第三十四条　施工单位有下列行为之一的，责令限期改正，处 1 万元以上 3 万元以下的罚款，并暂扣安全生产许可证 30 日；对直接负责的主管人员和其他直接责任人员处 1000 元以上 5000 元以下的罚款：

（一）未对超过一定规模的危大工程专项施工方案进行专家论证的；

（二）未根据专家论证报告对超过一定规模的危大工程专项施工方案进行修改，或者未按照本规定重新组织专家论证的；

（三）未严格按照专项施工方案组织施工，或者擅自修改专项施工方案的。

第三十五条　施工单位有下列行为之一的，责令限期改正，并处 1 万元以上 3 万元以下的罚款；对直接负责的主管人员和其他直接责任人员处 1000 元以上 5000 元以下的罚款：

（一）项目负责人未按照本规定现场履职或者组织限期整改的；

（二）施工单位未按照本规定进行施工监测和安全巡视的；

（三）未按照本规定组织危大工程验收的；

（四）发生险情或者事故时，未采取应急处置措施的；

（五）未按照本规定建立危大工程安全管理档案的。

第三十六条　监理单位有下列行为之一的，依照《中华人民共和国安全生产法》《建设工程安全生产管理条例》对单位进行处罚；对直接负责的主管人员和其他直接责任人员处 1000 元以上 5000 元以下的罚款：

（一）总监理工程师未按照本规定审查危大工程专项施工方案的；

（二）发现施工单位未按照专项施工方案实施，未要求其整改或者停工的；

（三）施工单位拒不整改或者不停止施工时，未向建设单位和工程所在地住房城乡建设主管部门报告的。

第三十七条　监理单位有下列行为之一的，责令限期改正，并处 1 万元以上 3 万元以下的罚款；对直接负责的主管人员和其他直接责任人员处 1000 元以上 5000 元以下的罚款：

（一）未按照本规定编制监理实施细则的；

（二）未对危大工程施工实施专项巡视检查的；

（三）未按照本规定参与组织危大工程验收的；

（四）未按照本规定建立危大工程安全管理档案的。

第三十八条　监测单位有下列行为之一的，责令限期改正，并处 1 万元以上 3 万元以下的罚款；对直接负责的主管人员和其他直接责任人员处 1000 元以上 5000 元以下的罚款：

（一）未取得相应勘察资质从事第三方监测的；

（二）未按照本规定编制监测方案的；

（三）未按照监测方案开展监测的；

（四）发现异常未及时报告的。

第三十九条　县级以上地方人民政府住房城乡建设主管部门或者所属施工安全监督机构的工作人员，未依法履行危大工程安全监督管理职责的，依照有关规定给予处分。

第七章　附　　则

第四十条　本规定自 2018 年 6 月 1 日起施行。

附录 5：住房和城乡建设部关于落实建设单位工程质量首要责任的通知

住房和城乡建设部关于落实建设单位工程质量首要责任的通知

（建质规〔2020〕9 号）

各省、自治区住房和城乡建设厅，直辖市住房和城乡建设（管）委，北京市规划和自然资源委，新疆生产建设兵团住房和城乡建设局：

为贯彻落实《国务院办公厅关于促进建筑业持续健康发展的意见》（国办发〔2017〕19号）和《国务院办公厅转发住房城乡建设部关于完善质量保障体系提升建筑工程品质指导意见的通知》（国办函〔2019〕92号）精神，依法界定并严格落实建设单位工程质量首要责任，不断提高房屋建筑和市政基础设施工程质量水平，现就有关事项通知如下：

一、充分认识落实建设单位工程质量首要责任重要意义

党的十八大以来，在以习近平同志为核心的党中央坚强领导下，我国工程质量水平不断提升，质量常见问题治理取得积极成效，工程质量事故得到有效遏制。但我国工程质量责任体系尚不完善，特别是建设单位首要责任不明确、不落实，存在违反基本建设程序，任意赶工期、压造价，拖欠工程款，不履行质量保修义务等问题，严重影响工程质量。

建设单位作为工程建设活动的总牵头单位，承担着重要的工程质量管理职责，对保障工程质量具有主导作用。各地要充分认识严格落实建设单位工程质量首要责任的必要性和重要性，进一步建立健全工程质量责任体系，推动工程质量提升，保障人民群众生命财产安全，不断满足人民群众对高品质工程和美好生活的需求。

二、准确把握落实建设单位工程质量首要责任内涵要求

建设单位是工程质量第一责任人，依法对工程质量承担全面责任。对因工程质量给工程所有权人、使用人或第三方造成的损失，建设单位依法承担赔偿责任，有其他责任人的，可以向其他责任人追偿。建设单位要严格落实项目法人责任制，依法开工建设，全面履行管理职责，确保工程质量符合国家法律法规、工程建设强制性标准和合同约定。

（一）严格执行法定程序和发包制度。建设单位要严格履行基本建设程序，禁止未取得施工许可等建设手续开工建设。严格执行工程发包承包法规制度，依法将工程发包给具备相应资质的勘察、设计、施工、监理等单位，不得肢解发包工程、违规指定分包单位，不得直接发包预拌混凝土等专业分包工程，不得指定按照合同约定应由施工单位购入用于工程的装配式建筑构配件、建筑材料和设备或者指定生产厂、供应商。按规定提供与工程建设有关的原始资料，并保证资料真实、准确、齐全。

（二）保证合理工期和造价。建设单位要科学合理确定工程建设工期和造价，严禁盲目赶工期、抢进度，不得迫使工程其他参建单位简化工序、降低质量标准。调整合同约定的勘察、设计周期和施工工期的，应相应调整相关费用。因极端恶劣天气等不可抗力以及重污染天气、重大活动保障等原因停工的，应给予合理的工期补偿。因材料、工程设备价格变化等原因，需要调整合同价款的，应按照合同约定给予调整。落实优质优价，鼓励和支持工程相关参建单位创建品质示范工程。

（三）推行施工过程结算。建设单位应有满足施工所需的资金安排，并向施工单位提供工程款支付担保。建设合同应约定施工过程结算周期、工程进度款结算办法等内容。分部工程验收通过时原则上应同步完成工程款结算，不得以设计变更、工程洽商等理由变相拖延结算。政府投资工程应当按照国家有关规定确保资金按时支付到位，不得以未完成审计作为延期工程款结算的理由。

（四）全面履行质量管理职责。建设单位要健全工程项目质量管理体系，配备专职人员并明确其质量管理职责，不具备条件的可聘用专业机构或人员。加强对按照合同约定自行采购的建筑材料、构配件和设备等的质量管理，并承担相应的质量责任。不得明示或者暗示设计、施工等单位违反工程建设强制性标准，禁止以"优化设计"等名义变相违反工程建设强制性标准。严格质量检测管理，按时足额支付检测费用，不得违规减少依法应由建设单位委托的检测项目和数量，非建设单位委托的检测机构出具的检测报告不得作为工程质量验收依据。

（五）严格工程竣工验收。建设单位要在收到工程竣工报告后及时组织竣工验收，重大工程或技术复杂工程可邀请有关专家参加，未经验收合格不得交付使用。住宅工程竣工验收前，应组织施工、监理等单位进行分户验收，未组织分户验收或分户验收不合格，不得组织竣工验收。加强工程竣工验收资料管理，建立质量终身责任信息档案，落实竣工后永久性标牌制度，强化质量主体责任追溯。

三、切实加强住宅工程质量管理

各地要完善住宅工程质量与市场监管联动机制，督促建设单位加强工程质量管理，严格履行质量保修责任，推进质量信息公开，切实保障商品住房和保障性安居工程等住宅工程质量。

（一）严格履行质量保修责任。建设单位要建立质量回访和质量投诉处理机制，及时组织处理保修范围和保修期限内出现的质量问题，并对造成的损失先行赔偿。建设单位对房屋所有权人的质量保修期限自交付之日起计算，经维修合格的部位可重新约定保修期限。房地产开发企业应当在商品房买卖合同中明确企业发生注销情形下由其他房地产开发企业或具有承接能力的法人承担质量保修责任。房地产开发企业未投保工程质量保险的，在申请住宅工程竣工验收备案时应提供保修责任承接说明材料。

（二）加强质量信息公开。住宅工程开工前，建设单位要公开工程规划许可、施工许可、工程结构形式、设计使用年限、主要建筑材料、参建单位及项目负责人等信息；交付使用前，应公开质量承诺书、工程竣工验收报告、质量保修负责人及联系方式等信息。鼓励组织业主开放日、邀请业主代表和物业单位参加分户验收。试行按套出具质量合格证明文件。

（三）加强工程质量与房屋预售联动管理。因发生违法违规行为、质量安全事故或重大质量安全问题被责令全面停工的住宅工程，应暂停其项目预售或房屋交易合同网签备案，待批准复工后方可恢复。

（四）强化保障性安居工程质量管理。各地要制定保障性安居工程设计导则，明确室内面积标准、层高、装修设计、绿化景观等内容，探索建立标准化设计制度，突出住宅宜居属性。政府投资保障性安居工程应完善建设管理模式，带头推行工程总承包和全过程工程咨询。依法限制有严重违约失信记录的建设单位参与建设。

四、全面加强对建设单位的监督管理

各地要建立健全建设单位落实首要责任监管机制，加大政府监管力度，强化信用管理和责任追究，切实激发建设单位主动关心质量、追求质量、创造质量的内生动力，确保建设单位首要责任落到实处。

（一）强化监督检查。建立日常巡查和差别化监管制度，对质量责任落实不到位、有严重违法违规行为的建设单位，加大对其建设项目的检查频次和力度，发现存在严重质量安全问题的，坚决责令停工整改。督促建设单位严格整改检查中发现的质量问题，整改报告经建设单位项目负责人签字确认并加盖单位公章后报工程所在地住房和城乡建设主管部门。工程质量监督中发现的涉及主体结构安全、主要使用功能的质量问题和整改情况，要及时向社会公布。

（二）强化信用管理。加快推进行业信用体系建设，加强对建设单位及其法定代表人、项目负责人质量信用信息归集，及时向社会公开相关行政许可、行政处罚、抽查检查、质量投诉处理情况等信息，记入企业和个人信用档案，并与工程建设项目审批管理系统等实现数据共享和交换。充分运用守信激励和失信惩戒手段，加大对守信建设单位的政策支持和失信建设单位的联合惩戒力度，营造"一处失信，处处受罚"的良好信用环境。对实行告知承诺制的审批事项，发现建设单位承诺内容与实际不符的，依法从严从重处理。

（三）强化责任追究。对建设单位违反相关法律法规及本通知规定的行为，要依法严肃查处，并追究其法定代表人和项目负责人的责任；涉嫌犯罪的，移送监察或司法机关依法追究刑事责任。对于政府投资项目，除依法追究相关责任人责任外，还要依据相关规定追究政府部门有关负责人的领导责任。

本通知适用于房屋建筑和市政基础设施工程。各省、自治区、直辖市住房和城乡建设主管部门可根据本通知要求，制定具体办法。

中华人民共和国住房和城乡建设部

2020 年 9 月 11 日